建設業の紛争と
判例・仲裁判断事例

建設業争訟事例100選

［編集発行］
公益財団法人 建設業適正取引推進機構

はしがき

　建設工事請負契約の締結、履行はいうまでもなく、工事事故の処理等に至るまで、建設業に係るいわゆる業法である建設業法の他に、民法、商法等の様々な法律についての法律的判断や手続きを経て、建設工事は実施されております。

　これまで、これらの法律に準拠した膨大な判例が出され、判例法理が形成されているにも拘わらず、建設業関係では判例等が整理されたものが必ずしも容易に入手できない状況でした。今回、建設業の実務への便宜のため、建設業について工事中断、契約解除、瑕疵担保責任、工事費の支払等についての判例・仲裁判断事例集を作成いたしました。

　本事例集は、これまで（財）建設業適正取引推進機構内で、建設業関係判例の研究及び中央建設工事紛争審査会仲裁事例の研究等において集積しました多数の判例、仲裁判断事例を踏まえ、情報を分析した結果としてまとめました。本年、本機構は設立20年にあたりますが、この節目の年に世に送り出すにふさわしいものと自負しております。

　本事例集を十分に活用していただき、建設業をめぐる紛争の未然防止、紛争になった場合の解決への参考資料として役立てることはもとより、建設業の適切な取引関係の促進のためにも役立てていただきますことを願っております。

　平成24年11月

公益財団法人　建設業適正取引推進機構
理事長　渡　辺　弘　之

目　　次

はしがき

1　契約締結前の紛争

1－1　都市計画道路の計画がある土地における建築確認申請に関する損害賠償請求事件……………………………………………2
　　　建物建築の請負人が、建築確認申請をするに当たって、敷地に都市計画道路の制限があることを知りながら、注文者に説明すべき義務を怠ったとして損害賠償責任が認められた事例

1－2　工場建築請負契約不締結における損害賠償請求事件……………6
　　　注文者が工場建築請負契約の締結を拒否したことにつき正当な理由があるとして損害賠償責任が否定された事例

1－3　市議会が否決した請負契約に関する損害賠償請求事件 …………10
　　　市長が複合施設建設工事請負の仮契約を締結したが、市議会が本契約の締結を否決したため契約しなかったことにつき、違法はないとして市の不法行為が否定された事例

1－4　マンション建設契約締結不成就の場合の損害賠償請求事件 ……13
　　　請負契約締結の準備段階における支店営業部長らの過失を認めて建設会社の使用者責任が肯定された事例

1－5　事務所付共同住宅の請負契約不締結の場合の設計図作成等費用に関する損害賠償請求事件 ………………………………16
　　　建築業者が依頼によって請負契約締結に必要な設計図の作成等をしたが請負契約が締結されるに至らなかった場合について、建築主の報酬支払義務が肯定された事例

1－6　ゴルフ場の開発行為許可申請及び設計業務委託契約に関する報酬請求事件 ……………………………………………19
　　　ゴルフ場の開発行為許可申請及び設計業務を委託する契約が準委任契約、請負契約の集合体であるとし、準委任契約に関する事務処理費用について労務の割合に応じて、報酬請求が認められた事例

1−7 大学研究所建物の準備作業を始めた下請業者からの損害賠償請求事件 ……………………………………………………………………22
外壁に独製のカーテンウォールを使うことを計画した大学研究所建物について、下請予定業者が下請契約を締結する前に仕事の準備作業を開始した場合、その支出費用を補填することなく施主が施工計画を中止することが、不法行為に当たるとされた事例

2　工事中断・契約解除

2−1 請負契約中途終了の場合の残工事に要した費用についての損害賠償請求事件 ……………………………………………………………26
工事請負契約が、請負人の責めに帰すべき事由により中途で終了した場合に、注文者が残工事に要した費用について、賠償請求できる範囲を明らかにした事例

2−2 注文者の請負契約解除の場合における損害賠償請求控訴事件 …………………………………………………………………………………29
注文者が民法641条によって請負契約を解除した場合において、請負人の逸失利益の賠償責任が肯定された事例

2−3 電気工事請負契約解除に伴う約束手形金請求事件 ……………33
自動旋盤機動力電気工事請負契約において、主として注文者の責めに帰すべき事由により仕事の完成が妨げられ、あたかも当事者間に請負契約の合意解除があったと同視しうる事態に立ち至った場合に、注文者の報酬支払義務が肯定された事例

2−4 プレハブ仮事務所用建物解体に関する損害賠償請求事件 ………37
プレハブ仮事務所用建物を建築した下請人が元請人からの代金不払を理由に請負契約を解除し建物を解体した場合に、注文者に対する不法行為が肯定された事例

2−5 工事未完成の間における請負契約中途解除取立金請求事件 ……41
住宅建築工事未完成の間に請負契約が解除された場合、既施工部分については解除できないとされた事例

2−6 注文者の責により完成不能になった冷暖房工事に関する請負代金請求事件 ……………………………………………………………45
注文者の責めに帰すべき事由により工事の完成が不能となった場合において、請負人に報酬請求権が認められ（民法536条2項）、その具体的な報酬の範囲としては、約定の全報酬額から請負人が債務を免れることによって得た利益を控除した額を請求できるとされた事例

2－7　自動車学校用地整地工事中断に関する土地所有権移転登記
　　　抹消登記手続請求事件 …………………………………………49
　　　　　自動車学校用地整地工事における請負人の履行遅滞による契約の一部解
　　　　除の認定は妥当でなく、契約全部の解除であると解すべきであるとされた
　　　　事例

2－8　工事中途における契約解除権が認められている場合の契約
　　　解除に関する譲受債権請求控訴事件 ……………………………52
　　　　　看護婦寮新築工事請負契約における「注文者において請負人が工期内に
　　　　工事を完成する見込みがないと認めたときは契約を解除することが出来
　　　　る」旨の特約が限定的に解釈された事例

2－9　建物部分改造工事請負契約の工事完成前の解除に伴う請負
　　　人の報酬額の算定を巡る請負代金請求事件 ……………………56
　　　　　建物部分改造工事請負契約が工事完成前に合意解除された場合におい
　　　　て、完成割合に応じた請負人の報酬額が算定された事例

2－10　県道改良工事下請工事の中断の場合の下請工事代金請求控
　　　　訴事件 ……………………………………………………………60
　　　　　県道改良工事の下請契約が当事者の合意の上で解除された場合に、元請
　　　　負人は、工事出来高に応じて下請代金の支払義務があるとされた事例

2－11　分譲住宅の建設に関し第3次下請負人から第2次下請負人
　　　　に対する賃金請求事件 …………………………………………63
　　　　　分譲住宅に関し、第3次下請負人が工事を中止した場合における第2次
　　　　下請負人の代金支払義務がないとされた事例

2－12　分譲マンション工事に関する請負代金請求事件 ………………66
　　　　　簡単に修理、補完ができる瑕疵が有る場合において、建物の完成が認め
　　　　られた事例

2－13　会社建物新築工事に関する工事残代金支払請求事件 …………69
　　　　　設計より居室天上高が10ｃｍ低く施工されたことによる精神的苦痛が、
　　　　発注者の損害として認められた事例

2－14　事務所ビル躯体工事等請負契約に関する下請人損害賠償請
　　　　求事件 ……………………………………………………………72
　　　　　下請業者が元請業者に対して、一方的契約解除による損害賠償を求めた
　　　　が、すべて棄却された事例

2－15　ビル新築工事に関する残代金請求事件 …………………………75
　　　　　当事者の合意による工事中断後の工事出来高部分を確定し、請負人の残
　　　　代金請求を認めた事例

iii

2－16 個人住宅建設請負契約に関する解除、損害賠償請求事件 ……… 78
　　　　発注者、請負者双方から契約解除、損害賠償請求がなされ、発注者の費用負担部分を控除した額が請負人の支払額（返還額）とされた事例

3　不完全履行

3－1 住宅団地の建築協定に関する適切な説明義務を怠った請負契約の解除に伴う損害賠償請求事件 …………………………… 82
　　　　建築請負業者が建物建築請負契約を締結する場合、注文者が意思決定するにあたって重要な意義を持つ事実（団地の隣地からの後退距離に関する建築協定等）について、適切な調査、説明義務を負うとされ、契約解除に伴う損害賠償責任が肯定された事例

3－2 周辺住民の日照紛争による契約解除に伴う損害賠償請求事件 ……………………………………………………………… 85
　　　　ビル建築の請負業者は、日照等に関する周辺住民との紛争解決について信義則上発注者に協力する義務を負うとして、その不履行等により建築が中止され契約が解除されたことに伴う債務不履行による損害賠償責任が肯定された事例

3－3 工事残代金支払請求事件、契約不履行損害賠償請求事件 ……… 89
　　　　確認建物と契約建物が異なることについて、発注者及び設計監理者は、請負人を含めて意思疎通を図り、関係者に損害が発生しないように配慮する義務があるとされた。また、設計監理者の発注者に対する設計監理契約不完全履行による損害賠償義務が認められた事例

3－4 市街化調整区域内ビル新築工事に関する工事残代金支払請求事件 …………………………………………………………… 92
　　　　指示通りに施工されていない工事瑕疵、工事遅延に基づく店舗賃貸利益等の損失に基づく損害賠償請求権等が主張され、工事遅延による損害については請負人の責任によるものではないとされた事例

3－5 アパート建築工事請負契約に関する契約解除による契約金返還請求事件 …………………………………………………… 95
　　　　家賃収入が確実に入ること等の被申請人の意見は参考意見であり、契約解除の理由にはならないとされた事例

3－6 マンション工事に関する建物取壊し及び建て直し工事等請求事件 ……………………………………………………………………98
　　　請負契約に基づく完成目的物として引渡しが完了し所期の用途に供され始めた場合には、目的物の瑕疵にかかる責任は、瑕疵担保責任に関する規定（民法634条以下）が適用され、これらの規定により、不完全履行の一般法理は排斥されると解すべきであるとされた事例

3－7 ビル新築工事に関する工事残代金請求事件 ……………………101
　　　工事遅延による違約金が、簡便な方法により算定された事例

4　倒　　産

4－1 マンション建築工事の途中で倒産した請負会社による工事出来高に対する請負代金請求事件 ………………………………106
　　　マンション建設を請け負った建設会社が途中で倒産し、民事再生法による再生手続きが開始され、請負契約が解除されたので、注文者は別の業者に工事続行を請負わせた。その場合に、最初の請負人から工事の出来高金額の譲渡を受けた者の注文者に請求できる債権額が、認定された事例

4－2 元請負人が孫請負人に未払い工賃を立替払いした場合における請負代金請求事件 ……………………………………………110
　　　下請負人が倒産したため、労働基準監督官の勧告に従い、元請負人が孫請負人に未払い工賃を立替払いしたが、元請負人は民法474条2項の利害関係ある第三者に当たらないとされた事例

4－3 下請代金の相殺処理に関する工事代金の支払請求事件 ………114
　　　工事請負関係が、数次の下請関係（重層下請）にある場合において、元請負人又は下請負人が孫請負人の負担すべき費用を支払ったとき、順次立替金を相殺処理することは、各々下位者の承諾（相殺の合意）がなければ許されないとされた事例

5　所有権の帰属等

5－1 建物保存登記抹消登記手続等請求訴訟の提起が請負代金債権の時効中断事由になるかどうかが争われた建物保存登記抹消登記手続等請求事件 ……………………………………………120
　　　請負人から注文者に対する請負契約に係る建物の所有権保存登記抹消登記手続等請求訴訟の提起及び同訴訟の係属が、請負代金債権の消滅時効の中断事由に当たらないとされた事例

5－2 請負代金債権に対する動産売買の先取特権に基づく物上代位権の行使に伴う債権差押命令及び転付命令についての執行抗告棄却決定に対する許可抗告事件………………124
　　　　請負工事に用いられた動産の売主が、請負代金債権に対して動産売買の先取特権に基づく物上代位権を行使することについて、その判断基準が明らかにされた事例

5－3 注文者が主要材料を自ら提供して建物を建築した場合における仮登記仮処分による保存登記等抹消登記手続及び強制執行異議請求事件………………127
　　　　注文者が主要材料を自ら提供して建物を建築した場合、注文者に所有権が原始的に帰属するとされた事例

5－4 下請負人が建築した建物に関する下請工事代金請求控訴事件………………130
　　　　下請負人が調達した材料で建築した建物が、元請負人によって注文者に引き渡された場合において、下請負人の所有権確認及び明渡し請求が信義則・権利濫用の法理に照らし許されないとされた事例

5－5 下請負人から注文者に対する建物所有権保存登記抹消登記等請求事件………………134
　　　　下請人の所有する建築建物について注文者名義の所有権保存登記がなされている場合に、下請人からの保存登記抹消請求が権利の濫用であるとして許されないとされた事例

5－6 所有権は注文者に帰属する旨の約定がある場合における建物明渡等請求事件………………139
　　　　建物建築工事請負契約において出来形部分の所有権は注文者に帰属する旨の約定がある場合に、下請負人が自ら材料を提供して築造した出来形部分の所有権は注文者に帰属するとされた事例

6　支　　払

6－1 ビル新築工事代金の残金及び追加工事代金等の支払請求事件………………144
　　　　完成建物が賃貸借されたときに工事代金を支払う特約のある請負契約について、その建物の9室中4室について賃貸している等の事情に照らし、請負代金の9分の4について、工事代金の支払時期が到来したと認められた事例

6－2 居宅新築工事の追加工事残代金支払請求事件 ···················147
　　　申請人、被申請人の提出した工事出来高査定書を再査定し、請負人の善管注意義務違反及び経年変化による建物の減価分を差し引いて、発注者の支払うべき残代金額が決定された事例
6－3 木造住宅建築請負工事に関する工事代金支払請求事件 ···········150
　　　未収工事代金に比べ瑕疵損害金は僅少であり、瑕疵損害金を相殺控除した未収工事代金の支払義務があるとされた事例
6－4 宅地造成工事に関する工事出来高相当分の代金残額請求事件 ···152
　　　契約で出来高に応じた中間支払の約定がなされている以上、契約の目的である宅地造成工事が未完成であっても中間支払がなされない場合に、工事請負人が工事を中止できることが認められた事例
6－5 床暖房設備工事及び浄化設備工事に関し、第4次下請負人から第3次下請負人への下請代金支払請求事件 ·····················155
　　　第1次から第6次までの下請負契約が架空のものかどうかが争われ有効に成立していると判断された事例

7　瑕疵担保責任

7－1 重大な瑕疵がある建物の建て替えに要する費用相当額の損害賠償請求事件 ···160
　　　建築請負工事契約の目的物である建物に重大な瑕疵があるためこれを建て替えざるを得ない場合に、注文者から請負人に対する建物の建て替えに要する費用相当額の損害賠償請求が認められた事例
7－2 「宅地造成工事」の具体的な内容に関する損害賠償請求、工事代金等請求事件 ···164
　　　請負契約の工事名として「宅地造成工事」と表示されただけの工事の具体的な内容について、問題なく分譲ができる程度の土地であることを要するかが争われた事例
7－3 瑕疵担保責任の性質に関する損害賠償請求、監理報酬請求反訴事件 ···168
　　　瑕疵担保責任の規定は、不完全履行の一般理論の適用を排除したものであり、また、請負人の瑕疵担保責任が除斥期間経過によって消滅する場合には、その監理者責任も同時に消滅するとされた事例

7-4 工事を続行しても安全かつ快適な通常の住宅を建築することは不可能と認められる場合における建築途上の建物についての契約解除・土地明渡等請求控訴事件……………172
　　　上棟式を経て外壁も備わり建物としての外観も一応整った建築途上の構築物について、契約の解除が認められた事例

7-5 新築建物に重大な瑕疵があるものの買主が当該建物に居住していた場合における損害賠償請求事件……………176
　　　購入した新築建物に構造耐力上の安全性にかかわる重大な瑕疵があり建物自体が社会経済的価値を有しない場合、損害額から居住利益を控除することができないとされた事例

7-6 報酬債権と瑕疵修補に代わる損害賠償請求との相殺の可否に関する損害賠償請求及び請負代金請求事件……………179
　　　相互に債権額の異なる請負人の注文者に対する報酬債権と注文者の請負人に対する目的物の瑕疵修補に代わる損害賠償債権とを相殺することが認められた事例

7-7 瑕疵修補に代わる損害賠償請求の損害賠償算定基準時について争われた請負代金本訴、損害賠償請求反訴請求事件………182
　　　請負契約の目的物の瑕疵修補に代わる損害賠償請求の損害額算定基準時について損害賠償請求時と判断された事例

7-8 修補を請求せずに直接瑕疵修補に代わる損害賠償を請求することの可否及び相殺の意思表示の効果発生時について争われた損害賠償請求事件……………185
　　　瑕疵修補が可能な場合において修補を請求せずに直接瑕疵修補に代わる損害賠償を請求することが認められ、また対立する債権につき相殺計算をする場合における債権額確定の基準時及び瑕疵修補に代わる損害賠償債権の発生時期が目的物引渡時とされた事例

7-9 相殺後の報酬残債務の履行遅滞の基準日について争われた請負工事代金請求事件……………189
　　　請負人の報酬請求に対し、注文者が瑕疵修補に代わる損害賠償債権を自働債権として相殺の意思表示をした場合、注文者は相殺後の報酬残債務について相殺をした日の翌日から履行遅滞による責任を負うとされた事例

7－10 少額の瑕疵の存在を理由に同時履行の抗弁権が認められる
　　 か否かについて争われた建築工事請負残代金請求控訴事件……193
　　　　46万円の少額の瑕疵の存在を理由にした同時履行の抗弁権により1,300
　　　万円の残代金の支払いを拒絶できるか及び工事残代金債権の一部が瑕疵修
　　　補に代わる損害賠償債権と相殺された後の工事残代金債権が履行遅滞に陥
　　　る時期について争われた事例

7－11 報酬債権と瑕疵修補に代わる損害賠償債権との相殺の可否
　　 に関する工事代金預託等請求事件………………………………196
　　　　請負工事の目的物の瑕疵修補に代わる損害賠償債権と工事代金債権との
　　　相殺が許されないとされた事例

7－12 完成後の瑕疵か又は未完成の建物かを争点とした請負代金
　　 請求事件………………………………………………………………200
　　　　個人住宅に関し、請負における工事の未完成か、完成後の目的物の瑕疵
　　　かが争点となり、その判断基準が明らかにされた事例

7－13 車庫に瑕疵がある住宅に関する建築請負契約の損害賠償請
　　 求事件…………………………………………………………………204
　　　　車庫に乗用車の出入が出来ない瑕疵がある住宅に関し、請負契約約款に
　　　基づく注文者の契約解除権は適用されないとされた事例

7－14 地下横断歩道のタイル張り工事に関し、孫請会社の工事施
　　 工上の瑕疵に関する損害賠償請求事件……………………………207
　　　　地下横断歩道のタイル張り工事について、引渡しから約6年後にタイル
　　　の剥離等が発生した場合に、孫請会社の施工上の瑕疵につき下請負人の
　　　瑕疵担保責任が認められた事例

7－15 ビル建築工事等に関する工事請負代金残額の支払請求事件……211
　　　　面積又は数量が見積書より少ないものなど、総体として請負契約金額に
　　　見合う価値ある建築物を作らなかったという瑕疵の主張に対して、建物の
　　　客観的価値を認定の上、その瑕疵の存在が認められた事例

7－16 建物の瑕疵に関する補修及び損害賠償金の請求事件……………214
　　　　請負契約上の瑕疵修補請求期間を徒過しているという請負人の主張が、
　　　瑕疵が重大なものであることを理由に退けられた事例

7－17 予備校校舎増築工事に関する工事残代金支払請求事件…………216
　　　　請負人の発注者に対する工事残代金支払請求に対して、発注者の瑕疵修
　　　補に代わる損害賠償請求の一部を容認し、その賠償額を差し引いた残りの
　　　金員の支払が認められた事例

7-18 マンション建設工事に関し、発注者の建物引渡請求及び瑕疵に基づく損害賠償請求、請負人の残代金支払請求事件……………219
　　　　外観上の瑕疵及び構造上の瑕疵を建物価値の減少要因とみなし、請負人の残代金債権と相殺された事例

7-19 洋品店新築工事に関する瑕疵修補工事費用等の賠償請求事件……………………………………………………………………………222
　　　　発注者が、請負人に瑕疵修補に要する工事費等の賠償を求めたのに対し、現に引渡しを受け使用していることから、瑕疵修補に代え請負代金減額事由として考慮し、発注者の請求金額が減額された事例

7-20 工場敷地造成工事に関する地盤沈下瑕疵の損害賠償請求事件……………………………………………………………………………225
　　　　建物建築に当たり床を地中梁構造とすれば工場建物としても十分その用を果たすものであるとして、工場用地としての目的に適した土地造成工事をしなかったという主張が認められなかった事例

7-21 総合レジャービル建設工事に関する請負人からの工事残代金請求事件、発注者からの瑕疵についての損害賠償請求事件…228
　　　　施工困難な設計・仕様に異議を唱えず施工した請負人は、工事瑕疵についてそのことをもってその責任を免れることはできないとされた事例

7-22 マンション新築工事に関する破産請負人の工事残代金支払請求事件……………………………………………………………………231
　　　　発注者の工事の変更等による不当利得返還請求権及び工事瑕疵による損害賠償請求権と工事残代金等との相殺の主張に対し、減額した上で請負残代金支払いが命じられた事例

7-23 コンクリート強度不足による補強工事費用請求事件……………234
　　　　工事瑕疵に基づく複数の請求事項の内、補強工事費用の支払が認められ、補強工事の実施、営業補償については請求が認められなかった事例

7-24 店舗建築工事に関する請負残代金請求事件……………………236
　　　　建物の不具合が、経年劣化によるものか、工事に起因するものかを巡って争われ、請負業者の主張が認められた事例

7-25 住宅建設工事請負契約に関する請負工事残代金請求事件………238
　　　　瑕疵に基づく損害賠償請求と請負工事残代金請求との相殺が、認められた事例

7－26 住宅の基礎コンクリートの重大瑕疵に基づく建て替え請求
　　　事件……………………………………………………………240
　　　　　建物の基礎に重大な瑕疵があるとして争われ、建物の建て替えをする必
　　　　要があると認めることはできず、基礎のひび割れの補修工事をするのが相
　　　　当であるとされた事例

8　ＪＶ関係

8－1　公営住宅の建設工事請負契約に関しＪＶの構成員に対する
　　　売掛代金請求事件………………………………………………244
　　　　　公営住宅の建設工事請負契約に関し、破産した構成員が負担すべき建設
　　　　共同企業体の債務につき他の組合員に連帯責任を認めた事例
8－2　建設共同企業体が金融機関に対し請負代金の代理受領権限
　　　を与えた後解散し、乙社単独の請負契約に変更した場合に
　　　おける工事代金受領債権等請求、供託金還付請求権帰属確
　　　認反訴請求事件…………………………………………………247
　　　　　建設共同企業体が金融機関に請負代金の代理受領権限を与えた後、構成
　　　　員甲が倒産、乙が建設共同企業体を解散し単独請負契約に変えたことは、
　　　　当該金融機関の権利を害するが違法とはいえないとされた事例
8－3　公務員共済住宅建設に関し、建設共同企業体の下請業者か
　　　らの請負代金請求事件…………………………………………251
　　　　　建設共同企業体の代表者が締結した下請契約について、注文者は建設共
　　　　同企業体であるとして、代表者以外の構成員についての連帯支払責任が認
　　　　められた事例
8－4　物流センター建設工事建設共同企業体に関する下請業者か
　　　らの請負工事代金請求事件……………………………………255
　　　　　建設共同企業体の代表者でない構成員が下請契約を締結した場合におい
　　　　て、建設共同企業体にも下請代金の支払義務が認められた事例

9　契　　約

9－1　軟弱地盤に関する基礎工事費の増加に伴う工事代金増額請
　　　求事件……………………………………………………………260
　　　　　定額請負における基礎工事費が軟弱地盤のため当初見積より増加したこ
　　　　とを理由とするその増加費用の代金支払義務が否定された事例

9-2 所長印等を冒用してなされた偽造の裏書行為に関する使用
者責任に基づく損害賠償請求上告事件 …………………………264
　　　手形の振出・裏書など手形行為をする権限を与えられていなかった営業
　　所長の依頼に基づき、雇用関係はないが所長代理の肩書で営業所に常駐し
　　営業所長の権限に属する業務を行っていた者が、所長印等を冒用してなし
　　た偽造の手形裏書行為につき、民法715条1項にいう「事業ノ執行ニ付キ」
　　なされたものと認められた事例

9-3 請負契約工事代金を実費精算する旨の約定がなされた場合
における工事代金請求事件 ……………………………………268
　　　請負契約工事代金を実費精算する旨の約定を、特別の関係がある者との
　　間で建築費用を低廉にするため実費（実際にかかる費用に会社の経費を加
　　えた金額）を請負代金とするもので、通常の請負代金よりかなり低額とな
　　るべきものであると認定した事例

9-4 工事の一部を追加した場合における工事代金請求控訴事件……272
　　　工事の一部が別途請負契約に基づく追加工事と認定され、その報酬額は
　　工事内容に照応する合理的金額であるとされた事例

10 残代金請求

10-1 医院の増築工事に関し工事着手金に充てた手形が不渡りに
なったため、請負人が工事を中断し出来高精算を求めた事
件 ………………………………………………………………276
　　　増築工事請負契約及び仲裁合意が不成立ないし無効であるとの主張に対
　　し、請負契約及び仲裁合意が存在することが認められた事例

10-2 ビル新築工事に関する工事残代金支払請求事件 ……………279
　　　工事残代金請求と工事遅延等に基づく損害賠償請求について、発注者に
　　差額の支払が命じられた事例

10-3 医院等建築工事に関する工事残代金・追加工事代金請求事
件 ………………………………………………………………281
　　　発注者が建物引渡し後死亡した場合において、本件建物の債権債務関係
　　は妻が一切を承継するとの遺産分割調停の決定は第三者には対抗できない
　　として、法定相続人8人全員が工事残代金を負担する義務があるとされた
　　事例

10－4 　工場・共同住宅（建築基準法違反建築物）の工事残代金請求事件 …………………………………………………………284
　　　　　建築基準法違反の契約を部分的に無効として当事者双方が請求する債権額が精算された事例
10－5 　ゴルフ場改修に関する工事残代金請求事件 ……………287
　　　　　契約が被申請人代表者の意思に基づいて押捺されたことは、当事者間で争いが無いことが認定され、請負人の主張が全面的に認められた事例
10－6 　ビル新築工事請負契約に関する追加工事代金請求事件 ………289
　　　　　通常起こりうる予想可能な変更は追加工事として認めるべきでないとの主張に対し、1件ごとに追加工事であるかどうかが判断された事例

11　建設業法関係

11－1 　両罰規定適用に関する建設業法違反被告事件 ………………292
　　　　　業務に関し建設業法45条（現47条）1項3号の違反行為をした会社の代表者の処罰に同法48条（現53条・両罰規定）が適用された事例
11－2 　請負契約に仲裁条項がある場合における監理技師に対する損害賠償請求控訴事件 …………………………………………295
　　　　　注文者と監理技師との間の紛争について建築請負契約上の仲裁約款の適用がないとされた事例
11－3 　請負契約に仲裁条項がある場合における約束手形金請求事件 …………………………………………………………………298
　　　　　建築請負代金支払のため裏書譲渡された約束手形の手形金請求が、手形の振出人については認められ、裏書人については請負契約に仲裁条項があることを理由に却下された事例
11－4 　管轄合意がある場合における瑕疵の補修工事費に相当する損害賠償額請求事件 ……………………………………………302
　　　　　「紛争について、仲裁をすべき紛争審査会を〇〇県建設工事紛争審査会とすることに合意する」との記載は、法定管轄に付加して競合的に〇〇県建設工事紛争審査会とすることとした合意であるとして、法定管轄である中央建設工事紛争審査会で判断がなされた事例
11－5 　仲裁合意がある場合における追加工事代金支払請求事件 ………305
　　　　　追加工事には、仲裁合意は及ばないという主張に対し、仲裁合意は成立するとされた事例

11－6 ビル内装工事に関する工事残代金請求事件……………………308
　　　　被申請人が審理期日に出頭せず答弁書及び証拠の提出もしなかったため、申請人提出の証拠等により申請人の主張が認められた事例

11－7 マンション新築工事に関する工事残代金支払請求事件…………310
　　　　マンション建築工事請負契約の無効について争われたが、被申請人（発注者）は、答弁書において契約の無効を主張した後の審理に出席せず、書面及び証拠の提出もしなかったため、請負人の主張が認められた事例

11－8 官製談合に係る共同企業体構成員の損失分担金請求事件………312
　　　　談合によって工事を受注した建設共同企業体が、赤字を計上した場合において、建設共同企業体の構成員の損失負担義務が認められた事例

12　元請下請関係

12－1 孫請負人の従業員の過失による事故に関し、元請負人に対する損害賠償請求事件……………………………………316
　　　　共同住宅の工事現場における足場落下による事故に関し、孫請負人従業員の過失につき元請負人に使用者責任等が認められた事例

12－2 下請負人従業員が起こした交通事故に関し、元請負人に対する損害賠償請求控訴事件…………………………………319
　　　　下請負人の被用者が起こした自動車事故に関し、元請負人の使用者責任が認められた事例

12－3 下請負人従業員の起こした自転車事故に関し、元請負人に対する損害賠償請求事件……………………………………323
　　　　下請負人の従業員が自己所有の原動機付き自転車を運転して帰宅途中に起こした交通事故について、元請負人の使用者責任、運行供用者責任が否定された事例

12－4 下請負人従業員が受けた負傷事故に関し、元請負人に対する損害賠償請求事件……………………………………327
　　　　下請負人の従業員がコンクリート製ヒューム管の埋設工事の作業中、その同僚の行為によって負傷した事故について、元請負人の安全配慮義務、使用者の責任が否定された事例

12－5 下請負人の従業員が受けた負傷事故に関し、下請負人及び元請負人に対する損害賠償請求事件…………………………331
　　　　下請負人の従業員が建築中の建物の外壁に立て掛けていた鉄製パイプが、倒れて他の従業員を負傷させた事故について、下請負人の責任が認められ元請負人の使用者責任が認められなかった事例

12-6 ビル増築工事の下請会社従業員が作業中に墜落死した事故についての元請負人及び下請負人に対する損害賠償請求事件……334
　　　下請負人の被傭者が作業中墜落死した事故について、元請負人及び下請負人に安全配慮義務違反による損害賠償責任があるとされた事例

12-7 水道工事の事故で死亡した下請負人従業員についての発注者（市）、請負人及び下請負人に対する損害賠償請求事件……338
　　　水道工事従事中の下請負人従業員が、煉瓦塀の倒壊によって死亡した事故について、工事を企画・設計し、発注した市、元請負人及び下請負人に、民法717条の工作物責任が認められた事例

12-8 製鉄所高炉建設工事作業中における孫請負人従業員の転落事故についての元請負人、下請負人に対する損害賠償請求事件……341
　　　製鉄所の高炉建設工事の作業中における孫請負人従業員の転落事故について、元請負人、下請負人の責任が認められた事例

判例索引 ……345

関係法律条文一覧 ……356

参考文献 ……359

事項別索引 ……360

1　契約締結前の紛争

1－1　都市計画道路の計画がある土地における建築確認申請に関する損害賠償請求事件

1　事件内容

建物建築の請負人が、建築確認申請をするに当たって、敷地に都市計画道路の制限があることを知りながら、注文者に説明すべき義務を怠ったとして損害賠償責任が認められた事例

2　控訴人、被控訴人等

控訴人	X（発注者）
被控訴人	Y㈱（請負人）
裁判所	東京高裁　平13（ネ）3961号
判決年月日	平14・4・24　民17部判決、一部取消（上告）
関係条文	民法415条、632条、643条、644条

3　判決主文

原判決中被控訴人に関する部分を取り消す。

被控訴人は、控訴人に対し、385万円及び年5分の割合による金員を支払え。

4　事案概要

控訴人Xは、建設業者である被控訴人Yの紹介により、原審相被告Nから土地を購入し、Yに請負わせて自宅建物を建築した。しかし、本件土地の約3分の2が都市計画法による道路予定地の指定を受けた地域に含まれ、都市計画道路事業が実施される際には建物を移転・除却する義

1　契約締結前の紛争

務を負う土地であった。
(原審の判断)
　Yの損害賠償責任を否定して、請求を棄却した。
(控訴人の主張)
　本件建物の建築確認申請をYに依頼していたので、Yは本件土地に制限が存在することをXに報告し協議をしなければならなかったのに、故意にその報告・協議をしなかった。債務不履行又は不法行為等に基づいて、本件土地建物の売買代金に相当する損害賠償又は不当利得の返還を求める。

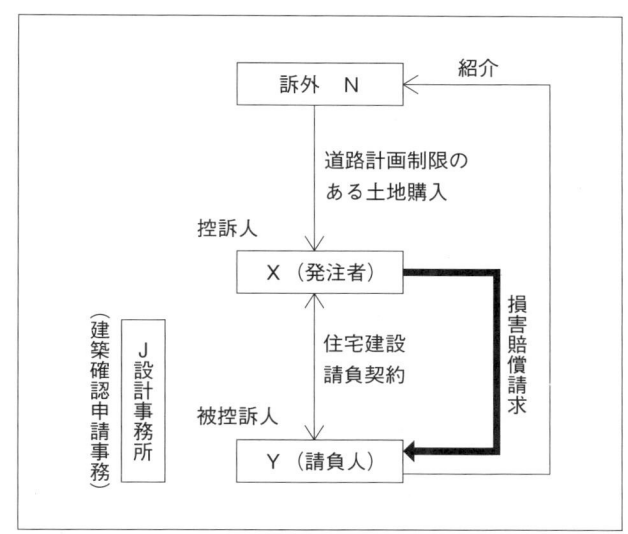

3

1-1

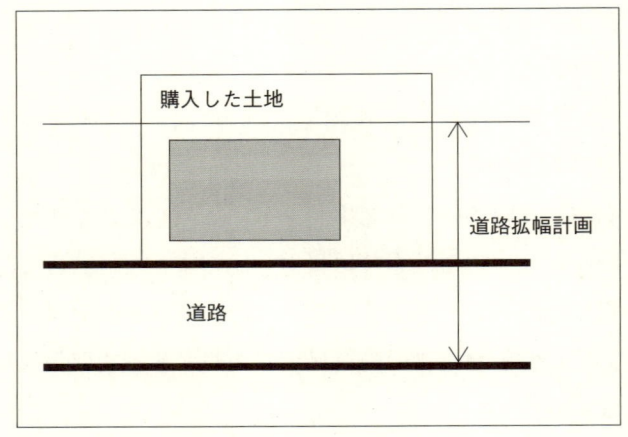

5　裁判所の判断

　本件建物の建築確認申請等の手続きはJ設計事務所が担当したが、被控訴人Yは、控訴人Xとの間で、建築確認取得について控訴人Xに対し責任を負うことを約束し、その報酬として25万円を受領した。被控訴人Yは、建物の公法上の規則、制限の有無につき調査をし、これがある場合には、控訴人Xに告げるべき義務を負っていたところ、建築確認申請事務をJ設計事務所に任せきりにして、都市計画制限の存在を控訴人Xに知らせなかったのであるから、建物請負契約上の債務の履行を怠った。

　控訴人Xは、前記債務不履行などを理由に契約の解除を主張するが、建物建築を目的にした請負契約においては、建物完成後に、控訴人X主張のような事由によって契約の解除をすることは出来ない。

　控訴人Xは、建物請負契約の錯誤無効を主張するが、都市計画事業はいつ具体化されるかわからないこと、買収時に時価相当の補償がされること、控訴人Xは平成7年に引越しをして以後現在まで居住を続けていること等の事情を鑑みると、錯誤は重要なものとは言えず、契約を無効

とするものではない。

　損害は、本件制限により土地建物の減価が少なくとも10％をくだらないと考えられる。したがって、土地の売買代金及び建物の請負代金の総額の約10％に当たる355万円は、被控訴人Ｙの説明義務違反と相当因果関係のある損害と認められる。

6　本件判決の意義

　本件では、建築確認申請手続は請負人とは別の建築設計事務所が行うことになっていたが、請負人も建築確認の取得について発注者に対して責任を負うことを約しその報酬として25万円を受領している事実があったので、これを理由に責任を認め、敷地に関する公法上の規制の有無の調査・説明義務違反を認めたものである。

1-2 工場建築請負契約不締結における損害賠償請求事件

1 事件内容
注文者が工場建築請負契約の締結を拒否したことにつき正当な理由があるとして損害賠償責任が否定された事例

2 原告、被告等

甲事件原告（乙事件被告）	X構建㈱
甲事件被告（乙事件原告）	Y1建設㈱ Y2金属工業㈱
裁判所	東京地裁　平2(ワ)12884号（甲事件） 〃　　　　平4(ワ)5032号（乙事件）
判決年月日	平6・4・26 民25部判決、棄却（控訴）
関係条文	民法415条、632条

3 判決主文
甲事件原告の請求をいずれも棄却する。

乙事件原告の請求を棄却する。

4 事案概要
溶接作業を伴う工場用建物の建築が必要になった自動車会社の下請業者Y2金属工業が、土地の所有者である建設業者Y1建設、スタンオフィスという事務所用建築の代替資材により建築を勧めた建築業者X構建との間で、X構建はY1建設の下請になるという前提で、建物の建築

請負契約、土地の売買契約の締結に向けて準備を進め、その結果基本的な合意が成立した。ところが、X構建の計画では建築確認されないことが判明したことから、X構建の計画による建築を断念し、Y２金属工業はY１建設だけと契約し工場建物を建てた。

X構建は、S鉄社のシステム建築製品スタンパッケージ、スタンオフィスを取り扱う建設会社であったが、Y２金属工業がスタンパッケージを求めてきたのに対しその在庫がなかったため、事務所用建築製品であるスタンオフィスなら在庫があり納期に間に合うと勧めた。Y２金属工業は、スタンオフィスを使って建築することとなり、X構建は、Y２金属工業の下請として加わることが了承された。建築確認申請は、Y１建設が行ったが、S市役所から用途表示を事務所に改めることなどの指導を受けた。

結局、Y２金属工業はスタンオフィスによる工場の建設を断念し、Y１建設とY２金属工業の間で、土地の売買契約と建築工事請負契約を締結し、工場建物を建築した。

（原告の主張）

X構建とY１建設とY２金属工業は、Y１建設を請負人、X構建を下請負人として、スタンオフィスによる工場用建物を平成２年５月までに建築する旨の建築工事請負契約を、建築確認を受けるまでに締結すること、Y１建設の代表であるSは、本件工場及び土地を被告Y２金属工業に売り渡す旨の契約を締結することを内容とする予約契約を締結した。Y１建設は、Y２金属工業に対し、スタンオフィスでは建築確認申請上問題がある旨の説明をして、予約契約に基づく本契約の締結を拒否した。敷地所有者であるY１建設と発注者として予定されていたY２金属工業に対し、損害賠償を求める。（甲事件）

1－2

（被告の主張）

　Ｘ構建は、Ｙ２金属工業が必要としていた建物が、１階２階共に溶接工場として使用するものであること、また同工場を平成２年５月末日までに取得する必要があることを十分承知していたのであるから、防火材や、構造計算上工場用建物に適した建築を推奨すべき注意義務があったにもかかわらず、防火上、構造計算上問題のあるスタンオフイスを勧めるなどの過失により、目的にかなう建築確認を得ることが出来なかった。そのため期日までに工場建物を取得することが出来ず、7,300万円余の損害を被ったので、このうち2,000万円を損害賠償として請求する。（乙事件）

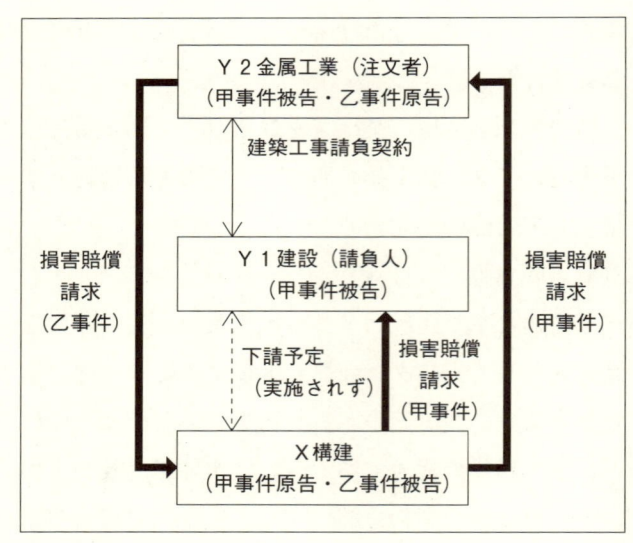

5　裁判所の判断

　Ｘ構建とＹ１建設とＹ２金属工業は、協議を重ね建築確認申請を行うと共に請負契約の準備をするなどの準備行為を重ねた事実が認められるが、最終的な請負契約締結にはなお将来不確定な要因が介在していた。

当事者間には、契約締結の実現のために尽力すべき協力関係ないし協力義務が生じていたが、それ以上に原告主張のような予約契約まで認めることは出来ない。

X構建は、Y2金属工業に対し、スタンオフィスでもY2金属工業が必要とする溶接工場用建物として使用することが出来ると説明した。Y1建設が、建築確認申請を出した際、2階部分の用途表示を事務所に変更しなければ建築確認を出せないとの指導をS市役所から受けた。

スタンオフィスによる本件工場用建物建築計画は、元々建築確認申請手続き上、建築基準法、消防法等で問題を含んでいたところ、建築確認に際して問題が顕在化し、計画遂行の無理が露呈した。

このような状況で、Y1建設とY2金属工業が、契約締結に向けられたX構建との協力関係を破棄し、関係から離脱したことは、やむをえない正当な理由があり、違法はない。損害賠償責任を認めることは出来ない。

乙事件に関して、X構建のスタンオフィスによる工場建築の勧めは、損害賠償を認めるほどの違法までは見出しがたい。

6　本件判決の意義

本判決は、契約締結上の過失責任を否定した事例である。契約準備段階においては信義則上の協力義務が認められることがあり、正当な理由などがなければこの義務違反が認められることがあるが、本判決は、契約締結拒否に正当な理由があるとし、損害賠償責任を否定した。

契約締結上の過失については、多数の判例があり判例上形成された法理であるといえる。近年の判例としては、最判 平18・9・4、最判 平19・2・27がある。

1-3 市議会が否決した請負契約に関する損害賠償請求事件

1 事件内容

市長が複合施設建設工事請負の仮契約を締結したが、市議会が本契約の締結を否決したため契約しなかったことにつき、違法はないとして市の不法行為が否定された事例

2 原告、被告等

原告	X工業㈱（落札者）
被告	Y市（発注者）
裁判所	静岡地裁 沼津支部 昭59(ワ)334号
判決年月日	平4・3・25 民事部判決、棄却（控訴）
関係条文	民法127条、556条、709条、地方自治法96条1項5号

3 判決主文

原告の請求を棄却する。

4 事案概要

被告Y市は、保健センターと青少年教育センターの複合施設の建設を計画し、昭和59年6月8日の入札結果に基づき、同月11日、S・S建設工事共同企業体とY市長との間で、本件複合工事建築主体工事に関する仮契約を締結した。原告X工業は、S建設とともに、S・S建設工事共同企業体を結成していた。

市議会の文教消防委員会は、X工業は、工事施工能力の点で不適格で

1　契約締結前の紛争

あるという理由で、契約承認を否とする審査結果を出したので、この審査結果を受けて、市議会は、8月6日請負契約承認の議案を否決した。市長は、8月9日本契約を締結しない旨をS・S建設工事共同企業体に通知した。

（原告の主張）

市議会が、X工業の工事施工能力不適格の理由により否決したことにより、会社の信用、名誉を著しく失墜した、市議会は審査権限を逸脱した違法があるので損害賠償を求める。

（被告の主張）

地方自治法96条各項各号に定められた事項については、議会の議決により地方自治体の意思が決定される。

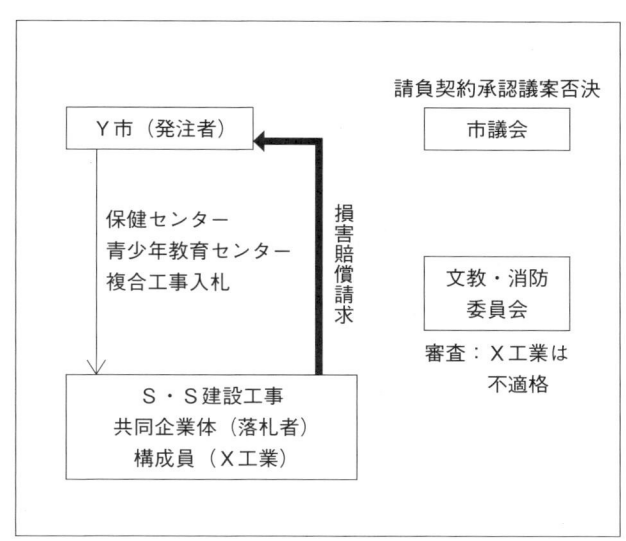

5　裁判所の判断

本件仮契約は、市議会の議決を停止条件とする工事請負契約の予約である。したがって、原告は、市議会の議決が得られれば本件工事請負契

約の本契約を締結できるという仮契約上の利益を有しており、市議会の違法な契約否決等により侵害され、且つ職員又は市長に故意又は過失がある場合には、Y市は不法行為に基づく損害賠償責任を負うことになる。

本件において、市議会は、請負業者として適格性、特に必要な技術力を備えているかどうかを審査しているところ、議会は、原告が主張する長の予算執行行為を議会が違法、不当な支出を抑制するとの立場のみからだけではなく、自由に審査を行いうるものであり、市議会が審査権限を逸脱した違法はない。

また、市議会が裁量の範囲を越えたとか裁量権を濫用したことを基礎づけるに足る事情を認めることはできず、裁量権を越えたとか濫用の違法はない。市長のとった措置にも違法はない。

よって、Y市の原告に対する不法行為は認められない。

6　本件判決の意義

地方自治法上、契約を締結するため議会の議決が必要とされるもの（同法96条参考）があり、このような場合の議会の議決を欠いた契約の効力は、一般的には無効とされる。

本件では、競争入札の落札者と自治体との間の法律関係が問題となっているが、この問題に関しては、国の契約締結に関する事案であるが、落札決定の段階では予約が成立するにとどまり、本契約は契約書の作成により始めて成立するとした判例（最判　昭35・5・24）がある。

1−4 マンション建設契約締結不成就の場合の損害賠償請求事件

1 事件内容
請負契約締結の準備段階における支店営業部長らの過失を認めて建設会社の使用者責任が肯定された事例

2 原告、被告等

原告	X（発注予定者）
被告	Y建設㈱
裁判所	東京地裁 昭56(ワ)12239号
判決年月日	昭61・4・25 民31部判決、一部認容（控訴和解）
関係条文	民法709条、715条

3 判決主文
被告は、原告に対し、150万円及び年5分の割合による金員を支払え。原告のその余の請求を棄却する。

4 事案概要
原告Xは、原告所有の土地に、丸投げ方式で賃貸駐車場及び分譲マンションの建設を計画した。Xは、被告Y建設の横浜支店営業部長Nに相談を持ちかけ、Y建設が元請で、A建築士の設計監理、地元業者による一括下請ということでマンションの建築を進める旨了解に達した。A建築士は見積書を提出し、N部長の指示で、旧建物を取り壊した。

関係者がY建設の横浜支店に集まり、請負契約を締結すること、下請

1－4

業者としてはK組を使うこと、起工式は4月7日とすることなどを確認した。起工式は予定通り行われ、N部長は、元請業者として出席した。

　N部長らがY建設の本社に報告したところ、Xの代金の支払い条件（建物完成後6箇月先を支払期日とする約束手形）が異例であったためXの信用調査を行い、その結果、Y建設は、Xに対し代金を確保する担保を要求した。Xは、その妻の母Fの所有地を担保として提供した。

　その後話が進展せず、Xは、下請の予定であったK組に一部計画を変更の上発注し、マンションを建設した。

（原告の主張）

　Xは、第一にY建設による本件請負契約の不履行により損害を受けた、第二に仮に本件請負契約が成立していないとしても、N部長らはY建設が契約を締結するかどうか確実でないのに確実であるかのような態度に終始し、損害を与えた不法行為責任があるとして損害賠償請求を行った。

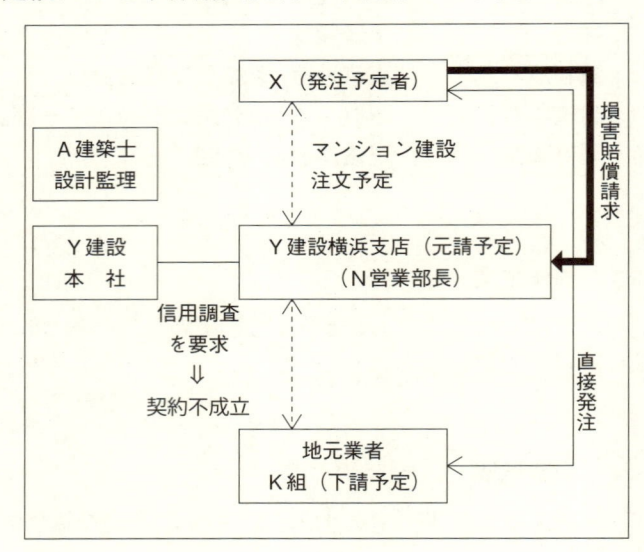

5　裁判所の判断

　株式会社などの組織体においては、決裁という方式により意思決定を

行うことが通例であり、また、Y建設のような大企業においては、契約を締結するに当たり、契約金額が少額とはいえない場合、書面（契約書）なくしてこれを行うことは通常あり得ない。本件工事については、原告XとN部長とは合意したものの、最終的には決裁を得られず、請負代金額からすれば当然作成されていてしかるべき契約書の作成がなく、Y建設としては合意しなかったというほかない。請負契約は成立していたとは認めがたい。

担当者であるN部長らは、事前に上司に相談するなどして、問題点を検討し、それを原告Xらに十分説明し、もし契約成立の見込みがないのであれば、早期に交渉を打ち切るなどして、原告Xらに無用の期待、誤解を抱かせ、不測の損害を与えないようにする注意義務があった。然るに、N部長らは判断を誤って、交渉を進め、原告Xらに契約ができるものとの誤った確信を抱かせた。このように誤信させたことにも過失があり、損害を賠償する責任がある。N部長らは、Y建設の業務担当者としてその職務執行中に原告をして誤信させたのであるから、Y建設も使用者として民法715条に基づき原告の損害を賠償する責任がある。

6　本件判決の意義

本判決は、建物建築請負契約締結の拒否の原因が準備段階における被用者の過失にあるとして使用者に賠償責任を認めたものである。

1−5 事務所付共同住宅の請負契約不締結の場合の設計図作成等費用に関する損害賠償請求事件

1 事件内容
建築業者が依頼によって請負契約締結に必要な設計図の作成等をしたが請負契約が締結されるに至らなかった場合について、建築主の報酬支払義務が肯定された事例

2 原告、被告等

原告	X技建㈱（受注予定者）
被告	Y（発注予定者）
裁判所	東京地裁 昭44(ワ)10871号
判決年月日	昭51・3・3 民30部判決、一部認容一部棄却（確定）
関係条文	民法632条、商法512条

3 判決主文
被告は原告に対し、30万円及び年5分の割合による金員を支払え。

4 事案概要
被告Yの妻Tが、原告X技建が東京都S区に工事中の事務所付共同住宅を見て、被告宅敷地に同様な共同住宅を建てたいと考え、X技建に対し、工事費坪当たり15万円程度の4階建て共同住宅の建築を計画したいと伝えた。設計及び見積りがYの希望に沿うものであれば、X技建に工事を請負わせるつもりであった。しかし同宅地は風致地区内にあり、公園地域に指定されており、2階までの建物しか許可されない状況にある

ことが分かった。

両者は、将来前記建築制限が緩和された場合4階建てに増築可能な構造となる2階建て共同住宅の設計について打合せ、1級建築士Hが基本設計図及び構造計算書を作成した。Hは、建築確認申請に必要な書類を作成し、区役所に提出した。

しかし、前記設計に基づく工事費見積額は坪当たり18万7,000円であった。このため、Tは、建築を断念し、X技建は建築確認申請を取り下げた。

（原告の主張）

Yは、設計図、構造計算書の作成、工事費の見積りをX技建に対し依頼し、4階建て構造の2階建て共同住宅を建築することが確定していたので、損害賠償を請求する。

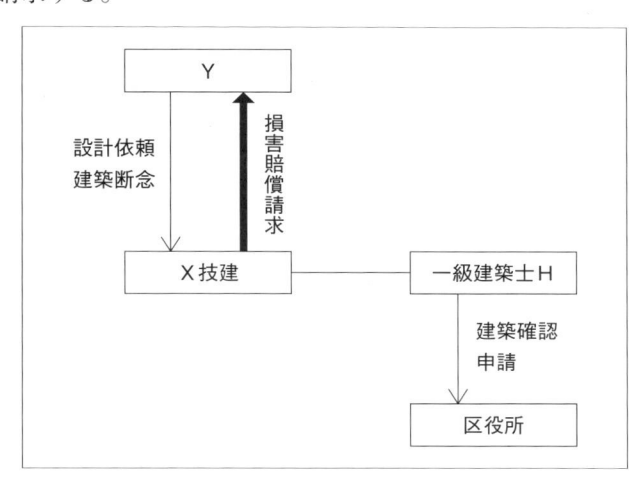

5 裁判所の判断

被告Yは、原告X技建に対し4階建構造の2階建共同住宅の建築等に関する決定に必要な設計図、構造計算書の作成及び工事費の見積りを依頼したものであり、設計は契約の前提作業として意識されていた。原告

1－5

　X技建と被告Yとの間で、工事契約を締結しない前から4階建構造2階建て共同住宅の建築が決まっていたとはいえない。また、設計のみを施工から切り離してこれに特定額の報酬を支払う旨の設計委託契約が明確になされていたと認めることはできない。
　しかし、原告は建築の設計施工を業とする会社であり、設計、見積りは原告X技建の営業行為である。たとえ両者間に報酬支払の合意がなくても、原告X技建は、商法512条に基づき相当額の報酬を請求できる。本件建物は、4階建構造2階建て共同住宅という異例なものであり、特別の費用と時間を要し、一般に設計図及び構造計算書の作成自体が独立して有償の契約目的とされていることなどからすれば、契約が単価について折り合いがつかなかったため不成立に終ったとしても、相当額の報酬は支払うべきものである。
　一般に建築の設計料は、(社)日本建築家協会設定の報酬規定に準拠して決定されている工事費の5％ないし6％をもって設計監理料とし、そのうち設計料を75％と見ている。このことを考慮し、予算額1,600万円に5％を乗じた80万円の設計監理料のうち75％当たる設計料60万円を基準とし、その50％に当たる30万円をもって被告の支払うべき設計報酬として相当と認める。

6　本件判決の意義

　本判決は、建物建築請負契約不成立の場合の報酬支払の明示的合意がない場合においても、建築の設計施工を業とする建設会社は、商法512条により設計等について相当な報酬を請求する権利があるとするものである。また、その額を(社)日本建築家協会設定の報酬規定及び設計料の割合を斟酌して、報酬額を算定したものである。同様のケースは、時々見られる事案であり、実務上の参考になる。

1　契約締結前の紛争

1－6　ゴルフ場の開発行為許可申請及び設計業務委託契約に関する報酬請求事件

1　事件内容

　ゴルフ場の開発行為許可申請及び設計業務を委託する契約が準委任契約、請負契約の集合体であるとし、準委任契約に関する事務処理費用について労務の割合に応じて、報酬請求が認められた事例

2　原告、被告等

原告	Xカントリー㈱（発注者）
被告	Y組（請負人）
裁判所	東京地裁　平4（ワ）6077号
判決年月日	平6・11・18 民6部判決、一部認容一部棄却（控訴和解）
関係条文	民法632条、656条

3　判決主文

　被告は原告に対し、1,624万円及び年6分の割合による金員を支払え。

4　事案概要

　ゴルフの運営等を目的として設立された原告Xカントリーが、設計許認可業務委託契約に基づき被告Y組に報酬金の一部（3,000万円）を前払したが、ゴルフ場の造成が不可能になったので、この前払金の返還について争われた。

1-6

（原告の主張）

　当該契約におけるゴルフ場の開発については、行政上の規制、残置森林指導等によりY組の債務の履行は原始的に不能であったので契約は無効である。Y組に対し、不当利得返還請求権に基づき前払金の返還を求める。

（被告の主張）

　Xカントリーが、Y組に本件契約で委託した業務は「事務作業」であり、事務作業は当該作業を終了すれば、債務の本旨に従った履行をしたことになるから、その性質上原始的不能とはならない。既に履行した業務については、報酬を請求しうる。また、ゴルフ場の開発計画が挫折したのは、Xカントリーが必要な開発同意を得れなかったこと、及び用地取得ができなかったことに原因がある。

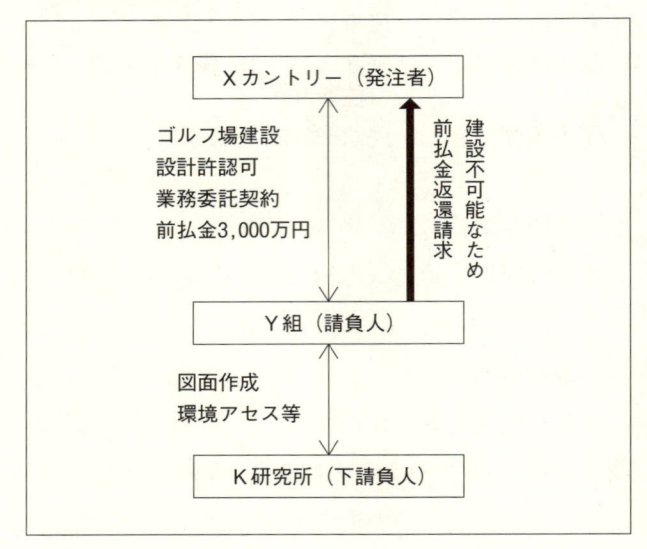

```
┌─────────────────────────────────────────┐
│              Xカントリー（発注者）           │
│           ↑↕                    ↑          │
│      ゴルフ場建設          建前                │
│      設計許認可            設払               │
│      業務委託契約          不金                │
│      前払金3,000万円       可返               │
│                            能還               │
│                            な請               │
│                            た求               │
│                            め                 │
│              Y組（請負人）                  │
│           ↕                                  │
│         図面作成                             │
│         環境アセス等                         │
│                                              │
│             K研究所（下請負人）             │
└─────────────────────────────────────────┘
```

5　裁判所の判断

　18ホールのゴルフ場の造成は、契約締結時に不可能であったとはいえ

ないが、その後、原告Ｘカントリー、被告Ｙ組の責めに帰すことができない事由により、不可能となった。

　本件契約は「設計許認可業務委託契約」であり、委託された内容は、開発行為許可申請業務と設計業務に分かれることが各業務ごとに金額を示して見積書が添付されていることから明確である。そもそも「委託」は「委任」に通じる用語であり、その業務内容からみても、各種許認可の申請業務であり、これが許認可の取得を給付の内容とするのは不適当である。本契約は開発行為許認可の取得を目標とはするものの、いくつかの準委任契約・請負契約の集合体とみるのが相当であり、準委任契約の事務処理としてなされた労務の割合に応じて報酬を請求しうるというべきものである。

　Ｙ組は、Ｋ研究所に計5,502万円を支払っている。しかし、この金額には、18ホールのゴルフ場の造成が不可能であると確信してからの事務処理も含まれていること、Ｋ研究所に支払った金額は必ずしも原告Ｘカントリーと被告Ｙ組との間の報酬額とは同視できないことからすれば、被告Ｙ組から原告Ｘカントリーに請求できる報酬額は、右金額の４分の１である1,375万円が相当である。

6　本件判決の意義

　ゴルフ場の開発行為の許可申請等及び設計事務等の委託契約については、その契約の性質が問題となる。本判決は、契約が準委任契約と請負契約の集合体とみるのが相当であるとし、準委任契約部分いわゆる設計委託の事務処理費用として実施された労務の割合に応じて報酬の請求を認めたものであり、建設業の分野では非常に参考になる。

1−7　大学研究所建物の準備作業を始めた下請業者からの損害賠償請求事件

1　事件内容

外壁に独製のカーテンウォールを使うことを計画した大学研究所建物について、下請予定業者が下請契約を締結する前に仕事の準備作業を開始した場合、その支出費用を補填することなく施主が施工計画を中止することが、不法行為に当たるとされた事例

2　上告人、被上告人等

上告人	㈱X通商（下請予定者）
被上告人	（学）Y大学（注文予定者）
裁判所	最高裁　平17(受)1016号
判決年月日	平18・9・4　第2小法廷判決、破棄差戻
関係条文	民法1条、709条

3　判決主文

原判決を破棄する。

本件を東京高等裁判所に差し戻す。

4　事案概要

被上告人Y大学は、研究用の本件建物の建築に対し文部省から補助金交付の内定を受け、A研究所に設計監理を委託した。A研究所は、外壁にドイツ製のカーテンウォールを使うことを計画、納入期限に間に合わせるために、Y大学に、下請業者へ準備作業の開始を依頼すること、依

1　契約締結前の紛争

頼後は別の業者は選べなくなることを説明し了承を得た。

　上告人X通商（下請予定業者）は、A研究所からガラスカーテンウォールの納入等の準備作業に着手するよう依頼を受けた。X通商は、ドイツの製造ラインの確保等の準備作業を行い、相当の費用を支出した。

　しかし、Y大学は、平成14年8月27日、将来の収支に不安があることを理由に、突然本件建物の建築計画の中止を決定し、補助金の交付の申請を取り下げた。

（原審の判断）

　Y大学の不法行為を否定し、X通商の請求をすべて棄却した。本件におけるX通商の損害は、A研究所との間で解決を図るべきものである。被告には本件建物の施工業者を選定して請負契約の締結を図る義務はないので、本件建物の建築計画の中止は、不法行為に該当するものとまではいえない。（東京高裁　平16（ネ）4055号、平17・2・26 判決）

（上告人の主張）

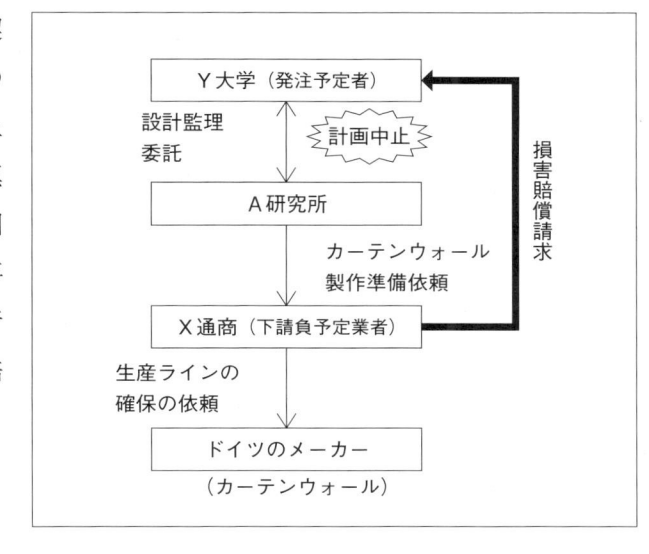

　本件事案は、契約締結上の過失の理論を適用して上告人の損失の補塡を命じて救済を図るべき典型的な事案であり、不法行為に基づく損害賠償請求を行う。

```
        ┌─────────────────┐
        │ Y大学（発注予定者） │◀──┐
        └─────────────────┘    │
  設計監理      ↕   計画中止       │ 損害
  委託                           │ 賠償
        ┌─────────────────┐    │ 請求
        │     A研究所      │    │
        └─────────────────┘    │
                 ↓ カーテンウォール │
                    製作準備依頼   │
        ┌─────────────────┐    │
        │ X通商（下請負予定業者）│──┘
        └─────────────────┘
  生産ラインの
  確保の依頼 ↓
        ┌─────────────────┐
        │  ドイツのメーカー   │
        │ （カーテンウォール）│
        └─────────────────┘
```

23

5　裁判所の判断

竣工予定時期に間に合わせるためには、準備作業を開始する必要があった。

施主は、設計監理者の説明を受けて、上告人X通商に準備作業の開始を依頼すること、依頼後は別の業者を選ぶことはできないことを了承していた。

上告人X通商は、下請契約を確実に締結できるものと信頼して準備作業を開始したものであり、Y大学がこれを予見し得た場合には、特段の事情が無い限りY大学には請負契約を締結すべき法的義務はなくとも、上記信頼に基づく行為によって上告人X通商が支出した費用を補填するなどの代償的措置を講ずることなく本件建物の建築計画を中止することは、上告人X通商の信頼を不当に損なうものであり、Y大学は不法行為による賠償責任を免れない。

6　本件判決の意義

本判決は、施主と下請予定業者との間に、契約締結上の過失が問題となる場合と類似した信頼関係が生じていると評価できる事実関係が存在する場合においては、下請予定業者と施工業者の間での下請契約が締結される前に下請予定業者が下請の仕事の準備作業を開始した場合であっても、施主が下請予定業者の信頼を不当に損ない財産的損害を被らせたと判断されるときには、不法行為責任を免れることが出来ないことを確認した最高裁の判例である。

2　工事中断・契約解除

2-1 請負契約中途終了の場合の残工事に要した費用についての損害賠償請求事件

1 事件内容

工事請負契約が、請負人の責めに帰すべき事由により中途で終了した場合に、注文者が残工事に要した費用について、賠償請求できる範囲を明らかにした事例

2 上告人、被上告人等

上告人	X建設㈱
被上告人(反訴)	Y基礎㈱
裁判所	最高裁 昭59(オ)543号
判決年月日	昭60・5・17 第2小法廷判決、一部破棄自判
関係条文	民法415条、416条、632条

3 判決主文

原判決中、被上告人の上告人に対する反訴請求のうち120万円及びこれに対する遅延損害金の支払を命じた部分を破棄する。
前項の部分に関する被上告人の控訴を棄却する。

4 事案概要

上告人X建設は、被上告人Y基礎から、請負代金合計811万円で工事を請負った。X建設は、工事の85％に当たる部分まで施工したが、X建設の責めに帰すべき事由により放置したため、Y基礎は、その余の部分を他の業者に施工させて本件工事を完成するのに131万円を要した。

2　工事中断・契約解除

（原審の判断）

　X建設は、Y基礎に対し、請負代金811万円の85％に相当する689万円から、Y基礎の弁済にかかる550万円を控除した139万円の請負代金請求権を有する。

　反訴について、Y基礎は未施工部分を他の業者に発注施工させて工事を完成するのに131万円を要したとの事実を確定し、X建設はY基礎に対し、未施工部分の工事による損害として131万円の支払義務があるとし、遅延に伴う損害金24万円の支払義務と合わせて、155万円及び遅延損害金の支払を求める限度で認容し、その余の部分を棄却する。

（上告人の主張）

　Y基礎が、残工事にかかった費用全額を損害として請求し、原審がその額の負担を命じたことは不当である。

（被上告人の主張）

　X建設は、工事を中途で放棄した債務不履行に基づき、工事の完成に要した費用約197万円のほか工事遅延による損害金約274万円合計約472万円の支払義務がある。

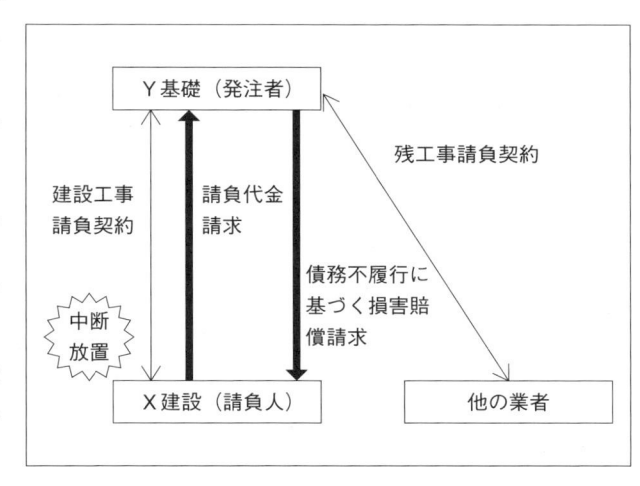

5　裁判所の判断

　上告人X建設は、被上告人Y基礎に対し、請負代金811万円の85％に相当する689万円から、被上告人Y基礎の弁済にかかる550万円を控除した139万円の請負代金請求権を有するとした原審の認定判断は正当である。

　反訴についての判断は、そのままには是認することが出来ない。

　請負において、仕事が完成に至らないまま契約関係が終了した場合に、請負人が施工済みの部分に相当する報酬に限ってその支払を請求することが出来るときには、注文者は、契約関係の終了が請負人の責に帰すべき事由によるものであり、請負人において債務不履行責任を負う場合であっても、残工事の費用については請負代金中未施工部分の報酬に相当する金額を超えるときに限り、その超過額の賠償を請求することが出来るに過ぎない。

　被上告人Y基礎は、未施工部分の完成に要した費用131万円全額を債務不履行に基づく損害賠償として請求することは出来ず、当初の請負代金である811万円と工事出来高に相当する689万円との差額121万円を差し引いた9万円と工事遅延による損害24万円との合計34万円を請求し得るにとどまる。原判決は、理由不備の違法があり、破棄を免れない。

6　本件判決の意義

　契約関係の終了が請負人の責に帰すべき事由によるもので、請負人が債務不履行に基づく損害賠償責任を負う場合における損害賠償義務について、注文者が残工事の施工に要した費用として請求できる範囲は、残工事施工費用が請負代金中未施工部分の報酬に相当する金額を超える額に限ることを明らかにした判例である。

2－2　注文者の請負契約解除の場合における損害賠償請求控訴事件

1　事件内容
注文者が民法641条によって請負契約を解除した場合において、請負人の逸失利益の賠償責任が肯定された事例

2　控訴人、被控訴人等

控訴人（乙事件被控訴人）	X商事（有）（注文者・第一審原告）
被控訴人（乙事件控訴人）	㈱Y（請負人・第一審被告）
裁判所	東京高裁　昭58（ネ）833号（甲事件）・893号（乙事件）
判決年月日	昭60・5・28 民16部判決、一部変更（確定）
関係条文	民法582条、641条

3　判決主文
第1審被告は第1審原告に対し、557万円及び年6分の割合による金員を支払え。

4　事案概要
控訴人X商事は、昭和52年7月21日、被控訴人Yとの間に請負代金1億1,000万円とするビル建設工事請負契約を締結し、前渡金4,200万円を支払った。X商事は、請負契約の目的としたビルでは距離制限により個室付き浴場業を営むことが出来ないことが判明したので、昭和52年8月

2-2

頃請負契約の解除を申し入れ、YはこれをÌ承した。

（控訴人の主張）

YがX商事に対して請求できる得べかりし利益の範囲は、既成工事に対応する範囲に限られる。従前の工事中の未完成部分の得べかりし利益を請求できない。

原審は、Yの損害として、Y主張の工事関係費用（下請業者への発注工事費及び現場諸経費）446万円余を全額認めているが、水道工事、電気工事は、まったく施工していない。

（被控訴人の主張）

請負人が工事に着手した後、注文者の都合で契約が解除されたときは、請負人は、工事を完成した場合に、得べかりし利益を全額として請求することができる。

Yが現に支出した費用は、損害として認められるべきである。

仲介手数料400万円の出捐は、建築業界における社会的相当性のある支出であるから費用として認められるべきである。

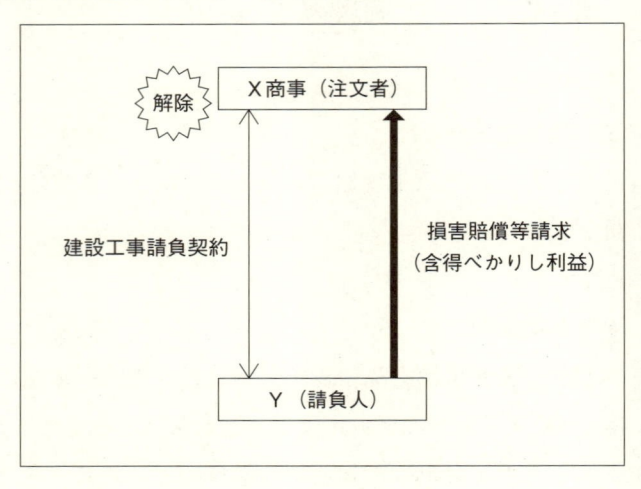

```
         解除        X商事（注文者）
          ↕                ↑
                           │
   建設工事請負契約    損害賠償等請求
                     （含得べかりし利益）
          ↕                │
                   Y（請負人）
```

5　裁判所の判断

　請負人は、注文者の一方的事情により請負契約を工事途中で解除されるのであるから、積極損害の賠償を請求しうることはもとより、工事完成により得べかりし利益をも損害として請求できるものと解すべきである。

　第1審被告Yは、仲介手数料として工事の紹介者Nに対し300万円、設計施工を行うことになっていたI建設に100万円支払った旨主張するが、300万円は、相当因果関係のある損害として請求することは出来ない。100万円は、支払の必要性ないし合理性を認めることが出来ない。

　第1審被告Y主張の仮設水道工事費用40万円については、にわかに採用できない。

　第1審被告Y主張のその余の工事関係費用については、下請業者への工事発注の支払（135万円）、現場諸経費として271万円を支払ったことが認められる。

　工事請負契約書に記載する金額のうち正確なものは請負金額（総額）のみであって、個々の経費については、適当に割り振った金額を記載する例である。このため、土間解体工事費用、仮設電気工事費用、旅費交通費が契約書上の該当項目より多く、家賃は記載されていないからといって、請求できないものと解するのは相当でない。

　第1審被告Yは、本件工事の完成により、請負金額1億1,000万円の5％に当たる550万円の利益を得ることが出来たはずである。第1審被告Yは、得べかりし利益550万円について損害賠償の請求をすることが出来るというべきである。

　損害賠償債権の合計額は、956万円余となる。別途工事代金債権59万円がある。前払金は4,200万円支払われ、そのうち2,800万円は弁済したので、残額は、384万円余である。

2 - 2

6　本件判決の意義

　本判決は、注文者が民法641条に基づき建設工事請負契約を中途解除した場合、注文者が損害賠償する範囲は、積極損害を請求できることはもとより工事完成により得べかりし利益をも含むと判示しており、通説判例に沿った事例として参考になる。

　また、本判決は契約書に設定計上されていない項目又は契約書に設定された額を超える諸経費についても、その実額を損害として請求できるものがあるとしており、損害額の算定の仕方として実務上の参考になる。

2 工事中断・契約解除

2－3　電気工事請負契約解除に伴う約束手形金請求事件

1　事件内容

自動旋盤機動力電気工事請負契約において、主として注文者の責めに帰すべき事由により仕事の完成が妨げられ、あたかも当事者間に請負契約の合意解除があったと同視しうる事態に立ち至った場合に、注文者の報酬支払義務が肯定された事例

2　控訴人、被控訴人等

控訴人	X（原告・控訴人）
被控訴人	㈱Y（被告・被控訴人）
裁判所	東京高裁　昭55（ネ）3040号
判決年月日	昭58・7・19 民4部判決、取消（上告）
関係条文	民法633条

3　判決主文

原判決を取り消す。

手形判決を認可する。

4　事案概要

昭和51年2月控訴人Xは、被控訴人Yとの間で、Yの工場に自動旋盤機25台の動力電気工事を施工する契約を締結した。完工期日は、昭和51年2月28日とし、工事代金額の定めはなく、工事代金の一部としてそれぞれ15万円を5月31日、20万円を6月30日、20万円を7月31日の支払期

33

2-3

日とする約束手形3通によりXに交付し支払い、工事代金の残額は工事完成時に支払うという約定であった。

Xは、契約後直ちに着工し、必要な配線工事を施工し、後は自動旋盤機25台が据え付けられれば、本件工事が完成するばかりになっていた。しかしYは、自動旋盤機3台を据え付けたのみで、残りの22台の自動旋盤機を据え付けないままであった。

Xは、S簡易裁判所に対し金15万円の約束手形金の支払を求める訴訟を提起した。Yは工事代金の一部として15万円の支払義務があること、工事を引き続き協議の上、進行させることを確認する和解が成立した。

その後もYが自動旋盤機を据え付けないため、Xは残工事を行うことができなかった。

Yは、Xによる本件工事の続行をあきらめ、納入済みの3台の自動旋盤機に関する動力電気工事をA工業に別途依頼し完成させ、昭和54年頃工場を他に売却処分した。

（控訴人の主張）

Xは、自動旋盤機25台の電気配線工事及び必要な配電機具設備であったが、ほぼ100％工事を終えた。YはXに対し、40万円の手形金支払の義務を負う。

（被控訴人の主張）

Xが施工したのは、配電設備に関する一部の工事だけであり、15万円を和解に従って支払済みである。

Yは、Xに対し工事の続行方を督促したが、Xが応ぜず工事を完成しなかった。Yには、本件手形金支払の義務はない。

2 工事中断・契約解除

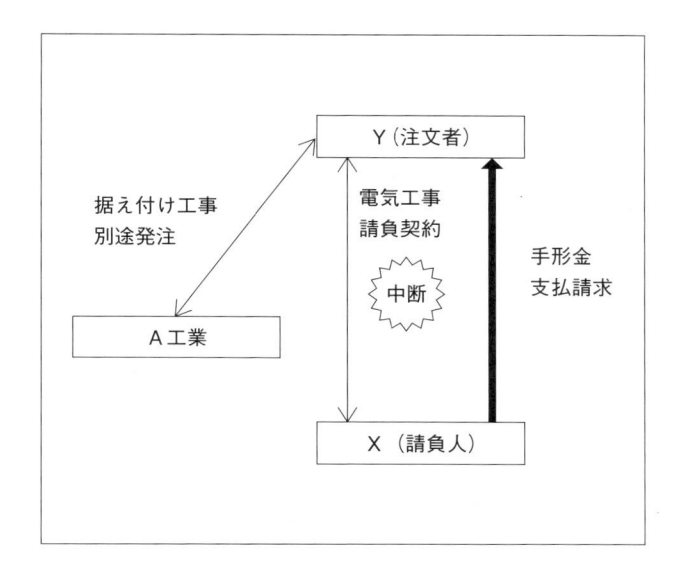

5 裁判所の判断

　請負契約においては、請負人が仕事を完成しない以上、注文者は報酬支払義務の履行を拒絶することができ、特段の事情がない限り、注文者は当該報酬支払のため振出した約束手形金の支払義務をも負わないものと解するのが相当である。しかし、請負契約の合意解除があったと同視しうるような場合には、仕事の出来高が約束手形金額に達している限り、報酬支払義務の履行を拒絶することを許容することができない特段の事情がある場合に該当し、注文者は報酬支払義務の履行のため振出した約束手形金の支払義務を免れないものといわなければならない。

　控訴人Xは、各工事を完了し、被控訴人Yによる自動旋盤機25台の据付を待つばかりの完成直前の工程まで施工した。控訴人Xが手形訴訟を提起するに至ったが、控訴人X、被控訴人Y間の請負契約上の信頼関係はすでに崩壊していた。したがって、すでに本件請負契約の合意解除があったと同視しうる状態にあるものといえる。しかも本件工事の出来高

は約73万円相当であり、被控訴人Y主張の手形及び約束手形金額合計額55万円を優に超えている。

結局、被控訴人Yには、注文者が報酬支払義務の履行を拒絶することを許容することができない特段の事情があるものというべきである。

6 本件判決の意義

請負契約において、報酬は仕事の目的物の引渡しと同時に支払わなければならないとされている（民法633条）。本判決は、請負人の仕事が完成していないが、主として注文者の責めに帰すべき事由によるものであり、そのため契約上の信頼関係が崩壊し、請負人において契約関係の清算を望み、注文者もまた請負人による仕事の続行に期待をかけず、あたかも請負契約の合意解除があったと同視しうる事態に立ちいたった場合には、注文者は仕事の出来高に応じた金額について報酬支払債務の履行を拒絶することは出来ない旨を判示したものである。従来の判例の立場を踏まえた事例として参考になる。

2−4 プレハブ仮事務所用建物解体に関する損害賠償請求事件

1 事件内容

プレハブ仮事務所用建物を建築した下請人が元請人からの代金不払を理由に請負契約を解除し建物を解体した場合に、注文者に対する不法行為が肯定された事例

2 控訴人、被控訴人等

控訴人	X1㈱、X2（X1の代表者）（下請負人）
被控訴人	㈱Y設計測量（注文者）
裁判所	東京高裁 昭52（ネ）1845号・2898号
判決年月日	昭54・4・19 民12部判決、変更（確定）
関係条文	民法709条、民法旧44条

3 判決主文

控訴人らは、各自被控訴人に対し102万円及び年5分の割合による金員を支払え。

4 事案概要

被控訴人Y設計測量は、土地区画整理事業地区内に仮事務所を設置する必要が生じたため、Aに代金70万円で建物を建築することを注文した。Aは、控訴人X1に対し、間口2間、奥行き3間のプレハブ建物一棟及びプレハブ便所一棟の建築を電気配線、給排水工事等を別途工事として除外して注文し、X1（代表者はX2）は、代金53万円で建築する

2－4

ことを請負った。

請負契約には、①Aが代金を完済するまで、所有権はX1に留保し、Aは完済するまで建物を移動、譲渡、転売をしないこと、②Aが支払不能の場合は、X1は催告なしに建物を引き上げることができるという約定が含まれていた。

X1は、専属下請業者を使い、建物と便所を建築し、Aに引き渡した。Aは、X1に対し、請負代金の一部として、契約時に1万円、引渡し時に26万円支払った。Aは、電気配線等の工事を完成し、Y設計測量に引き渡した。Y設計測量は、Aに請負代金70万円を支払い完済した。Aは、残代金26万円について、12月末までに6万円を支払ったのみで、残金をX1に支払わなかった。

控訴人X2は、翌年2月21日、突如なんらの予告もなしに本件建物を取り壊し、他へ搬出した。

（控訴人の主張）

建物の所有権は、代金完済までは控訴会社X1に留保されるものとし、Aは他へ譲渡、質入してはならない、及びAが支払不能な場合は、催告なしに契約を解除し建物を引き上げることが出来る旨の特約付の請負契約を結んだから、建物はX1が所有する。

（被控訴人の主張）

代金支払を完了し、Aから引渡しを受け本件建物の所有権を取得した。

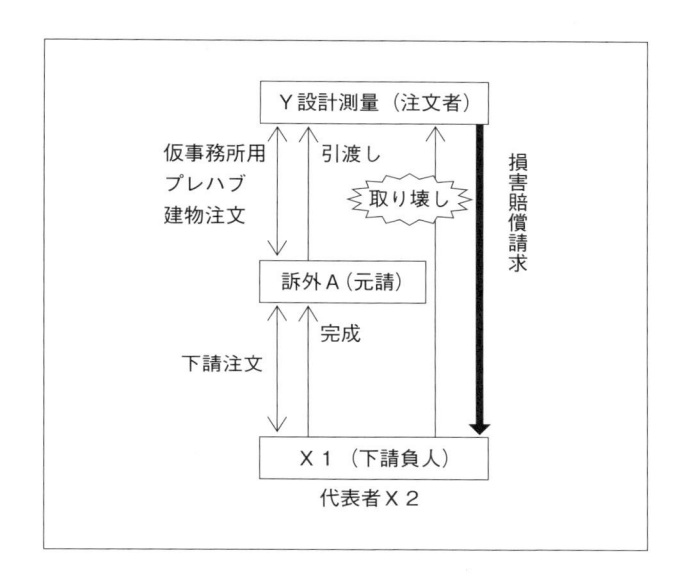

[図：Y設計測量（注文者）─仮事務所用プレハブ建物注文／引渡し／取り壊し／損害賠償請求─訴外A（元請）─下請注文／完成─X1（下請負人）代表者X2]

5 裁判所の判断

　建物建築請負契約においては、特段の事情がないかぎり、建物の所有権は、注文者に帰属すると見るのが相当であり、請負人が自己の材料をもって工事を施工した場合、請負人がまず所有権を取得すべきものとするのは、請負人に請負代金の徴収を容易にさせるために他ならない。

　控訴人X1は訴外Aとの間で所有権留保条項による特約をしているが、両名の間には特約条項の文言どおり控訴人X1に残代金が完済されるまで建物の所有権を当事者間においても第三者に対する関係でも完全に控訴人X1に帰属させようという意図はなかった。

　本件建物の所有権は、引渡しによって控訴会社X1からAに移転するという黙示的な合意があったと見るのが相当であり、本件所有権留保特約条項の存在にもかかわらず、Aは控訴会社X1との間で締結した建物建築請負契約に基づく本件建物の引渡しにより、本件建物の所有権を取得したものと認めることができる。被控訴人Y設計測量は、Aとの間の

2-4

建物請負契約に基づく本件建物の引渡しにより、本件建物の所有権を取得した。

控訴人X1らは、故意又は過失により本件建物に対する被控訴人Y設計測量の所有権を侵害したというべきである。

6　本件判決の意義

本件は、下請人が元請人の代金不払を理由として、注文主が代金を完済し元請人から引渡しを受けた建物を解体、搬出した事案であり、建物所有権の注文者帰属説の立場から、注文者の所有権に対する下請人の侵害についての損害賠償責任を認めた事例である。

＊民法旧44条1項：法人ハ理事其他ノ代理人カ其職務ヲ行フニ付キ他人ニ加ヘタル損害ヲ賠償スル責ニ任ス

2-5 工事未完成の間における請負契約中途解除取立金請求事件

1 事件内容

住宅建築工事未完成の間に請負契約が解除された場合、既施工部分については解除できないとされた事例

2 上告人、被上告人等

上告人	X
被上告人	㈱Y工務店
裁判所	最高裁 昭52(オ)630号
判決年月日	昭56・2・17 第3小法廷判決、破棄差戻
関係条文	民法541条、632条

3 判決主文

原判決を破棄する。

本件を大阪高等裁判所に差し戻す。

4 事案概要

N工務店は、昭和46年6月9日、被上告人Y工務店から建売住宅の新築工事を請負った。上告人Xは、N工務店に対し48万円余の約束手形債権を有していたので、これを保全するため、昭和46年7月31日、N工務店がY工務店に対して有していた本件建築請負契約に基づく工事代金債権のうち、48万円余について債権仮差押決定を得た。

Xは、N工務店に対する約束手形の請求を認容した確定判決に基づ

き、債権差押及び取立命令を得、命令は送達された。ところがN工務店は建築現場に来なくなり、経営困難により工事を完成することが出来ないことが明らかになったため、Y工務店は、口頭で建築請負契約を解除する旨の意思表示をした。

（原審の判断）

原審は前記事実関係に基づき、建築請負契約の解除により、N工務店のY工務店に対する工事代金債権も消滅したとして、Xの差押にかかる前記48万円余の工事代金債権についての取立請求を排斥した。

（上告人の主張）

土木建築請負契約にあっては、請負人は結果を引き渡しているから、すでに成された工事の結果は注文者の利得に属している。注文請書によれば、工事代金は毎月25日締め切り翌月10日支払となっている。出来高払いの契約にあっては、請負代金は出来高に応じて支払われるべきである。請負工事代金債権は、出来高に応じて履行期が到来する。すでに履行を終った部分についても、契約解除により遡及的に契約がなかったものとする原審の解釈は本件では不当である。

（被上告人の主張）

N工務店のY工務店に対する請負代金債権は、請負契約が解除されたことにより消滅したから、取立請求は排斥されるべきである。

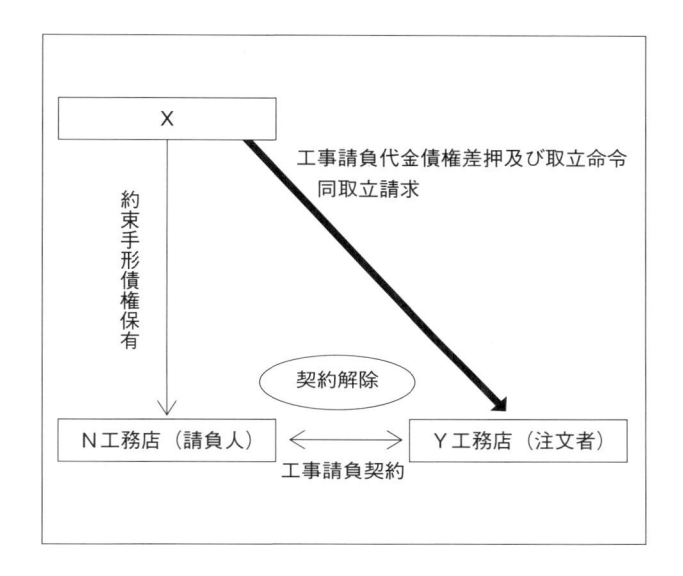

[図：X が N工務店（請負人）に対し約束手形債権保有、X が Y工務店（注文者）に対し工事請負代金債権差押及び取立命令・同取立請求、N工務店と Y工務店の間で工事請負契約・契約解除]

5　裁判所の判断

　建物その他土地の工作物の工事請負契約について、工事全体が未完成の間に、注文者が請負人の債務不履行を理由に契約を解除する場合において、工事内容が可分であり、しかも当事者が既施工部分の給付に関し利益を有するときは、特段の事情がないかぎり、既施工部分については契約を解除することが出来ず、未施工部分について契約の解除をすることが出来るに過ぎないと解するのが相当である。本件請負契約の解除時である昭和46年9月10日現在のN工務店による工事出来高が工事全体の49.4％、金額にして691万円であり、被上告人Y工務店は、既施工部分を引き取って工事を続行した。工事は内容が可分であり、被上告人Y工務店は既施工部分の給付について利益を有していた。

　原判決が、契約解除の意思表示により、契約の全部が解除されたとの前提の下に、既存の48万円余の工事代金債権も消滅したと判示したのは、法令の解釈適用を誤っており、破棄差戻しを免れない。

6　本件判決の意義

　一般的には、債務不履行に基づく契約解除により、その契約の法律効果は、遡及的に消滅する。しかし、工事請負契約の解除は、工事が可分であり、履行の終った部分だけでも契約の目的を達することが出来る場合には、既施工部分の契約解除は出来ないとするのが通説、判例（大審院判　昭7・4・30）である。本判決は、最高裁として通説的見解を確認したものであり、実務上も参考になる。

2-6　注文者の責により完成不能になった冷暖房工事に関する請負代金請求事件

1　事件内容

注文者の責めに帰すべき事由により工事の完成が不能となった場合において、請負人に報酬請求権が認められ（民法536条2項）、その具体的な報酬の範囲としては、約定の全報酬額から請負人が債務を免れることによって得た利益を控除した額を請求できるとされた事例

2　上告人、被上告人等

上告人	Y
被上告人	X住宅設備機器㈱
裁判所	最高裁　昭51(オ)611号
判決年月日	昭52・2・22　第3小法廷判決、上告棄却
関係条文	民法536条2項、632条

3　判決主文

本件上告を棄却する。

4　事案概要

住宅電気設備機器の設置販売を業とする被上告人X機器は、Aから上告人Y所有家屋の冷暖房工事を代金430万円、工事完成時現金払いの約束で請負った。Yは、X機器に対し、Aが負担すべき債務について連帯保証した。X機器は、冷暖房工事の内ボイラーとチラーの据付工事を残すだけとなったので、必要な機材を用意してこれを完成させようとした

ところ、Yが地下室の水漏れに対する防水工事を行う必要上、その完了後に据付工事をするようX機器に要請した。その後X機器及びAの再三にわたる請求にもかかわらず、Yは防水工事を行わず、ボイラーとチラーの据付工事を拒んだ。

X機器の行うべき残余工事は、X機器が本訴を提起した時点では、社会取引通念上履行不能の状態に帰していた。X機器は、A及びYに対して請負代金全額を請求した。

（原審の判断）

X機器は、A及びYに対して工事の出来高に応じた代金を請求できるにすぎない。

（上告人の主張）

原審には、民法415条、同法632条の解釈に誤りがある。

（被上告人の主張）

本件残余工事は、注文者の責めに帰すべき事由によって完成が不能になった。

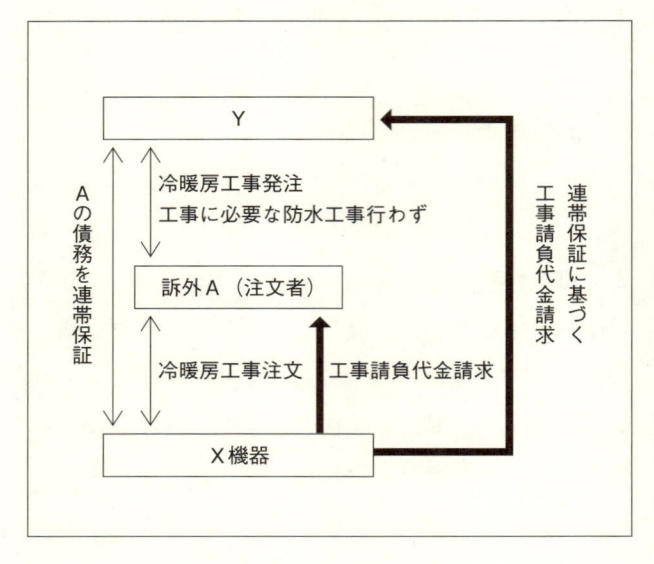

5　裁判所の判断

　請負契約では、仕事が完成しない間に、注文者の責めに帰すべき事由により完成が不能になった場合は、請負人は自己の残債務を逃れるが、民法536条2項によって、注文者に請負代金全額を請求することが出来る。ただ、請負人は自己の債務を免れたことによる利益を注文者に償還すべき義務を負うにすぎない。

　本件冷暖房工事は、注文者であるAの責に帰すべき事由により完成が不能になったので、被上告人X機器は、Aに対して請負代金全額を請求できる。上告人YはAの債務について連帯保証責任を免れない。したがって、原判決が、被上告人X機器はAに対して工事の出来高に応じた代金を請求できるにすぎないとしたのは、民法536条2項の解釈を誤った違法がある。

　もっとも被上告人X機器は、前記工事の出来高を超える自己の敗訴部分について不服申し立てをしていないから、結局この違法は、判決に影響を及ぼさない。

6　本件判決の意義

　請負契約においては、仕事が未完成の間にその完成が不能となったとき、その履行不能が、注文者の故意・過失又は信義則上これと同視しうるようなその責に帰すべき場合には、民法536条2項を適用すべきものとされ、請負人は報酬請求権を失わないと解されており、本判決はこの法理を適用した事例として参考になる。

　また、請負人は、民法536条2項但し書により、「自己の債務を免れたるに因りて得た利益」を注文者に償還すべきである。しかしながら、その法的性質は不当利得であるとされているため、請負人としては、請負代金の全額について報酬請求することができる。これに対して、注文者

2－6

が「請負人が債務を免れたことによる利益を注文者に償還せよ」と主張した場合に、利得の償還を検討することになる。

2－7　自動車学校用地整地工事中断に関する土地所有権移転登記抹消登記手続請求事件

1　事件内容
自動車学校用地整地工事における請負人の履行遅滞による契約の一部解除の認定は妥当でなく、契約全部の解除であると解すべきであるとされた事例

2　上告人、被上告人等

上告人	X土地㈱（注文者）
被上告人	Y（請負人）
裁判所	最高裁　昭52(オ)583号
判決年月日	昭52・12・23　第3小法廷判決、破棄差戻
関係条文	民法541条、632条

3　判決主文
原判決を破棄する。
本件を札幌高等裁判所に差し戻す。

4　事案概要
昭和37年8月中旬頃、被上告人Yは、訴外Aの注文により、Aが同年10月1日の開校する予定の自動車学校の用地の整地等の工事を、完成期日を9月中旬と定めて請負った。上告人X土地は、AのYに対する請負工事の報酬債務を重畳的に引き受けるとともに、その支払に代えてX土地所有の土地のうち1,000坪をYに譲渡する旨約定した。

2 - 7

　X土地は、前記約定に基づき、Yに対して約500坪を譲渡し、所有権移転登記をした。Yは、本件工事に着手したが、本件工事過程の約10分の2程度を工事した段階で、同年9月ごろ工事を中断した。Aは、再三にわたって工事の続行を催告したが、Yが応ぜず全工事完成の見通しが立たなくなったので、工事残部の打ち切りを申し入れ、既施工部分の引渡しを受けるとともに、土地の返還を請求した。

　Yは、既施工部分の出来高代金として100万円を支払わなければ土地の返還には応じられないとの態度を示した。Aも、昭和37年11月頃Yに対して債務不履行を理由に本件工事のうち未完成部分の工事請負契約を解除するとともに、損害賠償請求債権と出来高工事債権とを対当額で相殺する旨の意思表示をした。

　X土地は、Yに対して、本件土地につき所有権移転登記を抹消するように求めた。

（原判決の判断）

　X土地の主張する債務不履行に基づく契約解除は、一部解除であり既施工部分には及ばず、X土地が本件土地所有権をYに移転したことは既施工部分の工事出来高に対応する前払として有効である。

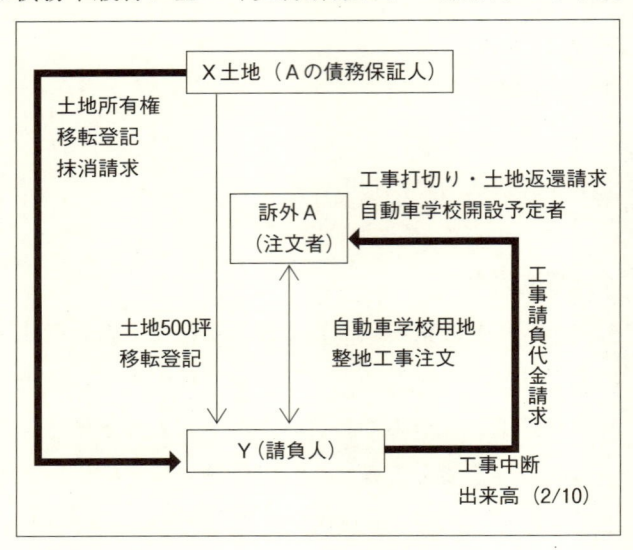

5　裁判所の判断

　被上告人Ｙは、工事全工程の約10分の2程度の工事をしたにすぎず、被上告人Ｙのした施工部分によってはＡが契約の目的を達することは出来ないことが明らかであり、工事残部の打切りを申し入れると共に土地全部の返還を要求しているのであるから、他に特別の事情がない以上、Ａは契約全部を解除する旨の意思表示をしたものと解するのを相当とすべく、単に残工事部分のみについての契約解除の意思表示をしたと断定することは妥当を欠く。原判決が、前記特別の事情のあることを認定することなく、残工事部分のみについて契約の解除を認めたのは、経験則に照らして是認することが出来ない。

6　本件判決の意義

　債務者の一部履行遅滞がある場合に、通説・判例は、債務者のなすべき給付の内容が可分である場合（一部を履行しただけでも債権者にとってそれだけの価値がある場合）、債権者は未履行の残部についてだけ契約解除することが出来るのを原則とするが、全部の給付がなければ債権者にとって契約の目的を達することができない場合には、給付が可分でも契約の全部を解除することが出来るとしている。

　本件は、全部の給付がなければ注文者にとって契約の目的を達することができない場合であり、工事の残部の打切りを申し入れると共に土地全部の返還を要求している等の事情からみて、本判決は、契約全部の解除の意思表示をしたものと解するのが相当であるとしたものであり、通説、判例に沿った解除の解釈事例として意義がある。

2−8 工事中途における契約解除権が認められている場合の契約解除に関する譲受債権請求控訴事件

1 事件内容

看護婦寮新築工事請負契約における「注文者において請負人が工期内に工事を完成する見込みがないと認めたときは契約を解除することが出来る」旨の特約が限定的に解釈された事例

2 控訴人、被控訴人等

控訴人	㈱X商事（原告）
被控訴人	Y鋼機㈱（被告）
裁判所	東京高裁 昭51(ネ)256号
判決年月日	昭52・6・7 民2部判決、控訴棄却（確定）
関係条文	民法632条

3 判決主文

本件控訴を棄却する。

4 事案概要

A建設は、被控訴人Y鋼機との間で、昭和47年11月17日、看護婦寮新築工事に使用する鉄骨の製作をA建設において完成する旨の請負契約を締結した。請負代金1,950万円、総重量215t、工事期間昭和48年3月初旬まで、支払方法は、出来高払い・翌月20日払いとし、「注文者において請負人が工期内に工事を完成する見込みがないと認めたときは契約を

2 工事中断・契約解除

解除することが出来る」旨の特約を付する内容であった。

　A建設は、控訴人X商事に対し借入金1,015万円を有していたため、昭和47年12月25日請負代金1,950万円の内支払を受けた935万円を除く債権1,015万円を、X商事に債権譲渡した。しかし、昭和48年1月20日Y鋼機は、X商事が譲り受けた請負代金債権の内390万円を、さらにA建設に支払った。

　A建設は、昭和48年2月頃工事途中で不渡手形を出しその続行が不可能になった。Y鋼機は、A建設に工事完成の見通しがないと認めたので、内容証明郵便により、本件請負契約の内工事未完成部分を解除した。

（控訴人の主張）

　X商事は、A建設に対し1,015万円を貸与し、A建設はY鋼機に対する工事残額金1,015万円をX商事に譲渡、Y鋼機は債権譲渡を承諾した。

　残代金1,015万円の内、Y鋼機からA建設に支払われた390万円を控除した請負残代金の内200万円（工事出来高に基づき、2月20日に支払わ

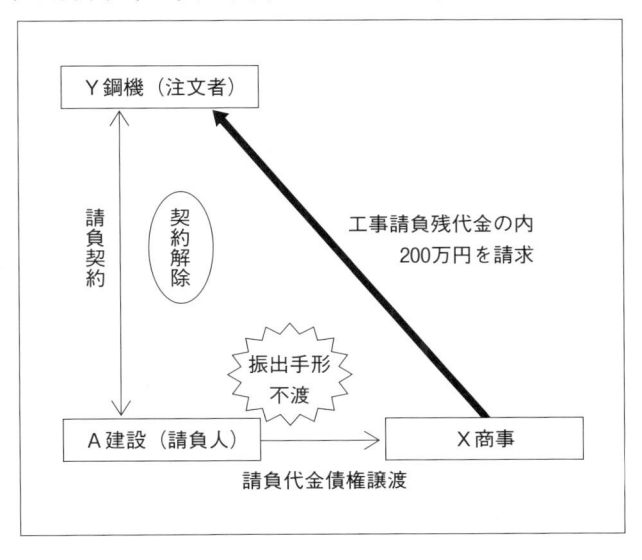

れるべき金額）の支払を求める。

（被控訴人の主張）

　Y鋼機は、A建設に対し1,325万円を支払った。A建設が行った出来高は1,012万円であり、A建設に312万円の既払代金の返還請求権を有しこそすれ支払うべき請負代金は残っていない。

5　裁判所の判断

　控訴人X商事は、A建設の施工した工事の出来高は、全体の8割ぐらいで、工事費では1,530万円以上になると主張するが、本件工事のために使用された鉄骨は、A建設の下請負人であるB製作所が購入したものであり、被控訴人Y鋼機はB製作所に1,100万円を支払い残りの鉄骨を引きとり、B製作所と共同して看護婦寮鉄骨工事を完成させたものであるから、A建設が残りの鉄骨全部を被控訴人に引き渡したと同様に評価することは出来ない。

　本件請負契約の解除は、前記の特約に基づく工事完成の見込みがないことを理由とする約定解除権の行使として工事の途中でされたものであるが、解除によって当初に遡って請負契約の効力が消滅したものとして扱わず、既工事分の限度で効力を残存させ、注文者において工事を未完成のまま引き取り、請負人は既工事分に相当する請負代金債権を保有することとして両者の関係を処理し、未完成部分についてのみ、請負契約の効力を消滅させることが当事者双方の利益に合致する。特に工事中途における契約解除権が認められている場合には、未完成部分の解除権を定める趣旨のものと解するのが相当である。

　したがって、すでにされた工事は注文者が引き取り、同工事に対する請負代金を支払うべく、もし請負代金の一部が既に支払われていて、既払代金が工事の出来高を上回るときは、請負人において過払い部分を注

文者に返還し、工事出来高が既払代金以上の金額に達しているときは、注文者が請負人に未払部分を追加支払するなどの清算を行うべき効果を生ずるものと解さなければならない。

　これを本件についてみると、Y鋼機は、A建設に対し、材料費1,075万円、工事費250万円、計1,325万円を支払い、工事の出来高は、材料費562万円、工事費450万円、計1,012万円である。

　A建設の有する請負代金債権額は1,012万円であるのに対し、支払済みの金額は1,325万円であるから、A建設の請求できる請負代金債権はすべて弁済によって消滅しており、かえってY鋼機において差額312万円の返還請求権を有することとなる。

　そうすると、X商事がA建設から譲り受けた1,015万円の請負代金債権は、一部は弁済により、その余は請負契約の解除により、すべて消滅している。

6　本件判決の意義

　本判決は、建物の新築工事に使用する鉄骨の製作を目的とする請負契約において、「注文者において請負人が工期内に工事を完成する見込みがないと認めたときは契約を解除することが出来る」との約定がなされている場合について、契約の性質から、未完成部分についてのみ請負契約の効力を消滅させる約定解除権を定めたものと解釈した。また、契約の一部解除がなされた場合には、(1)既に成された工事は注文者が引き取る　(2)既払代金が工事の出来高を上回るときは、請負人において過払部分を注文者に返還する　(3)工事出来高が既払代金以上の金額に達しているときは、注文者において未払部分を追加して支払うなどの清算を行うべき効果を生ずると解したものであり、解除特約の解釈事例として参考になる。

55

2−9 建物部分改造工事請負契約の工事完成前の解除に伴う請負人の報酬額の算定を巡る請負代金請求事件

1 事件内容
建物部分改造工事請負契約が工事完成前に合意解除された場合において、完成割合に応じた請負人の報酬額が算定された事例

2 原告、被告等

原告	X（請負人）
被告	Y（注文者）
裁判所	東京地裁 昭48(ワ)515号
判決年月日	昭51・4・9 民17部判決、棄却（確定）
関係条文	民法632条、633条

3 判決主文
原告の請求を棄却する。

4 事案概要
原告Xは、建築工事請負業者である。被告Yは、注文者であり、割烹を経営しており、店の規模を拡大するために喫茶店として使われていた建物部分を所有者から借り受け、割烹と同様な内装等の工事をXに注文し、昭和47年11月28日、本件建物部分改造工事請負契約を締結した。工事内容 旧喫茶店解体工事、木工、左官、塗装、建具、電気水道、壁貼り等の工事、請負代金は300万円、支払方法は11月30日に内金150万円、

12月10日に150万円を支払う、完成引渡し期日12月10日という内容であった。工事内容は、概括的な口頭によるものであった。

　Xは11月30日工事に着手したが、工事が杜撰であったため、XとYの間で契約を合意解除した。Y（内装工事業を兼業）は未完成工事を施工することになり、未完成工事完成後に完成に要した費用を残代金額150万円から差し引いて計算し、残額があれば残代金として支払うとの合意がされた。

（原告の主張）

　Xは、工事を完成して、12月10日、被告Yに引き渡した。

（被告の主張）

　Xは、完成引渡し期日である12月10日までにわずかな部分の工事しか施工せず、不完全な大工工事等をして、工事を中止放棄した。工事は未完成である。XとYは、工事の途中で契約を合意解除した。Yは、塗装工事の完成費用として92万円を要した。その他の未完成工事に75万円を要した。Yは、Xに対し、合計167万円の工事費用請求権を有している。これを原告の請求金残金150万円と相殺する。

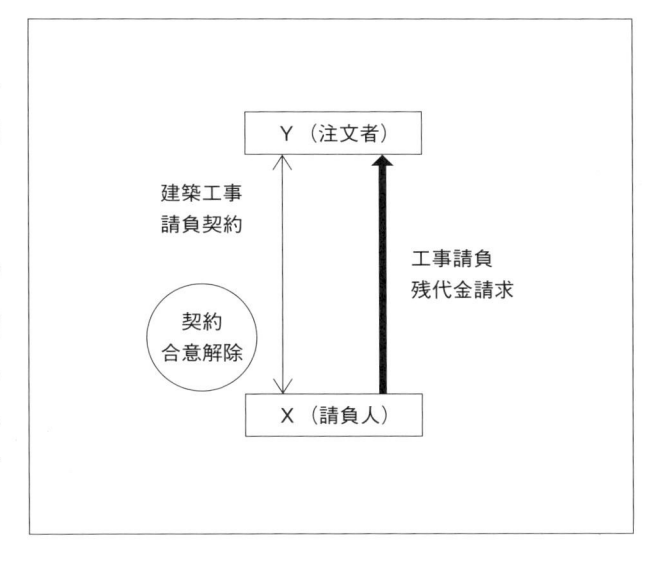

```
          Y（注文者）
       ↑         ↑
  建築工事        │
  請負契約        │工事請負
       │        │残代金請求
    ┌──┐      │
    │契約│      │
    │合意│      │
    │解除│      │
    └──┘      │
       ↓         │
          X（請負人）
```

5 裁判所の判断

　本件請負契約は、昭和47年12月17日頃、Yの要請により、原告Xが工事を中止した時点で合意解除されたものというべきである。

　請負契約が解除されても既に成された仕事を基礎として、そのうえに継続してさらに注文者が第3者をして残工事を施工させ、当初の仕事を完成させたような場合は、注文者は請負人の仕事の成果を取得、利用することによって利益を得たというべきであるから、請負人の施工した仕事の完了割合に応じて、相当の報酬を支払うべきものと解するのが相当である。

　Xが、解体搬出工事、木工、左官工事等工事の一部を実施した。

　本件請負契約は、定額請負と認められるから、前記の意味における完了割合による報酬とは、結局全請負工事と比較した出来高割合を根拠に算出されるべきであって、原告の実費支出額をもってその報酬とする余地はないところ、本件においては、おおざっぱな口頭契約によるものであるから、完了割合は、未完成部分を完成させるに要する費用から逆算する方法、すなわち全代金額から完成に要する費用を差し引く方法によるほかない。

　各工事が合意解除されたが、請負代金の減額に関しては、残代金支払の際、各工事を完成するに要する費用等を控除して清算するとの合意がなされた。

　Yが実施した施工済み工事の工事額は、77万円であり、請負代金総額は、222万円に減額されており、既払い内金150万円を控除した請負工事残代金は、72万円である。

　Xが未完成のまま中止し、Yが実施する工事が74万円ある。

　以上によれば、減額後の残代金は72万円であり、残工事費用は合計74万円であり、右各工事費用の合計が残代金を上回ることになる。してみ

ると、その余の争点について判断するまでもなく、原告の報酬請求権は存しないものといわなければならない。

6　本件判決の意義

　本判決は、工事途中で請負契約が合意解除された場合において、請負人の完成割合に応じた報酬請求権を認め、その算定基準を示した事例として参考になる。

　まず、工事完成前に請負契約が合意解除されていても、注文者が既履行部分を利用して全工事を完成した場合には反対の意思表示がない限り、請負人は、完了割合に応じた報酬請求権を有するとする。次に、完了割合を判定する具体的基準としては、全代金額から未完成部分の現実の工事費用を差し引く方法によるべきものと判示した。

2－10　県道改良工事下請工事の中断の場合の下請工事代金請求控訴事件

1　事件内容
　県道改良工事の下請契約が当事者の合意の上で解除された場合に、元請負人は、工事出来高に応じて下請代金の支払義務があるとされた事例

2　控訴人、被控訴人

控訴人	X（元請負人）
被控訴人	Y建設㈱（下請負人）
裁判所	東京高裁　昭44（ネ）第77号
判決年月日	昭46・2・25　民2部判決、原判決変更（確定）
関係条文	民法466条、467条、468条

3　判決主文
　控訴人は、被控訴人に対し45万円及び年6分の金員を支払え。
　被控訴人のその余の請求を棄却する。

4　事案概要
　昭和42年8月18日控訴人Xが、請負契約報酬金162万円で県から請け負った道路改良工事を、被控訴人Y建設（下請負人）が、Xとの間で下請負報酬金152万円、工事期間同日から昭和43年5月末日までの約束で、下請負する旨の契約をした。Y建設は、昭和42年12月中旬まで工事を行い、中止した。
　発注者であるS県は、昭和43年1月25日、出来高を42％と査定し、請

負契約報酬金162万円の42％の90％にあたる61万円を中間金としてXに支払った。出来高42％という査定が、正しかったかどうかが争点になった。

Y建設は、昭和43年3月中旬倒産した。Xは、残工事を直営で6月初旬完成させ、残工事費用として122万円余支出した。

Y建設は下請代金の支払をXに対して請求した。

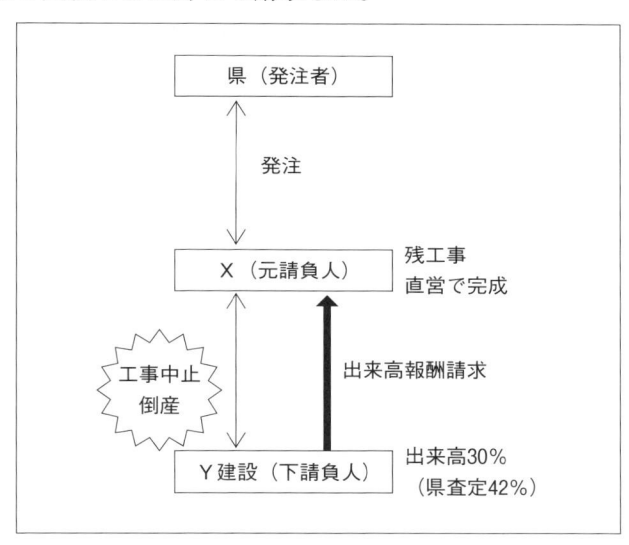

```
          県（発注者）
              ↕
             発注
              ↕
          X（元請負人）      残工事
              ↕              直営で完成
  ┌─────┐    ↑
  │工事中止│   出来高報酬請求
  │ 倒産 │    │
  └─────┘    │
                       出来高30％
          Y建設（下請負人）  （県査定42％）
```

5　裁判所の判断

県の42％という査定は、工事現場に赴いて綿密に調査の上査定したものではなく、妥当でない。下請負人の施工した出来高は、30％程度であった。

たとえ工事の中途で請負契約を合意解除しても、既になされた仕事を基礎としその上に継続して自ら施工し、完成したような場合は、反対の意思表示が無い限り、下請負人の施工した出来高に応じて、相当の報酬を支払うべきである。

したがって、被控訴人Y建設は、控訴人Xに対し、前記認定の出来高分30％に相当する下請負報酬金45万円を請求することができる。

6　本件判決の意義

建設工事標準下請契約約款（昭和52年4月26日中央建設業審議会制定）では、元請負人による解除、下請負人による解除いずれの場合も元請負人は工事の出来形部分、部分払の対象となった工事材料の引き渡しを受け、引き渡しを受けた場合は、それらに対応する請負代金を下請負人に支払う旨規定している（同約款35～37条）。本判決は前記事案につき、元請負人の下請負人に対する下請代金の支払義務を認めたものである。

2-11 分譲住宅の建設に関し第3次下請負人から第2次下請負人に対する賃金請求事件

1 事件内容

分譲住宅に関し、第3次下請負人が工事を中止した場合における第2次下請負人の代金支払義務がないとされた事例

2 原告、被告等

原告	X（下請負人・第3次下請負人）
被告	Y（元請負人・第2次下請負人）
裁判所	東京地裁　昭44(ワ)12853号
判決年月日	昭46・12・23 判決、棄却（確定）
関係条文	民法632条

3 判決主文

原告の請求を棄却する。

4 事案概要

原告X（下請負人・第3次下請負人）は、C建設の分譲地において元請負人であるC建設からD工業（第1次下請負人）、D工業から被告Y（第2次下請負人）へと順次下請負された住宅（A邸、B邸）2棟の大工工事について被告Yと下請契約を結んだ。Xは、工事を始めた。しかし、Y（元請負人・第2次下請負人）は、設計図どおりになっていないとして工事の手直しを要求し、Xは工事の手直しをした。

Yは、Xの工事がなお杜撰であったりしたので、大工を変えるよう申

2-11

し入れた。Xは、工事の施工をやめ、工事を続行する意思がなかった。Xが工事を中止した時点の出来高は、A邸が8割、B邸が3割であった。

Yは、残工事をE工務店に請け負わせた。E工務店は、Yの工事を一部取り壊し、2棟を完成させた。Xは、残代金の支払をYに対して求めた。

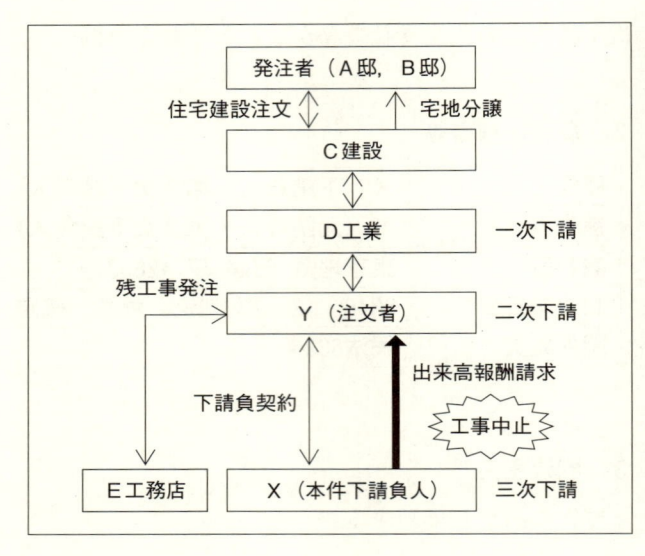

```
                発注者（A邸，B邸）
        住宅建設注文 ↕      ↑ 宅地分譲
                   C建設
                    ↕
                   D工業    一次下請
                    ↕
   残工事発注       Y（注文者）  二次下請
        ┌──────→    ↕         出来高報酬請求
        │        下請負契約      工事中止
       E工務店   X（本件下請負人）  三次下請
```

5　裁判所の判断

下請負人が工事の一部を施工したのみで中止した場合でも、元請負人が、すでに成された工事を基礎として、その上に継続して第三者をして残工事を施工させた場合、第3次下請人は施工した工事の出来高に応じた報酬支払請求権を有する。

その場合、当初の出来高から、手直し分を控除して、下請負人の出来高を判断すべきものと考える。本件の場合、出来高は、A邸が23万円、B邸が8万円、合計32万円であり、同金額は、被告Yが原告Xに支払っ

た35万円の範囲内であり、その弁済により、被告Yの請負代金支払義務は、消滅した。

6　本件判決の意義

本件は第2次と第3次の下請負人間の訴訟である。

建設工事標準下請契約約款（昭和52年4月26日中央建設業審議会制定）では、元請負人による解除、下請負人による解除いずれの場合も元請負人は工事の出来形部分、部分払いの対象となった工事材料の引き渡しを受け、引き渡しを受けた場合は、それらに対応する請負代金を下請負人に支払う旨規定している（同約款35～37条）。

下請負人の施工工事の一部手直し分は当初出来高からの控除対象となるとしている点について、標準下請約款等に直接規定はなく、実務上はその手続きに関する規定が必要と思われる。

2−12 分譲マンション工事に関する請負代金請求事件

1 事件内容
簡単に修理、補完ができる瑕疵が有る場合において、建物の完成が認められた事例

2 申請人、被申請人等

申請人	請負人
被申請人	個人発注者
事件番号	昭和57年(仲)第1号事件
仲裁年月日	昭59・12・12
仲裁合意の根拠	四会連合協定契約約款（昭和41年版）第29条

3 仲裁判断主文の骨子
被申請人は申請人に対し、1億5,854万円及び年36.5％の金員を支払え。

4 事案概要
(1) 申請人の請求要旨

分譲マンション建設工事請負契約に関し、工事請負代金1億6,000万円、年3割6分5厘の率による違約金を求めた。

(2) 被申請人の主張要旨

代金を支払わない理由は、次のとおり。

① 本件建物は、完了検査もされず引渡しもないから代金支払義務はな

い。
② 工事の重要部分及び主要構造部分が約束通り施工されていない。工事に瑕疵がある。

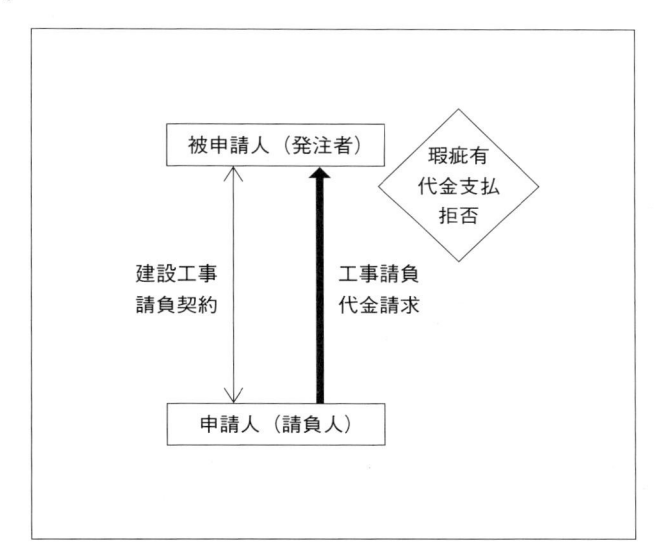

```
        被申請人（発注者）        ◇瑕疵有
          ▲                    代金支払
          │                      拒否
    建設工事 │ 工事請負
    請負契約 │ 代金請求
          │
        申請人（請負人）
```

5 審査会の判断

① 主要構造部が施工され、建築基準法所定の完了検査において完成したと是認される。建築本来の目的に社会通念上供することができる場合は、完成したものということができる。
② 本件建物は、その未完成部分は極めて些少であり、施工上の瑕疵は簡単に修理、保管が可能である。建物は、建築基準法に定める検査により、昭和56年5月22日に完成したものと認められる。
③ 被申請人が監理を委託したL設計において、完了検査は行われた。L設計の申請人に対する工事変更の指図が、被申請人に無断でなされたとしても、L設計の指図に従った申請人は、その責任を問われることはない。申請人に、詐欺、信義則違反の事由は認められない。

2-12

6　本件仲裁の意義

　発注者が、請負代金不払の理由として主張する多数の未済工事について個別にその有無を検討し、いずれも代金不払の理由とは認めないとした。

2−13　会社建物新築工事に関する工事残代金支払請求事件

1　事件内容
設計より居室天上高が10cm低く施工されたことによる精神的苦痛が、発注者の損害として認められた事例

2　申請人、被申請人等

申請人	請負人
被申請人	法人発注者
事件番号	昭和62年（仲）第1号事件
仲裁年月日	平元・12・5
仲裁合意の根拠	四会連合協定契約約款（昭和56年版）第30条

3　仲裁判断主文の骨子
被申請人は、申請人に対し、1,500万円と1割の金員を支払え。

4　事案概要
(1)　申請人の請求要旨
①　昭和60年6月12日、会社建物新築工事請負契約を請負代金1億1,100万円で締結した。申請人は、昭和60年11月30日店舗部分を、昭和61年9月23日住宅部分を、昭和61年9月30日追加工事部分を、各々完成し引き渡した。
②　工事残代金3,600万円及び遅延損害金、別途工事代金597万円等を請求する。

2-13

(2) 被申請人の主張要旨
① 店舗、住宅部分について引渡しを受けたが、いずれも未完成のままであり未だ完成していない。検査済証の交付を受けなければならないが、必要な工事を履行しないため、建築主事に完了届ができない状態である。
② 申請人請求の別途工事代金に、無償提供を約束したもの等が含まれている。
③ 2階居室の天井の高さが設計より10cm低くなっている。その損害賠償として1,000万円を請求する等、工事の瑕疵に基づく2,426万円の反対債権を有するので、それと相殺する。

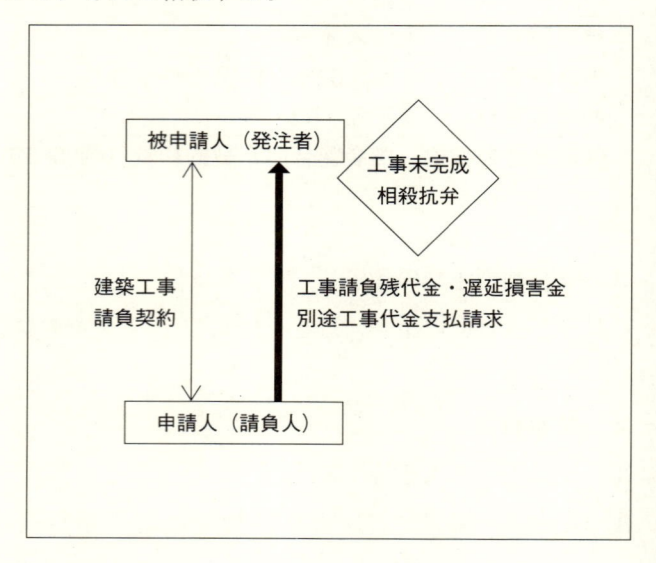

```
┌─────────────────────────────────────────┐
│                                         │
│      ┌──────────────┐    ◇             │
│      │被申請人(発注者)│   工事未完成      │
│      └──────────────┘   相殺抗弁         │
│            ↑                            │
│      建築工事      工事請負残代金・遅延損害金│
│      請負契約      別途工事代金支払請求    │
│            ↑                            │
│      ┌──────────────┐                   │
│      │ 申請人(請負人) │                   │
│      └──────────────┘                   │
└─────────────────────────────────────────┘
```

5 審査会の判断
① 引渡しを受けた以上、補修を要する部分を除き、請負代金残額について弁済期は来ている。
② 居室の天井が10cm低くなったことによる損害額は、100万円を相当

とする等損害賠償債権として250万円を認める。

6　本件仲裁の意義
① 　居室の天上高が10cm低く施工されたことによる精神的苦痛を、発注者の損害として認めた。
② 　工事瑕疵による損害及び追加工事の存否を個別に認定し、請負残代金の支払を命じた。

2−14 事務所ビル躯体工事等請負契約に関する下請人損害賠償請求事件

1 事件内容
下請業者が元請業者に対して、一方的契約解除による損害賠償を求めたが、すべて棄却された事例

2 申請人、被申請人等

申請人	下請負人
被申請人	元請負人
事件番号	平成6年(仲)第3号事件
仲裁年月日	平8・5・30
仲裁合意の根拠	独自注文書の仲裁条項

3 仲裁判断主文の骨子
申請人の申請を棄却する。

4 事案概要
(1) 申請人の請求要旨
① 申請人と被申請人は、7階建て事務所ビルの躯体工事等の請負契約(請負代金3億1,000万円)を締結したが、その後被申請人は契約を解除し、申請人との間で、変更契約を締結した。両者は調停を試みたが、不調に終った。調停期間中に申請人は倒産した。被申請人との契約対象は総額11億円に上る本体契約で、本件請負契約はその一期分である。被申請人による契約解除は、申請人が被申請人の不正を指摘し

たことに起因する。
② 解除後の変更契約は、当時の出来高について精算したものに過ぎない。不要資材、事務所機器等の代金、申請人の倒産により、従業員に支払った退職金相当額等約1億3,500万円の損害賠償を請求する。

(2) 被申請人の主張要旨
① 契約解除は、申請人では工期内の工事完成が困難と見込まれたこと、申請人の安全衛生に関する監督が著しく不十分であったこと等による。
② 変更契約は、請負契約解除に伴う和解契約であり、損害賠償については全て精算を完了している。得べかりし利益や申請人の倒産による損失については、申請人は、損害賠償を求める立場にない。

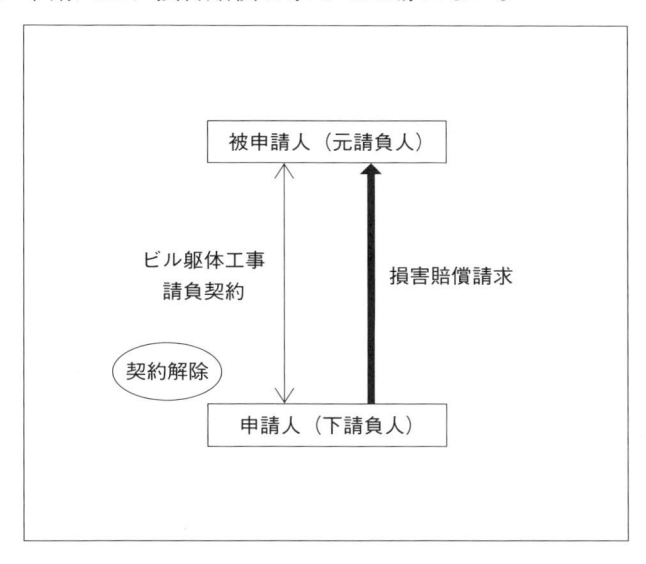

5 審査会の判断
① 11億円の請負契約が成立したとは認められない。
② 独自の工事下請契約約款第39条1項に基づく契約の解除は任意解除

であり、契約解除が不当であるという申請人の主張は失当である。賠償額を決める協議は、適正に行われている。

6 本件仲裁の意義

　下請業者が元請業者に対して、一方的契約解除による損害賠償を求め、元請業者は契約内容等を全面的に争い、下請業者の申請がすべて棄却された事例。

　解除後に行われた協議について、民法695条所定の和解の性質を有するものであるから同法第696条の適用があり、申請人が本来請求し得べき費用が脱漏していたとしてもその請求権は消滅したものであるとしている。

2−15　ビル新築工事に関する残代金請求事件

1　事件内容

当事者の合意による工事中断後の工事出来高部分を確定し、請負人の残代金請求を認めた事例

2　申請人、被申請人等

申請人	請負人
被申請人	法人発注者
事件番号	平成7年(仲)第2号事件
仲裁年月日	平8・8・12
仲裁合意の根拠	四会連合協定契約約款（昭和56年版）第30条

3　仲裁判断主文の骨子

被申請人は、申請人に対し、6億7,980万円及び1日千分の1の割合による金員を支払え。

4　事案概要

(1)　申請人の請求要旨

①　申請人（建設業者）は、被申請人との間で、平成2年12月請負代金40億4,790万円の建設工事請負契約を締結した。支払方法は、初回契約締結の翌月末日12億1,437万円、2回目は平成3年10月末日14億1,676万円、最終回は竣工翌月末日14億1,676万円を支払うという契約であった。

②　平成3年1月に工事に着手したが、この頃からバブル景気崩壊の兆

しが見え始め、銀行が融資を停止したため、申請人は、初回の請負代金内金（12億1,437万円）の支払を受けただけで、2回目の支払を受けられなくなった。
③　このため、申請人は、被申請人と合意書を調印して、平成3年12月には工事を中断し、工事の中断と施工終了工事部分を確認した。
④　申請人は、工事出来高から受入済み金額を差し引いた残額7億9,000万円の支払いを求める。
(2)　被申請人の主張要旨
　被申請人は、審理に出頭せず、かつ答弁書その他の書面も提出しなかった。

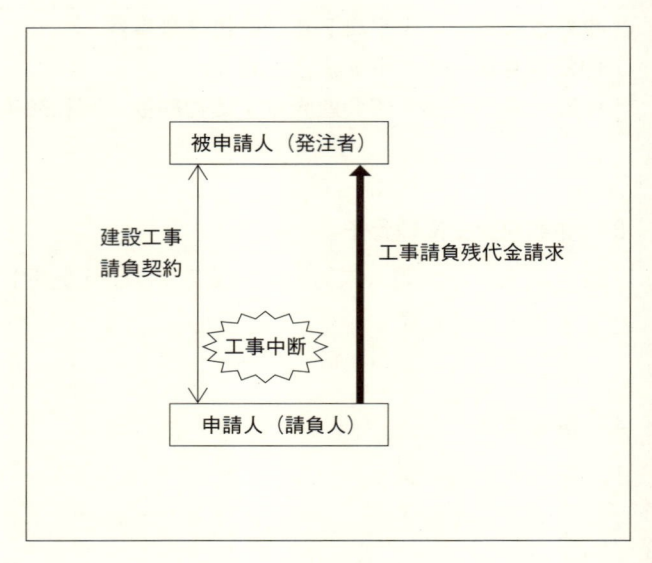

```
         被申請人（発注者）
          ↑         ↑
    建設工事         工事請負残代金請求
    請負契約
          ↓  工事中断
         申請人（請負人）
```

5　審査会の判断

　請負代金総額、工事出来高、支払いを受けた工事代金内金は、申請人提出の証拠のとおりであり、残額は、6億7,980万円である。

6 本件仲裁の意義

① 当事者の合意による工事中断後の工事出来高部分を確定し、請負人の残代金請求を認めた事例である。
② 発注者は、審理に出頭せず、答弁書その他の書面を提出しなかった。

2−16　個人住宅建設請負契約に関する解除、損害賠償請求事件

1　事件内容

　発注者、請負者双方から契約解除、損害賠償請求がなされ、発注者の費用負担部分を控除した額が請負人の支払額（返還額）とされた事例

2　申請人、被申請人等

申請人	平成8年11号事件個人発注者、平成7年9号事件請負人
被申請人	平成8年11号事件請負人、平成7年9号事件個人発注者
事件番号	平成8年(仲)第11号・平成7年(仲)第9号併合事件
仲裁年月日	平9・3・13
仲裁合意の根拠	四会連合協定契約約款（昭56年版）第30条

3　仲裁判断主文の骨子

　被申請人（請負人）は、申請人（個人発注者）に対し、320万円及び年6分の割合による金員を支払え。（平成8年（仲裁）11号事件）

　被申請人（請負人）の請求を棄却する。（平成7年（仲裁）9号事件）

4　事案概要

(1)　申請人の請求要旨

①　申請人と被申請人との間で、木造2階建て住宅建築の請負契約（金額2,100万円）を締結した。申請人は、被申請人に、設計料20万円、

前払金200万円、中間金400万円を支払った。
② 市街化調整区域の土地で開発行為許可が必要であり、着工が遅れた。
③ 降雨時の木材等の管理が杜撰なため解除、損害賠償697万円を求める。

(2) 被申請人の主張要旨

申請人が工事再開を拒否したのは正当な理由がなく、契約を解除し損害賠償として621万円を求める。

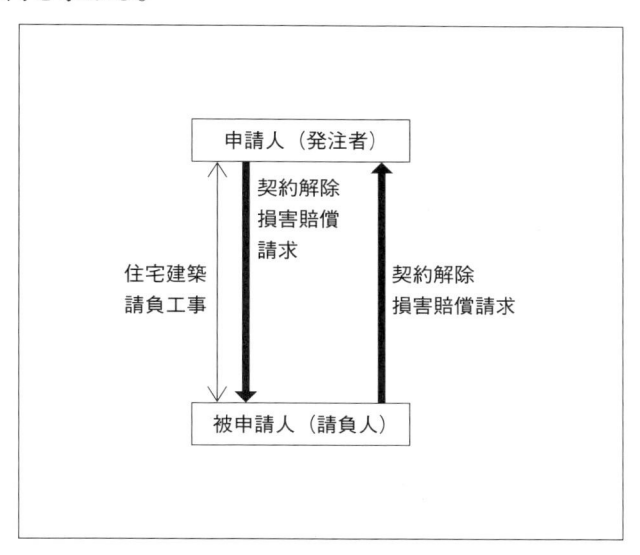

```
           申請人（発注者）
        ↑              ↑
        │  契約解除    │
        │  損害賠償    │
        │  請求        │ 契約解除
  住宅建築              損害賠償請求
  請負工事
        ↓              │
           被申請人（請負人）
```

5 審査会の判断

① 申請人の錯誤無効又は詐欺取消の主張については、申請人は工期変更に同意していたと認められ、また、契約締結時には開発行為許可が必要であることは知っていたと推認でき、採用できない。
② 被申請人の木材の雨養生は、木材を取り替えるところまで譲歩しており、これを理由に工事続行を拒否、契約の解除をすることはできな

い。
③　損害賠償額については、本件契約解消に伴う清算に当たり、申請人（個人発注者）は、仮設工事と基礎工事部分の費用と木工事費用のうち材料費相当額の費用を負担すべきものと判断する。その額は280万円と認定する。
④　被申請人主張のその他の損害は、被申請人において負担すべきである。

6　本件仲裁の意義

本件は、契約取消や解除の理由にはならないものの、工事着工の遅れや木材の雨養生の点で被申請人（請負人）に落度があり、そのため申請人の不信を招き、工事の中断に至ったものである。また、本件契約締結時の被申請人（請負人）の対応には、不誠実と言わざるを得ない点があることも指摘されている。

3 不完全履行

3－1 住宅団地の建築協定に関する適切な説明義務を怠った請負契約の解除に伴う損害賠償請求事件

1 事件内容

建築請負業者が建物建築請負契約を締結する場合、注文者が意思決定するにあたって重要な意義を持つ事実（団地の隣地からの後退距離に関する建築協定等）について、適切な調査、説明義務を負うとされ、契約解除に伴う損害賠償責任が肯定された事例

2 原告、被告等

原告	X（注文者）
被告	㈱Y（請負人）
裁判所	大津地裁 平7（ワ）383号
判決年月日	平8・10・15 民事部判決、一部認容一部棄却（控訴）
関係条文	民法415条、417条、710条

3 判決主文

被告は、原告に対し、990万円及び年6分に割合による金員を支払え。

4 事案概要

原告Xは、建築請負業者の被告Yに注文して、2世帯用の建物を新築する請負契約を締結し、旧建物を壊した。当該団地には、隣地境界線からの後退距離を定める等の建築協定があり、その建築協定に違反しているとの隣地住民からクレームがあり、建築が出来なくなった。このた

め、Xは、契約を解除し被告Yに損害賠償請求をした。
（原告の主張）
　建築協定により工事が中止になる恐れがあり、Yは、専門の建築業者としての調査、説明義務があるのに、不適切な説明をして損害を被らせたので、不法行為に基づく損害賠償を請求する。
（被告の主張）
　Xの求めで建築協定に違反するプランを作成した。Xに対し隣家にプランを説明し了解を得るよう頼んだので、Yには債務不履行又は不法行為の責任はない。

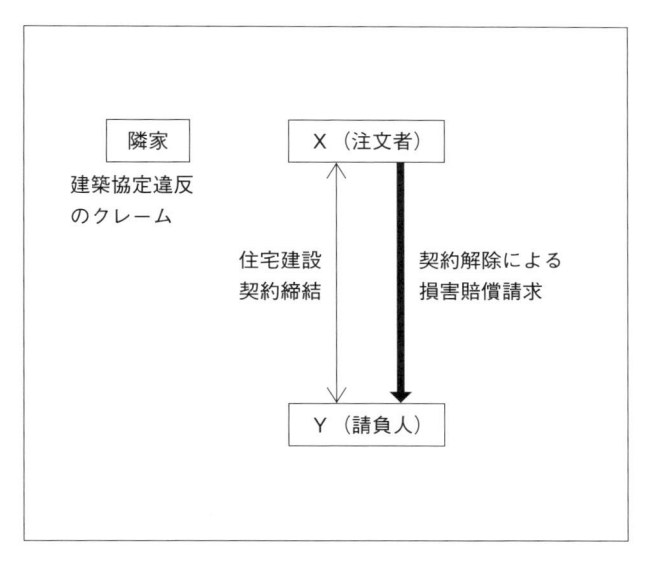

5　裁判所の判断

　建設業を専門に営むものが、建物建築請負契約を締結するときは、相手方が意思決定するに当たり重要な意義を持つ事実について、専門業者として取引上の信義則及び公正な取引の要請上、適切な調査、解明、告知・説明義務を負い、故意又は過失により、これに反するような不適切

3-1

　な告知、説明を行い、これにより相手方に損害を与えたときは、損害を賠償すべき責任がある。

　本件の場合、隣家から異議があれば工事中止の危険があるという肝心の事柄をXに告知、説明しなければならなかったのにしなかった。本件建築協定の拘束力について、町内会の取り決め程度のものだから心配はない、守られていない家もあるし大丈夫だろうと説明した。

　建築協定を根拠にしてクレームがついた場合に、工事中止の危険性があるか否かは、請負契約を締結するかどうかの意思決定に対し重要なことがらであるが、被告Yは専門の建築請負業者として、信義則又は公正な取引の要請上、旧建物の取り壊しまでに、調査、解明して、告知すべき義務があったのに、過失によりこれを怠り、旧建物相当額の損害、慰謝料の損害を与えた。

　損害額は、旧建物価格は、平成7年の査定価格で、792万円であった。慰謝料は、200万円をもって相当と認める。

6　本件判決の意義

　建設業者が、一般消費者を注文者として建物建築請負契約を締結する場合には、契約交渉の段階において、相手方が意思決定するに当たり重要な意義を持つ事実について、専門業者として取引上の信義則及び公正な取引の要請上、適切な調査、解明、告知・説明義務を負うと判示しており、近年、一般の消費者から事務処理の依頼を受けた場合の注意義務について高度な注意義務を課せられる専門家の中に、弁護士、医師だけではなく建物の建築請負業者も含まれる場合があることが示されたものである。

3　不完全履行

3－2　周辺住民の日照紛争による契約解除に伴う損害賠償請求事件

1　事件内容
ビル建築の請負業者は、日照等に関する周辺住民との紛争解決について信義則上発注者に協力する義務を負うとして、その不履行等により建築が中止され契約が解除されたことに伴う債務不履行による損害賠償責任が肯定された事例

2　原告、被告等

原告	X（発注者）
被告	㈱Y（請負人）
裁判所	東京地裁　昭49(ワ)3220号
判決年月日	昭60・7・16　民事31部判決、一部認容（控訴）
関係条文	民法415条、416条、632条

3　判決主文
被告は、原告に対し700万円及び年6分の割合による金員を支払え。原告のその余の請求を棄却する。

4　事案概要
原告Xは、Aから賃借した土地に工場を所有し、機械製造会社を経営していた。

昭和46年1月8日、Xは、被告Yとの間に、旧建物の取り壊し及び10階建て工場兼共同住宅の建築を内容とする工事請負契約を結んだ。この

3-2

契約には、次のような特約がついていた。

・第三者との紛議を生じたときは、Yがその処理解決に当たる。
・Xは、工程表より著しく工事が遅れ、被告が契約に違反したとき等、工事を中止させ、又は契約を解除することが出来る。

Yは46年3月24日、旧工場取り壊し工事を開始したが、地元住民から反対運動が起き、住民は、工事現場に座り込んだりピケを張って工事を妨害した。Yは、工事を再開できず5月28日工事を中止した。

Xは、昭和47年2月2日、内容証明郵便により契約を解除する旨の意思表示をし、Yは2月17日付の内容証明郵便によりこれを承諾した。

（原告の主張）

日照問題を含む各種紛争の解決義務が、Yにあった。

（被告の主張）

工事を続行できなかったのは付近住民の反対運動のためであり、Yに帰責事由はない。

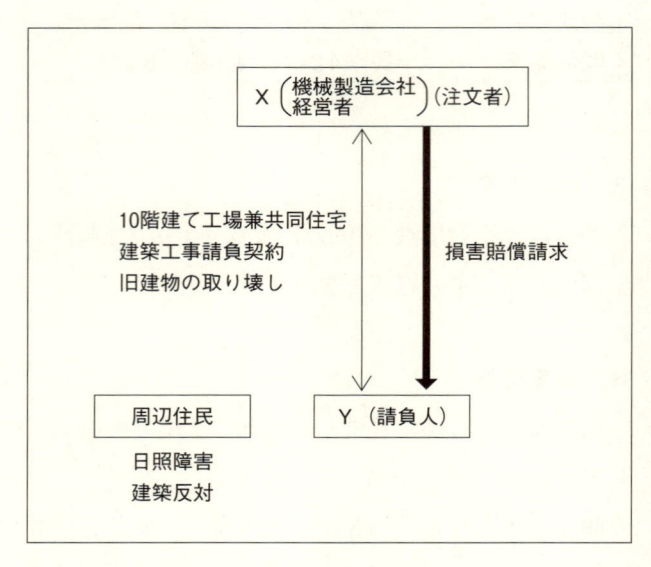

5　裁判所の判断

　紛争解決に関する契約条項は、第三者との間に紛争が生じた場合の請負者の責任を定めているが、紛争の性質・内容によっては注文者が処理・解決すべき場合があり、結局前記条項が、一般的、当然に日照紛争を含むあらゆる紛争を被告Ｙにおいて処理解決すべき趣旨を含むと解すべきであるとする原告Ｘの主張は失当である。具体的紛争の処理解決の責任が請負者にあるか、注文者にあるか、双方の協力義務があるか、またその費用をいずれが負担すべきかは、紛争の性質内容と契約の趣旨に応じて判断するほかない。日照紛争の処理解決に当たっては、被告が日照図、日影図を作成し、住民らに説明すべき請負契約に基づく信義則上の義務があった。

　建築の設計施工の請負契約の履行において、第三者の妨害等の紛争が生じた場合は、請負者は第三者を利するような行為をしてはならないことはもとより、自らこれを処理できない場合であっても、注文者に協力してその解決に努力し、自らの債務である仕事の完成を期すべき信義則上の義務がある。

　原告Ｘが主張する債務不履行の諸対応のうち、工事を続行しなかったこと、自ら住民と紛争を解決しなかったこと及び設計の誤りについては、被告Ｙに債務不履行の責任はないというべきであるが、第三者である住民の妨害ないし反対を処理解決するにつき信義則上求められる原告Ｘへの協力義務に反し、これを尽くさなかった点において、被告Ｙは債務不履行の責任を免れない。

　本件については、被告Ｙの債務不履行がなかったとしても、それにより住民らとの紛争の局面に変化があったにせよ、契約通りに完成したと認めることはできない。したがって、原告主張の逸失利益等は、被告Ｙの債務不履行と相当因果関係が認められない。他方、被告Ｙの債務不履

行によって原告は多大な精神的打撃を受けており、一切の事情を考慮すれば慰謝料は700万円が相当である。

6　本件判決の意義

　本判決は、10階建て高層ビルの建築が、日照等に関する周辺住民との紛争等で中断され請負契約が解除された場合について、請負業者の注文者に対する債務不履行責任について、「建築の設計施工の請負契約の履行において、第三者の妨害等の紛争が生じた場合は、請負者は第三者を利するような行為をしてはならないことはもとより、自らこれを処理できない場合であっても、注文者に協力してその解決に努力し、自らの債務である仕事の完成を期すべき信義則上の義務がある。」とし、詳細な検討がなされており参考になる。

3-3　工事残代金支払請求事件、契約不履行損害賠償請求事件

1　事件内容

確認建物と契約建物が異なることについて、発注者及び設計監理者は、請負人を含めて意思疎通を図り、関係者に損害が発生しないように配慮する義務があるとされた。また、設計監理者の発注者に対する設計監理契約不完全履行による損害賠償義務が認められた事例

2　申請人、被申請人等

申請人	8号事件申請人請負人、9号事件申請人法人発注者
被申請人	8号事件被申請人法人発注者、9号事件被申請人請負人
事件番号	平成元年(仲)第8号・第9号併合事件
仲裁年月日	平3・5・15
仲裁合意の根拠	四会連合協定契約約款（昭和56年版）第30条

3　仲裁判断主文の骨子

発注者及び連帯保証人は、請負人に対し連帯して6,561万円を支払え。設計監理会社J建築事務所は、発注者に対し、5,049万円を支払え。

4　事案概要

(1)　申請人の請求要旨

①　昭和61年11月ビル建築工事請負契約を締結した。契約建物は、地下1階から地上2階が診療所、3階から6階がワンルームマンションで

3-3

あったが、建築確認の建物は、2階から5階は事務室、6階がロッカー室等であった。
② 昭和62年4月発注者に対し、契約時と建築確認図面が異なり施工できないと申出、その後工事は建築確認図面により進行し、翌年3月工事完成、暫定代金が支払われた。工事内容が、契約建物から確認建物に変更された工事額増減は、暫定的に3億2,000万円とした。請負人査定額は4億825万円であったが合意に至らなかった。なお、発注者が依頼したN建築事務所の査定額は、3億8,561万円であった。
③ 発注者及び連帯保証人に対し、工事残代金8,825万円の支払を請求する。
(2) 被申請人の主張要旨
　請負人及び設計監理者に対し、契約の不完全履行による損害賠償1億6,250万円を請求する。

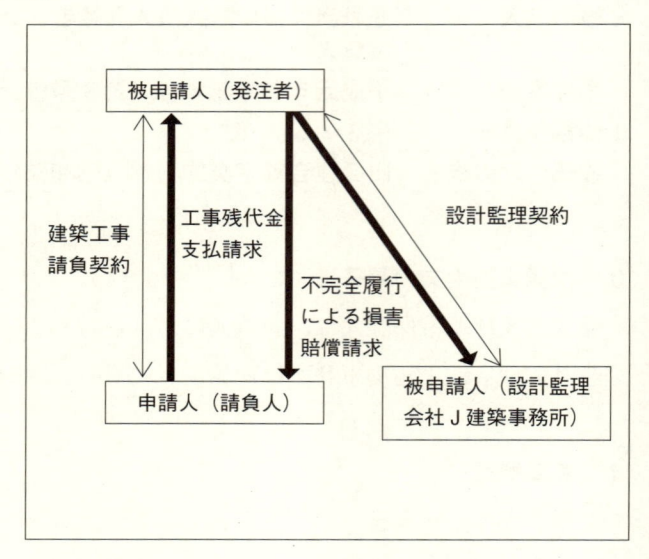

```
                    被申請人（発注者）
                   ↑    │    ↑
          工事残代金│    │    │設計監理契約
建築工事  支払請求  │    │不完全履行
請負契約           │    │による損害
                   │    │賠償請求
                   │    ↓    ↓
              申請人（請負人）   被申請人（設計監理
                                 会社J建築事務所）
```

5 　審査会の判断

① 　工事変更後の完成建物価格は、N建築事務所の査定による3億8,561万円と認定するのが相当である。
② 　発注者及び連帯保証人は、請負人に対し工事残代金6,561万円を連帯して支払う義務がある。
③ 　本件混乱の責任者は設計監理者と発注者であり、その責任割合は8対2と解するのが相当である。

6 　本件仲裁の意義

① 　建築確認建物と契約建物が異なることについて、発注者及び設計監理者は、請負人を含めて意思疎通を図り、関係者に損害が発生しないように配慮する義務があるとした。また、設計監理者の発注者に対する設計監理契約不完全履行による損害賠償義務を認めた。
② 　仲裁合意が設計監理者を含む三者間で成立し、設計監理者も当事者となった。

3－4　市街化調整区域内ビル新築工事に関する工事残代金支払請求事件

1　事件内容

指示通りに施工されていない工事瑕疵、工事遅延に基づく店舗賃貸利益等の損失に基づく損害賠償請求権等が主張され、工事遅延による損害については請負人の責任によるものではないとされた事例

2　申請人、被申請人等

申請人	請負人
被申請人	個人発注者
事件番号	昭和60年(仲)第2号事件
仲裁年月日	平4・8・13
仲裁合意の根拠	四会連合協定契約約款(昭和56年版)第30条

3　仲裁判断主文の骨子

被申請人は、申請人に対し、1,783万円及び年6％の金員を支払え。

4　事案概要

(1) 申請人の請求要旨
① 申請人は、請負代金9,000万円で市街化調整区域内の鉄骨作り3階建てビル新築工事を請け負い完成し引き渡した。別途追加工事契約分を含め、工事残代金1,806万円の支払を請求する。
② 市街化調整区域内の建物であるため、1階は車庫として建築確認を受け、追加工事で店舗に変更した。

(2) 被申請人の主張要旨

被申請人は、次の損害賠償請求権を有するので、工事残代金と相殺する。

① 指示通りに施工されていない工事瑕疵、工事が杜撰で修補が必要な箇所などについての損害賠償請求権

② 工事遅延に基づく店舗賃貸利益等の損失に基づく損害賠償請求権

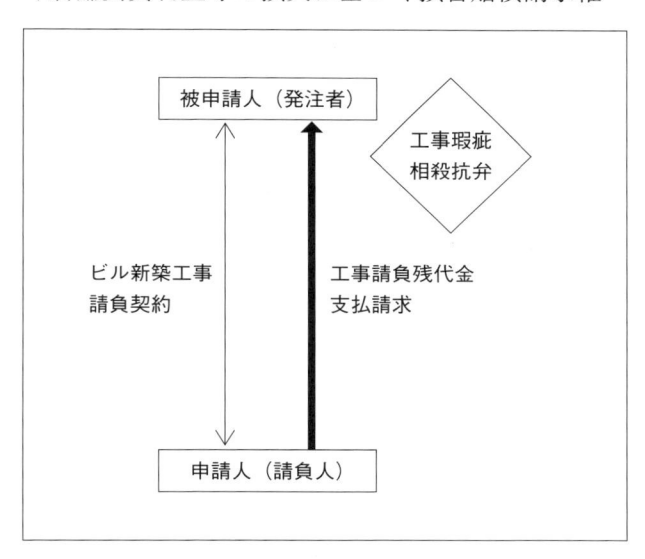

```
                被申請人（発注者）
                    ↑          ↑        ┌─────┐
                    │          │        │工事瑕疵│
                    │          │        │相殺抗弁│
                    │          │        └─────┘
              ビル新築工事   工事請負残代金
              請負契約      支払請求
                    │          │
                    ↓          │
                 申請人（請負人）
```

5　審査会の判断

① 追加工事を含む請負代金の合計は、1億824万円である。

② 工事の瑕疵については、1項目ずつ判断して、40万円とした。

③ 工事遅延による損害金は、2箇月の遅延の内申請人の責めに帰すべきものはない。

6 本件仲裁の意義

① 発注者が主張する工事遅延による損害については、請負人の責任によるものではないとした。
② 本件紛争の原因は、市外化調整区域内建物について、建築確認を取るために1階を車庫として申請し、後に追加工事で店舗として変更したことにある。

3−5 アパート建築工事請負契約に関する契約解除による契約金返還請求事件

1 事件内容
家賃収入が確実に入ること等の被申請人の意見は参考意見であり、契約解除の理由にはならないとされた事例

2 申請人、被申請人等

申請人	第7号事件　個人発注者、第2号事件　請負人
被申請人	第7号事件　請負人、第2号事件　個人発注者
事件番号	平成3年(仲)第7号・平成4年(仲)第2号併合事件
仲裁年月日	平5・6・11
仲裁合意の根拠	独自契約書の仲裁条項

3 仲裁判断主文の骨子
① 申請人が被申請人に対して主張する300万円の支払い請求を棄却する。
② 被申請人の損害賠償請求を棄却する。

4 事案概要
(1) 申請人の請求要旨

3棟で総額1億2,624万円のアパート建築工事契約に関し、一戸当たり月6万円の家賃収入が得られるという被申請人の説明は誤っており、契約を解除した。契約金300万円の返還請求を求める。

(2) 被申請人の主張要旨
① 一戸当たり月6万円の家賃収入は可能である。
② 申請人は、契約の解除にともなう設計料その他の支出の損害を賠償する義務があるとして、2,960万円の損害賠償を請求した。

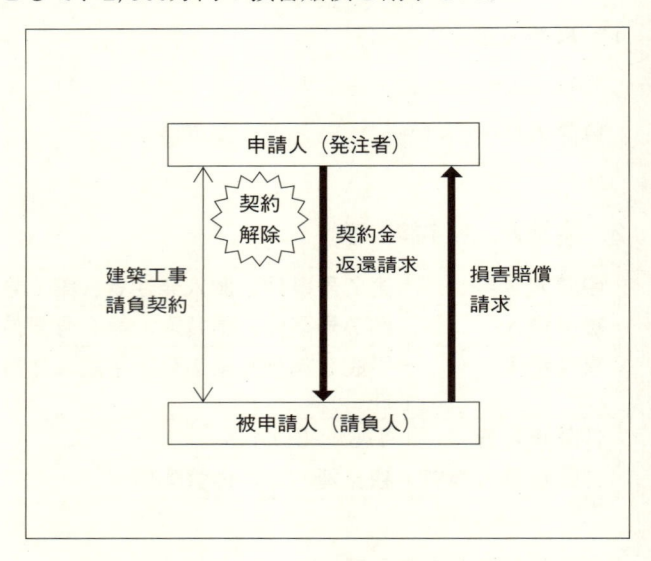

```
              申請人（発注者）
           ↑    │       ↑
           │  契約       │
  建築工事  │  解除  契約金  損害賠償
  請負契約  │      返還請求  請求
           │    │       │
           ↓    ↓       │
              被申請人（請負人）
```

5 審査会の判断
① 本件契約は、とりあえず建物の概要を決めた契約であると解される。
② 一戸当たり月6万円の家賃収入が確実に入ること、隣接のF寺の敷地使用許諾が条件であることについての被申請人の意見は参考意見であり、契約解除の理由にはならない。

6 本件仲裁の意義
発注者からの契約解除による契約金返還請求に関し、発注者が主張する請負人の債務不履行は契約解除の理由にならないこと、契約金額300

万円は主として建築実施の確保、契約が具体化する過程での請負人の出費を賄う目的の金であるとして、発注者(申請人)の請求を棄却した。

3−6 マンション工事に関する建物取壊し及び建て直し工事等請求事件

1 事件内容

請負契約に基づく完成目的物として引渡しが完了し所期の用途に供され始めた場合には、目的物の瑕疵にかかる責任は、瑕疵担保責任に関する規定（民法634条以下）が適用され、これらの規定により、不完全履行の一般法理は排斥されると解すべきであるとされた事例

2 申請人、被申請人等

申請人	法人発注者
被申請人	請負人
事件番号	昭和56年(仲)第12号事件
仲裁年月日	平6・11・4
仲裁合意の根拠	四会連合協定契約約款（昭和41年版）第29条

3 仲裁判断主文の骨子

被申請人は、申請人に対し、3,506万円及び年6分の金員を支払え。

4 事案概要

(1) 申請人の請求要旨

① 共同住宅の所有賃貸等を目的とする申請人は、昭和44年マンションの新築工事請負契約を被申請人（請負人）と締結し、被申請人は昭和45年に工事を完成、申請人は引渡しを受け、以来住宅又は事務所用に賃貸してきた。

3 不完全履行

② 昭和57年にマンション基礎部分を掘削調査した結果、基礎工事等に重大な欠陥が存在し、建物の安全性が著しく損なわれていた。
③ マンションの取壊し及びその建て直し工事（主位的請求）、瑕疵による損害賠償請求（予備的請求）を求める。
(2) 被申請人の主張要旨
① 引渡し後10数年経過し、この間申請人は、マンションを賃貸し多額の収入を得たのであるから、瑕疵のないものの給付を請求することは信義に反する。
② 基礎工事等の瑕疵については、当初設計どおりの基礎杭が設けられていないが、工事変更は申請人の代理人であり設計監理をしたH事務所の指示により実施したもので、変更に伴う補強をしたので安全上の問題はない。

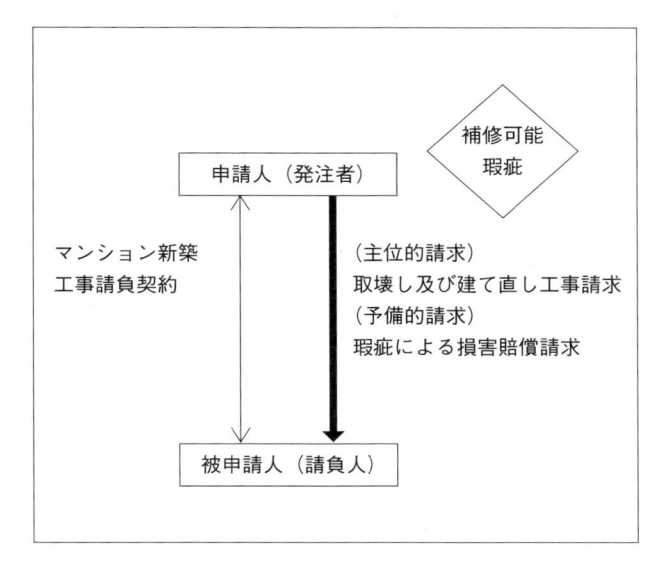

```
                              ┌─────────┐
                              │補修可能 │
                              │ 瑕疵    │
                              └─────────┘
         ┌──────────────────┐
         │ 申請人（発注者）  │
         └──────────────────┘
              ↕          │（主位的請求）
  マンション新築         │取壊し及び建て直し工事請求
  工事請負契約           │（予備的請求）
                         │瑕疵による損害賠償請求
                         ↓
         ┌──────────────────┐
         │被申請人（請負人） │
         └──────────────────┘
```

99

5 審査会の判断

① 請負契約に基づく完成目的物として引渡しが完了し所期の用途に供され始めた場合には、目的物の瑕疵にかかる責任は、瑕疵担保責任に関する規定（民法634条以下）が適用され、これらの規定により不完全履行の一般法理は排斥されると解すべきである。

② 認定された瑕疵は、補修の可能な瑕疵である。調査費用は基本的には双方折半、補修費用は個別に判断し、逸失賃料は、1,696万円と判定した。

6 本件仲裁の意義

引渡し約12年後に、基礎工事等の瑕疵による建て直し工事等を求めたもの。

3-7　ビル新築工事に関する工事残代金請求事件

1　事件内容
工事遅延による違約金が、簡便な方法により算定された事例

2　申請人、被申請人等

申請人	請負人
被申請人	法人発注者
事件番号	平成5年（仲）第2号事件
仲裁年月日	平7・4・11
仲裁合意の根拠	四会連合協定契約約款（昭和56年版）第30条

3　仲裁判断主文の骨子
被申請人は、申請人に対し、492万円及び年6分の割合による金員を支払え。

4　事案概要
(1)　申請人の請求要旨

工事代金残金及び追加工事代金計977万円の支払を請求する。

(2)　被申請人の主張要旨

①　鉄筋工事の手抜きが原因で補強手直し工事をした結果、4箇月半も引渡しが遅れた。申請人がなすべき補修工事を放置したため、やむなく被申請人が実施した工事代金が157万円ある。

②　工事遅延による違約金及び瑕疵に基づく損害賠償債権で、工事請負代金債務977万円と相殺する。

3-7

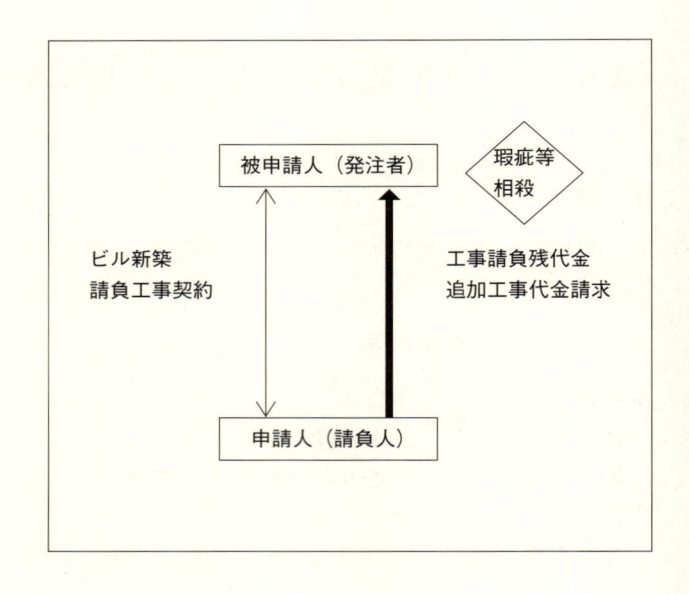

5 審査会の判断

① 当事者間で締結した契約約款によれば、請負人の責めに帰すべき事由により契約期間内に目的物を引き渡すことができないときは、注文者は、遅延日数1日につき、請負代金から工事の出来形部分と検査済みの工事材料に対する請負代金相当額を控除した額の千分の一の相当する額の違約金を請求することができるとされている。

② 本工事の遅延日数は、87日である。当時はバブル経済の最盛期で、どこの工事現場も人手不足に悩まされ、工事遅延が常態化していたので、右事情を勘案して、申請人の責めに帰すべき工期遅延日数は、その3分の2の58日に短縮するのを相当とする。

③ 当事者の約定工事期間は283日であり、これに遅延日数58日を加えた341日で工事代金3億3,200万円を割ると、一日当たり97万3,000円である。遅延日数58日を乗ずると5,646万円となり、その千分の1は、5万6,469円であるから、右算出した違約金に遅延日数58を乗ず

ると327万円で、これが違約金合計額である。
④　被申請人は、本件工事、本件追加工事の瑕疵に基づき補修に代わる損害賠償として、別途157万円を申請人に請求できる。

6　本件仲裁の意義

　工事遅延による違約金を、簡便な方法により算定した。申請人の責めに帰すべき工期遅延日数は、諸事情を勘案して3分の2に短縮するのが相当であるとした。

4 倒　　産

4−1

4−1　マンション建築工事の途中で倒産した請負会社による工事出来高に対する請負代金請求事件

1　事件内容

マンション建設を請け負った建設会社が途中で倒産し、民事再生法による再生手続きが開始され、請負契約が解除されたので、注文者は別の業者に工事続行を請負わせた。その場合に、最初の請負人から工事の出来高金額の譲渡を受けた者の注文者に請求できる債権額が、認定された事例

2　原告、被告等

原告	X組
被告	Y産業
裁判所	大阪地裁　平16(ワ)9309号
判決年月日	平17・1・26　民23部判決、棄却（控訴後和解）
関係条文	民法632条、633条、民事再生法49条

3　判決主文

原告の請求を棄却する。

4　事案概要

被告Y産業は、平成15年3月30日、旧X組との間に、27階建てのマンションの建築に関する建築工事請負契約を結んだ。請負金額は26億9,325万円、工期は平成15年6月1日から17年2月28日であった。

X組は、平成15年10月9日民事再生手続開始決定が行われ、本件契約は、11月14日民事再生法49条に基づき、解除されたので、旧X組の管財人、注文者であるY産業、本件工事を引き続き行うことになったA建設の三者で確認した結果、工事の出来高は2億7,528万円であった。

　旧X組は、Y産業から既に1億4,175万円等の支払を受けていたので、出来高の残額1億3,335万円を原告X組に譲渡した。

（原告の主張）

　民事再生法49条1項は、双務契約の当事者が履行を完了していないときは、再生債務者が契約を解除することを認めている。解除時までの出来高に対する報酬支払請求権が発生することを前提としている。これを認めないと再生債権者の不当利得を容認することになり、妥当でない。

　確認された本件工事の出来高は2億7,528万円で、既払い額1億4,175万円等を控除して、本件工事の出来高請求権1億3,353万円を有している。

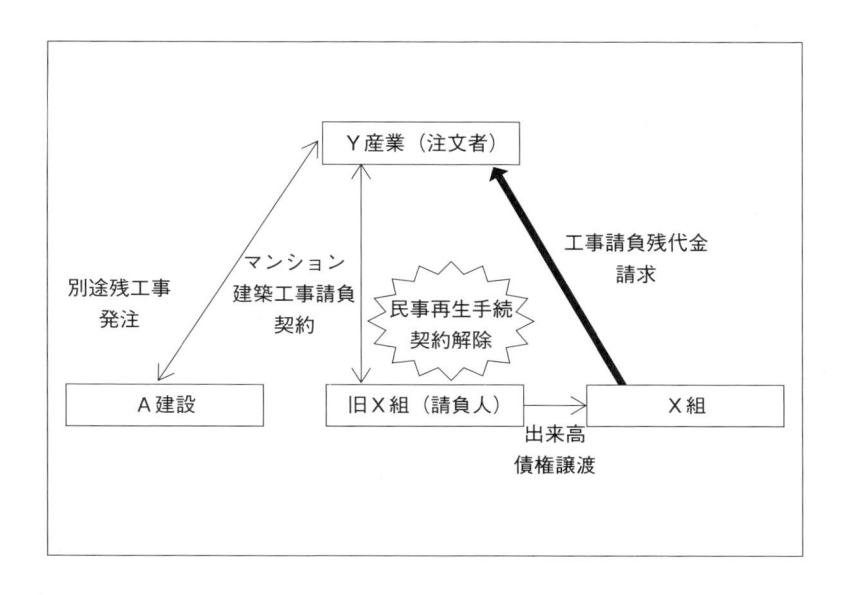

(被告の主張)

　旧Ｘ組の工事中断と続行工事の放棄により、Ｙ産業はＡ建設に続行工事を総額27億1,721万円余で発注せざるを得なくなり、かえってＹ産業には2,396万円余の損失が生じている。また本件工事は27階建て高層マンション建築工事であり、可分工事ではないので、施工部分のみの一部解除は出来ない。

5　裁判所の判断

　出来高金額2億7,528万円の確認は、Ａ建設が今後行う工事の目安とし、瑕疵担保責任の所在を明らかにしたものに過ぎず、被告Ｙ産業が旧Ｘ組に支払う義務を認めたり、報酬請求権を確認したものではない。

　本件では、旧Ｘ組が行った既施工部分がその後のＡ建設の続行工事に利用されているとしても、なお損失ないし損害が生じているような状況であり、当事者の合理的意思ないし信義則の面からも、前記出来高相当の報酬請求権を認めるべき前提を欠いている。

　そもそも請負人が請負工事を途中まで行い、その後請負人の責めに帰すべき事由によって工事を中止した場合、仕事を完成していない以上、既施工部分の出来高報酬を注文者に請求することは出来ないのが原則なのであり、例外として注文者が既施工部分の引渡しを受けて、それを利用しその利益を受けている場合に請負人に既施工部分の出来高相当の報酬請求権が認められる。本件では、本件請負契約の解除と不可分の関係にある続行工事費用をまったく切り離して、被告の利益の有無を判断することは相当でなく、少なくとも、Ａ建設に対する続行工事代金を考慮して、既施工部分の報酬請求権の前提となる被告に生じた利益の有無を判断するのが相当である。

　以上の検討から、旧Ｘ組の既施工部分に関して、被告に対する出来高

相当の報酬請求権が発生しているとは、そもそも認められない。

6 本件判決の意義

「請負契約は、請負人が請負工事を途中まで行い、その後請負人の責めに帰すべき事由によって工事を中止した場合、仕事を完成していない以上、原則として既施工部分の出来高報酬を注文者に請求することは出来ない。しかしながら、注文者が既施工部分の引渡しを受けて、それを利用し、別の第三者と続行工事の請負契約を締結し、既施工部分の利益を受けて残工事を完成させたような場合は、解除が許されるのは未施工部分のみで、既施工部分の解除は許されないと構成し、あるいは、既施工部分の出来高に対する報酬を支払うのが当事者の合理的意思と考え、あるいは信義則を適用して、請負人に既施工部分の出来高相当の報酬請求権を認めるのが相当である。」との従来の裁判所の立場を前提にし、「既施工部分がその後の続行工事に全く利益にならなかったり、続行工事に利益になったとしても、注文者の続行工事費用が増大し、既施工部分を考慮しても、なお損害が生じているような場合は、上記出来高相当の報酬請求権を認めるべき前提をそもそも欠いているものと認められ、請負人に出来高の報酬請求権を認めるべきではない。」と理論を展開したもので、当事者の利害を踏まえた相当なものである。

4-2 元請負人が孫請負人に未払い工賃を立替払いした場合における請負代金請求事件

1　事件内容

下請負人が倒産したため、労働基準監督官の勧告に従い、元請負人が孫請負人に未払い工賃を立替払いしたが、元請負人は民法474条2項の利害関係ある第三者に当たらないとされた事例

2　原告、被告等

原告	A建設㈱（破産者、下請負人） 破産管財人X
被告	㈱Y建設（元請負人）
裁判所	東京地裁　昭54(ワ)640号
判決年月日	昭54・9・19 民13部判決、認容（控訴）
関係条文	民法474条2項

3　判決主文

被告Y建設は原告Xに対し、32万円及び年6分の割合による金員を支払をせよ。

4　事案概要

被告Y建設（元請負人）は、建設会社で、A建設（下請負人）は根伐工事を業とする会社である。A建設は、Y建設から根伐工事を32万円で請け負い、この工事を完成した。A建設は、破産宣告を受け、原告Xが破産管財人に選任された。

Y建設は、労働基準監督署監督官の勧告に従って、孫請負人であるB

工業ことＣに対し、32万円を破産者Ａ建設ために立て替えて支払った。
（原告の主張）

　破産管財人ＸはＹ建設に対し、請負代金32万円及び利子の支払を求める。

（被告の主張）

　Ｙ建設は、Ｂ工業ことＣに対し、32万円を破産者Ａ建設のために支払ったので、次の理由により、被告の原告に対する請負代金債務は消滅した。

　労働基準監督官から、Ｃに対して支払うよう勧告を受け、Ｙ建設はＣの工賃の立替払いをしたから、Ｙ建設のＡ建設に対する請負代金債務は、32万円の範囲で有効な弁済が成されたものとして、消滅したと解すべきである。

　Ｙ建設は立替払いの勧告に従わないと、監督官庁に報告され指名業者としての地位を奪われる等の不利益な取り扱いを受けるおそれがあり、利害関係を有するから第三者としての弁済は有効である。Ｙ建設は求償

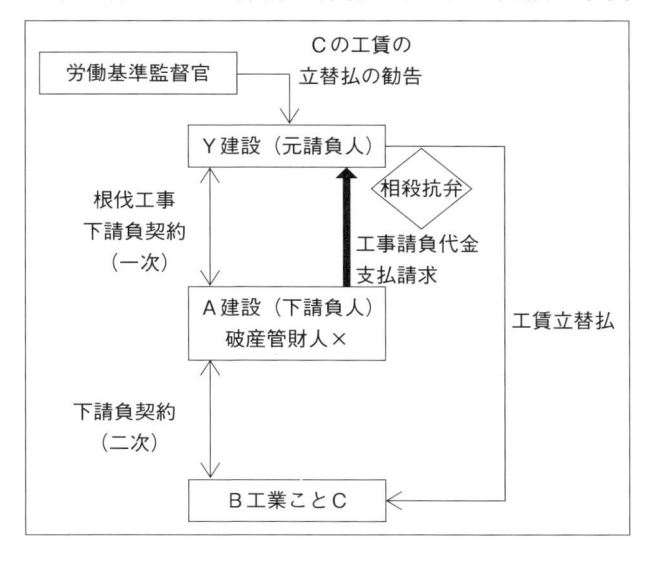

債権を本件請負債権とを対当額で相殺した。

5 裁判所の判断

　被告Y建設が、破産者A建設のCに対する工賃債務を立て替えて支払ったからといって、被告Y建設の破産者A建設に対する請負代金の弁済があったと解すべき理由はない。労働基準監督署の指導があったとしても、判断は左右されない。

　被告Y建設のCに対する32万円の第三者としての支払は、債務者である破産者A建設の反対の意思を無視してなされた支払いと判断できる。

　被告Y建設が弁済に付き、民法474条2項所定の「利害の関係」を有するか否かについて、被告Y建設主張のように、労働基準監督署の指示に従わなかった結果、官庁の指定業者の地位を剥奪されたり、許可の取消しを受けるなどの不利益な取り扱いを受ける危険があるとしても、これは単なる事実上の利害の関係であって、これをもって、被告Y建設が破産者A建設の債務を弁済することに法律上の利害関係を有する第三者に当たるということはできない。

6 本件判決の意義

　第三者の弁済については、利害関係を有しない第三者は、債務者の意思に反して弁済をすることができないとされている（民法474条2項）が、この「利害の関係」を有する第三者とは、弁済をすることに法律上の利害関係を有する第三者とするのが確定した判例（最判 昭39・4・21）であり、本件判決は、これを前提としたもので妥当である。

　建設業法42条の立替払いの勧告の規定への対応と、本件のような二重払いのリスク回避のための手当てとして、建設工事標準下請契約約款では、予め立替払いに関する下請負人の承諾を得るとの規定を置いてい

る。

4　倒　産

4－3　下請代金の相殺処理に関する工事代金の支払請求事件

1　事件内容

工事請負関係が、数次の下請関係（重層下請）にある場合において、元請負人又は下請負人が孫請負人の負担すべき費用を支払ったとき、順次立替金を相殺処理することは、各々下位者の承諾（相殺の合意）がなければ許されないとされた事例

2　控訴人、被控訴人等

控訴人	X興業㈱（下請負人）
被控訴人	Y建設㈱（孫請負人）
裁判所	東京高裁　昭56（ネ）2478号
判決年月日	昭57・9・16 民12部判決、一部変更（確定）
関係条文	民法505条

3　判決主文

原判決中、控訴人敗訴の部分を次のとおり変更する。

控訴人は、被控訴人に対し、各支払期限付きで12万円を5回（60万円）及び年6分の割合による金員を支払え。

4　事案概要

本件は、N道路公団発注の複数の工事の代金支払が関係している。
（星久喜ベノト工事）
・元請　A建設

4 倒　産

・下請　控訴人Ｘ興業
・孫請　被控訴人Ｙ建設
・２次孫請　Ｂ工業（Ｓ51.4.5　倒産）
・Ｘ興業は、Ｂ工業に掘削機１台を貸与し、Ｂ工業に対し使用料300万円の債権を持つ。Ｂ工業は昭和51年４月５日倒産した。

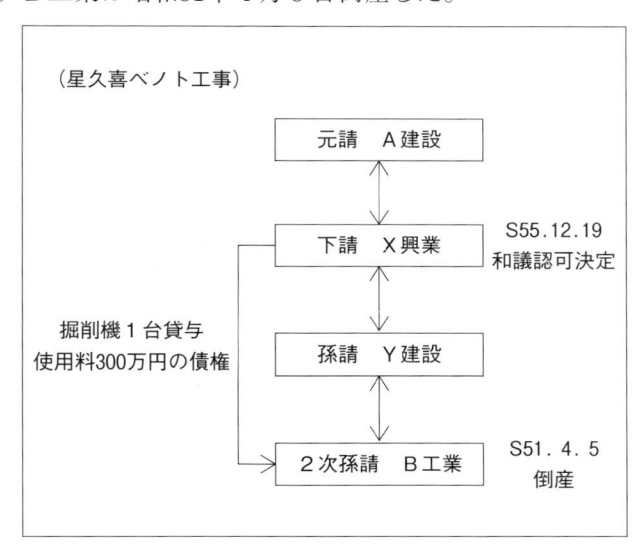

```
(星久喜ベノト工事)

                    元請　Ａ建設
                        ↕
          ┌──　下請　Ｘ興業       S55.12.19
          │         ↕             和議認可決定
掘削機１台貸与
使用料300万円の債権
          │     孫請　Ｙ建設
          │         ↕
          └──　２次孫請　Ｂ工業   S51.4.5
                                    倒産
```

(新平田橋工事)
・元請　Ｄ組
・下請　控訴人Ｘ興業
・孫請　被控訴人Ｙ建設
・第２次孫請　Ｂ工業（Ｓ51.4.5　倒産）
・Ｘ興業は、Ｙ建設に対し請負代金支払の残額が150万円あった。

4-3

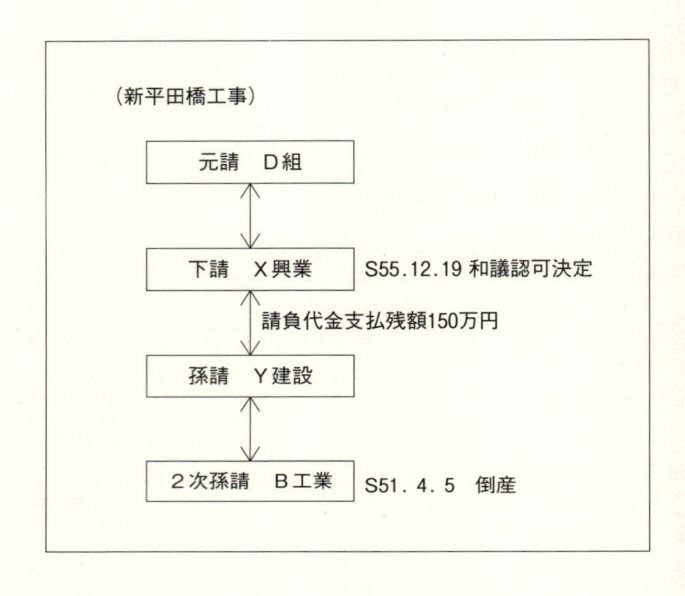

```
┌─────────────────────────────────────┐
│ （新平田橋工事）                    │
│                                     │
│      ┌──────────────┐               │
│      │  元請　D組   │               │
│      └──────┬───────┘               │
│             ↕                       │
│      ┌──────┴───────┐               │
│      │ 下請　X興業  │ S55.12.19 和議認可決定
│      └──────┬───────┘               │
│             ↕  請負代金支払残額150万円
│      ┌──────┴───────┐               │
│      │ 孫請　Y建設  │               │
│      └──────┬───────┘               │
│             ↕                       │
│      ┌──────┴───────┐               │
│      │2次孫請　B工業│ S51.4.5 倒産  │
│      └──────────────┘               │
└─────────────────────────────────────┘
```

（控訴人の主張）

　星久喜ベノト工事におけるX興業が有する機械使用料債権300万円をもって、新平田橋工事おけるY建設に対する請負代金債務150万円と対当額で相殺する。

（被控訴人の主張）

　X興業の主張を否認する。

5　裁判所の判断

　相殺処理は、連続した下請関係にあるあくまでも下位者の承諾に基づいてという形、言い換えれば相殺の合意に基づいて行われていると見るのが相当であって、もしこれが上位者の一方的な意思表示のみによって行われていると解すれば、民法の規定に抵触する。かかる取引上の慣行があるとしても、公の秩序に反するものとして、肯認することはできない。

控訴人（X興業）は、被控訴人（Y建設）に対し、新平田橋工事の請負代金元本残金として、150万円の弁済として、一定の時までに、各12万円ずつ支払う義務がある。その余の元本等は、免除されたというべきである。

6 本件判決の意義

重層下請が行われることの多い建設業界では、工事請負関係を甲から乙へ、乙から丙へ、丙から丁へと順次下方に請負わせることがある。

このような関係にある場合に、本来ならば孫請の負担すべき請負関係費用を、例えば甲が孫請に代わって丁に支払うことがある。このような関係にある場合に、甲の請負代金支払に際し右立替金を相殺し、次いで乙、次いで丙の請負代金支払に際し同様の処理を、順次行う事例がある。

本判決では、民法505条1項に定める相殺の要件としての「二人互いに」債務を負担すること、即ち同一当事者間に債権の対立があることが必要であるところ、本件ではこれがないとした。また、請負業者間では、本件のように相殺処理する取引上の慣行があるから、相殺の意思表示は有効あるとの主張について、その処理はあくまでも下位者の承諾、相殺の合意に基づいて行われるべきであり、もしこれが上位者の一方的な意思表示のみによって行われているとすれば、民法505条第1項の規定に抵触し、たとえそのような取引上の慣行があっても、公の秩序に反するものとして肯認できないとした。

重層下請間における相殺処理の実情に対し、法的視点から判断を示したものであり参考になる。

5　所有権の帰属等

5－1　建物保存登記抹消登記手続等請求訴訟の提起が請負代金債権の時効中断事由になるかどうかが争われた建物保存登記抹消登記手続等請求事件

1　事件内容

請負人から注文者に対する請負契約に係る建物の所有権保存登記抹消登記手続等請求訴訟の提起及び同訴訟の係属が、請負代金債権の消滅時効の中断事由に当たらないとされた事例

2　上告人、被上告人等

上告人	Y
被上告人	㈲X建設
裁判所	最高裁　平8（オ）718号
判決年月日	平11・11・25　第1小法廷判決、破棄自判
関係条文	民法147条、153条

3　判決主文

原判決を破棄し、第一審判決中上告人Yの敗訴部分を取り消す。
被上告人X建設の請求を棄却する。

4　事案概要

被上告人X建設は、昭和61年7月18日上告人Yから建物の建築を請け負い、同年10月25日に完成、Yに引き渡した。Yは、本件建物につき所有権保存登記をした。

X建設は、昭和63年11月18日に残代金の支払いがないとして、Y名義の保存登記の抹消を求めた訴訟を提起し、平成2年9月19日請負代金請求に訴えを変更した。Yは、代金は支払ったと主張、また、建物完成時から3年経過したとして請負代金債権の消滅時効（民法170条2号）を援用した。

（原審の判断）

当初の請求（Y名義の保存登記抹消）と訴え変更後の請求（請負代金請求）について、本件訴え提起時には請負代金請求権は訴訟物ではなかったが、X建設は、建物保存登記の抹消登記手続請求の前提として請負代金残金の存在を主張し、これについての請求の意思があることを明らかにし、主たる争点も当初から請負代金の弁済の有無であったこと等の理由で消滅時効が中断すると判示した。（第二審　福岡高裁　平成7年12月26日　判決）

（上告人の主張）

X建設の訴え提起は、代金請求権保全目的のものではない。被上告人の主張が、本件請負代金請求権につき裁判上の催告ともなり得ない。時効の中断を否定する。

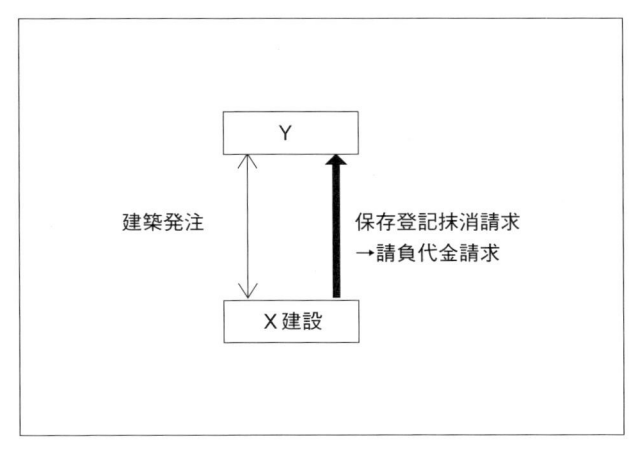

5－1

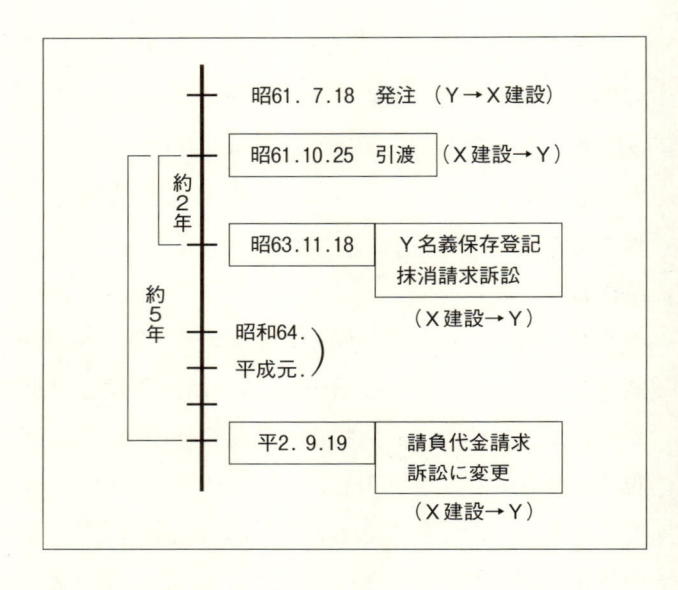

```
                昭61. 7.18  発注（Y→X建設）
          ┬──
          │     昭61.10.25  引渡（X建設→Y）
       約 │
       2 │
       年 │
          │     昭63.11.18   Y名義保存登記
          ┴──              抹消請求訴訟
       約                    （X建設→Y）
       5
       年    昭和64.
              平成元.

                平2. 9.19   請負代金請求
                            訴訟に変更
                            （X建設→Y）
```

5　裁判所の判断

　本件訴訟における当初の請求は、建物所有権に基づく妨害排除請求権を行使して本件登記の抹消登記請求を認めるものと解されるのに対し、訴え変更後の請求は、請負契約に基づく履行請求権を行使して請負残代金の支払を求めるものであり、訴訟物たる請求権の法的性質も求める給付の内容も異なっている。

　そうすると、本件訴訟の提起を請求代金の裁判上の請求に準ずるものということができないことはもちろん、本件登記の抹消登記請求訴訟の係属中、請負代金の支払を求める権利行使の意思が継続的に表示されていたということも困難であるから、その間請負代金について催告が継続していたということもできない。

　よって、請負代金債権の消滅時効の中断を認めた原審の判断は、民法147条の解釈適用を誤ったというべきである。

6　本件判決の意義

　建設工事請負代金債権の消滅時効は、3年の短期消滅時効（民法170条1項2号）であり、本件の請負代金債権は、平成元年10月25日に消滅する。本件訴訟は、引き渡しから約2年後の昭和63年11月18日に提訴されており、この時点では時効は完成していない。ところが、もしこの訴訟に時効の中断の効果がないとすれば、訴訟を継続していても、本件の請負代金債権は、平成元年10月25日に消滅する。本件訴訟は、これを争点として争われ、平成元年10月25日の時効の完成を認めたものである。

　裁判上の請求（民法149条）は、中断事由として認められている（民法147条1項1号）。原審は、本件登記の抹消登記手続を請求する訴訟の提起は、請負代金の裁判上の請求に準ずるものであるから、請負代金債権の消滅時効を中断する効力がある。仮に、本件登記の抹消登記手続請求が、裁判上の請求に準ずるものではないとしても、少なくともいわゆる裁判上の催告の効力があり、その後の訴えの変更により消滅時効が中断すると判示した。しかしながら、本件判決において最高裁は、抹消登記手続請求の中断効を認めず、また、抹消登記手続請求と請負残代金の支払請求は、法的性質も求める給付の内容も異なるとし、別訴訟物による訴訟提起及び訴訟係属による消滅時効の中断効も認めなかった。

5-2 請負代金債権に対する動産売買の先取特権に基づく物上代位権の行使に伴う債権差押命令及び転付命令についての執行抗告棄却決定に対する許可抗告事件

1 事件内容

請負工事に用いられた動産の売主が、請負代金債権に対して動産売買の先取特権に基づく物上代位権を行使することについて、その判断基準が明らかにされた事例

2 抗告人、相手方等

抗告人	X㈱破産管財人
相手方	Y興業㈱
裁判所	最高裁 平10(許)4号
決定年月日	最高裁 平10・12・18 第3小法廷決定、抗告棄却
関係条文	民法304条、322条(現321条)、632条

3 判決主文

抗告を棄却する。

4 事案概要

抗告人X(破産管財人)は、Zからコンプレッサーの設置工事を2,080万円で請け負い、Y興業に1,575万円で機械を発注した。Y興業は、Xの指示に基づき機械をZに引き渡した。

（原審判断）

Zが仮差押命令の第三債務者として1,575万円を供託したことによってXが取得した供託金還付請求権については、Y興業の動産売買の先取特権に基づく物上代位権の行使の対象となる。最高裁への抗告許可。（大阪高裁平成10年7月6日決定）

（抗告人の主張）

原決定はこれまでの判例に違反している上、民法、民事執行法、破産法の解釈に関する重要な事項を含んでいる。

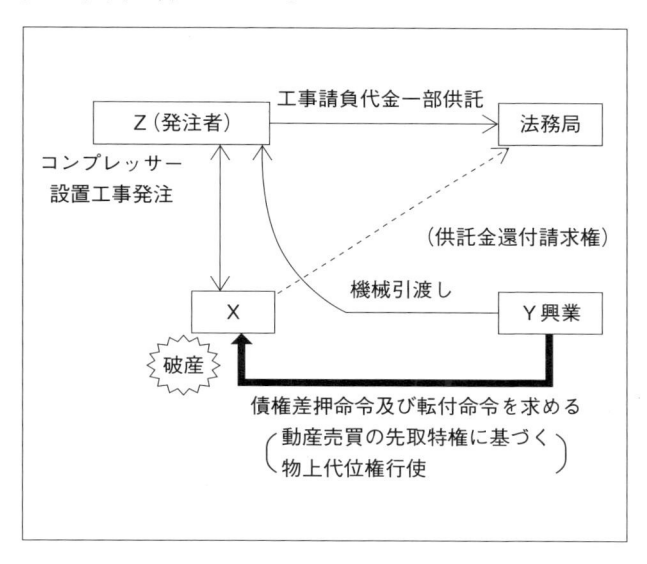

5　裁判所の判断

請負工事に用いられた動産の売主は、原則として、請負人が注文者に対して有する請負代金債権に対して動産売買の先取特権に基づく物上代位権を行使することができないが、請負代金全体に占める当該動産の価値の割合や請負契約における請負人の債務の内容等に照らして請負代金債権の全部又は一部等を右動産の転売による代金債権と同視するに足り

る特段の事情がある場合には、右部分の請負代金債権に対して右物上代位権を行使できると解するのが相当である。

原審の判断は、正当として是認することができる。

6　本件判決の意義

請負代金債権に対する動産売買の先取特権に基づく物上代位権の行使の可否についての裁判例及び学説には、①原則的否定説　②動産同一性説（動産が加工の結果当初の売買契約の目的物と見なし得なくなる程度に社会通念上価値の異なる他の物に転化したか否かで判断するもの。）③肯定説があるが、本判決は、従来の大審院判決（大審院判 大2・7・5）の立場（原則的否定説）に立ちつつ、物上代位権を原則的に否定し特段の事情があればそれを認めるという最高裁として初めての判断を示したもので、理論的、実務的に重要な判例である。

5　所有権の帰属等

5－3　注文者が主要材料を自ら提供して建物を建築した場合における仮登記仮処分による保存登記等抹消登記手続及び強制執行異議請求事件

1　事件内容

注文者が主要材料を自ら提供して建物を建築した場合、注文者に所有権が原始的に帰属するとされた事例

2　原告、被告等

原告	㈱X商事
被告	Y1・Y2（いずれも個人）
裁判所	大阪地裁　昭30（ワ）5038号・同33（ワ）1463号
判決年月日	昭49・9・30　民3部判決、認容（控訴）
関係条文	民法632条

3　判決主文

被告Y1は、建物の所有権保存登記、被告Y2は所有権移転請求権保全仮登記の各抹消手続をせよ。

4　事案概要

原告X商事は、建築設計施工をCに請負わせたが、Cが工事の一部を施工したところで合意解除し、被告Y1に工事を請け負わせた。Y1も躯体部分が完成したところで工事を中止したので、X商事が資金資材の一切を出して自ら工事を続行して建物を完成させた。これよりさき資金捻出のため、X商事の代表者Aに保証を依頼し、Aを注文者、Y1を請

127

5-3

負人とする契約書を作成、Bに提示してＹ１を建物所有者、Ｂを根抵当権者として融資を得た。Ｂは仮登記仮処分を得、Ｙ１を所有者とする保存登記、Ｂを担保権者とする所有権移転請求権保全仮登記をし、Ｙ２にその権利を譲渡し登記した。Ｘ商事が被告Ｙ１，Ｙ２に対して前記各登記の抹消登記手続を求めた。

（原告の主張）

本件建物はＸ商事が自ら材料を提供して完成させたものであり、Ｘ商事が原始的に所有権を取得した。

（被告の主張）

本件建物はＹ１がＡとの請負契約に基づき建築したものであり、Ｙ１が所有権を取得した。

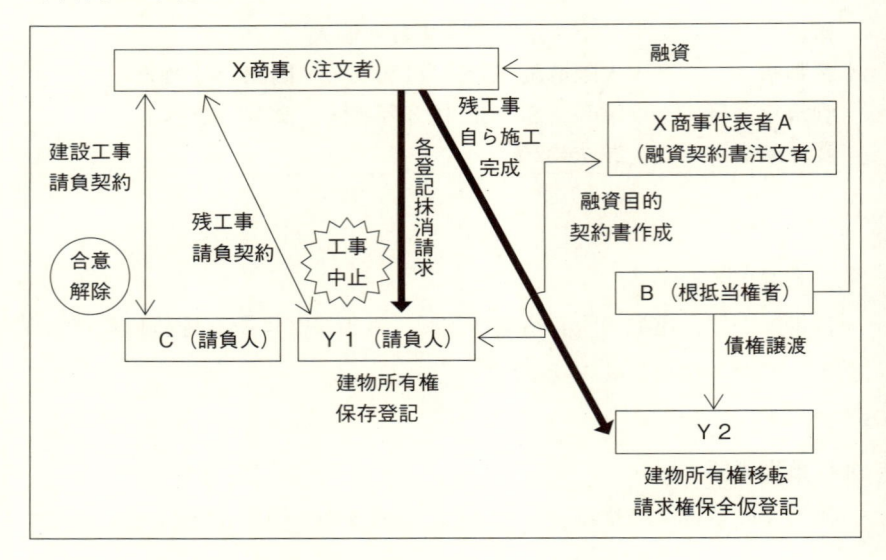

5　裁判所の判断

本件建物は注文者が主要な材料を提供して建築したものであり、請負人の施工部分に対する代金支払が一部残っていると否とにかかわらず、

この経過及び民法246条の加工の法理からして完成された本件建物の所有権は原始的に注文者に帰属する。

6　本件判決の意義

　本判決は、注文者と請負人との間で建築建物の所有権の帰属が争われた事案について、主要な材料の提供を考慮し、注文者に所有権が原始的に帰属したとするものであり、通説、判例（最判昭44・9・12他多数）の立場の事例として参考になる。

　なお、近時学説等において、材料の提供にかかわらず注文者が所有権を原始取得するという説、いわゆる注文者帰属説が主張されている。

5－4　下請負人が建築した建物に関する下請工事代金請求控訴事件

1　事件内容

下請負人が調達した材料で建築した建物が、元請負人によって注文者に引き渡された場合において、下請負人の所有権確認及び明渡し請求が信義則・権利濫用の法理に照らし許されないとされた事例

2　控訴人、被控訴人等

控訴人	X建設（株）（下請負人）
被控訴人	Y1（元請負人A設計（株）の代表者） Y2（住宅の注文者）
裁判所	東京高裁　昭55（ネ）3088号
判決年月日	昭58・7・28　民事10部判決、一部取消一部認容（確定）
関係条文	民法632条

3　判決主文

原判決中控訴人X建設と被控訴人Y1に関する部分を取り消す。被控訴人Y1は、控訴人X建設に対し1,130万円及び年5分の割合による金員を支払え。

控訴人X建設の被控訴人Y2に対する本件控訴及び追加請求を棄却する。

4　事案概要

控訴人X建設は、元請負人の訴外A設計との間に昭和51年7月下請負

契約を締結し、その後追加・変更工事契約を締結した。X建設は、自ら調達した材料で昭和51年8月工事着工し、昭和52年5月には完成した。A設計代表者である被控訴人Y1は、下請負代金1,420万円及び追加工事代金315万円のうち、契約成立時100万円、躯体完了時に400万円をX建設に支払った。Y1は、被控訴人Y2から工事請負代金全額の支払を受けながら、X建設に一部工事代金を支払ったのみで、残額の支払をまったくしなかった。Y1は、建物の完成後Y2に引き渡し、A設計を不渡手形により倒産させ自らも所在をくらました。

（控訴人の主張）

　X建設は、Y1に対し請負残代金1,130万円余及び利息を請求するとともに、X建設とY2との間で、X建設が本件建物の所有権を有することを確認することを請求した。

（被控訴人の主張）

　Y2は、X建設に対し本件建物の明渡しを請求した。

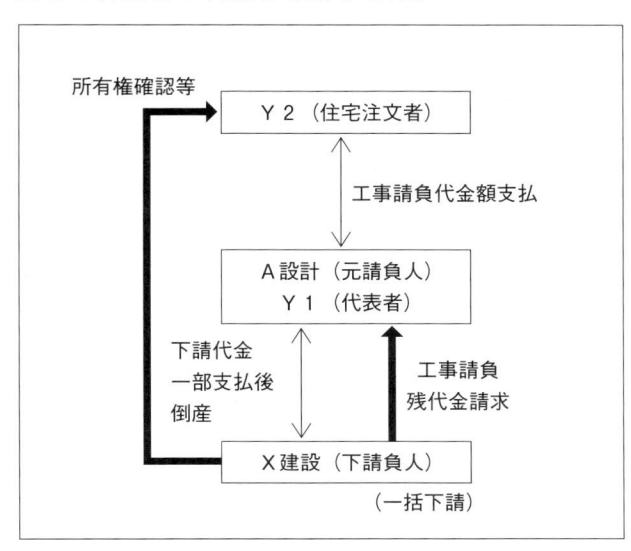

5　裁判所の判断

　下請人が自ら材料を調達・供給して建物を完成した場合には、建物所有権は先ず同人に帰属するのであるから、注文者が元請人を通じて建物所有権を取得するためには、下請人から元請人、更に元請人から注文者への所有権の移転がなされなければならない。控訴人X建設がA設計へ建物を引き渡したことについて、これを認めるに足りる証拠はないので、建物の所有権はなおX建設に留まっているといわなければならない。

　しかし、本件には特段の事情があり、控訴人X建設は、被控訴人Y2に対し、所有権確認、明け渡しを請求することは、信義則、権利濫用の法理に照らし許されないと解するのを相当とする。

　本件では、控訴人X建設は、自らなすべき下請代金の支払確保の努力を尽くさず、下請代金回収の危険を格別落度のない注文者である被控訴人Y2に転嫁するものである。また、注文者が代金を完済し、元請人から平穏に建物の引渡しを受け、登記までも経ながら、なお下請人の建物所有権ないし占有権に妨げられ、二重に代金を支払わなければならないということは、注文者にとってあまりに苛酷である。

　以上の通りであるから、被控訴人Y2に対し、所有権、占有権に基づき、本件建物所有権確認とその明渡しを求めるX建設の本訴請求はすべて失当として排斥を免れない。

　被控訴人Y1は、控訴人X建設に同額の損害を与えたというべく、商法266条の3により控訴人X建設に対し損害賠償の義務がある。

6　本件判決の意義

　請負契約において請負人が建物等を完成した場合の所有権については、材料の全部又は主要部分を提供した注文者か請負人のいずれかに、

動産・不動産の別なく完成と同時にその所有権は原始的に帰属する。そして、請負人がその所有権を取得した場合には、引渡しによって注文者に移転する。ただし、当事者の特約によって、帰属者を定めることができるというのが判例・学説である。

　この理論を前提にしているものの、X建設は、自ら調達した材料で本件建物を完成したにもかかわらず、代金を完済し、元請人から平穏に建物の引渡しを受け登記までも経たY2に対する所有権確認明渡し請求をすることは、信義則、権利濫用の法理に照らし許されないと解するのを相当とするとされた事例である。

　なお、本件判決は、旧商法266条の3（取締役の第三者に対する責任　現会社法第429条1項）により、X建設からY1への損害賠償を認めており、事件当事者間の全体的具体的な妥当性を導いている。

5－5　下請負人から注文者に対する建物所有権保存登記抹消登記等請求事件

1　事件内容

下請人の所有する建築建物について注文者名義の所有権保存登記がなされている場合に、下請人からの保存登記抹消請求が権利の濫用であるとして許されないとされた事例

2　原告、被告等

原告（反訴被告）	(有) X1工務店（下請負人） (有) X2木材（補助参加）
被告（反訴原告）	Y1（発注者） Y2住宅ローン㈱
裁判所	東京地裁　昭58（ワ）10228号
判決年月日	昭61・5・27 民37部判決、一部認容（控訴・和解）
参照条文	民法632条

3　判決主文

原告X1工務店（下請負人）と被告Y1（発注者）との間において、原告が別紙物件目録記載の建物の所有権を有することを確認する。（＊目録省略）

原告の被告Y1、Y2住宅ローンに対するその余の請求を棄却する。

4　事案概要

被告Y1は、A建業と元請契約（請負代金1,800万円）を結び、契約

成立時500万円、上棟時500万円、木工完了時300万円をA建業に支払った。

原告X1工務店は、訴外A建業（元請負人）との間で、昭和58年5月1日、X1工務店が本件建物を原材料、費用等一切を調達、供給して建築する下請契約（請負代金1,600万円）を結んだ。

X1工務店は、昭和58年8月30日未完成ながら独立した建物を築造した。Y1は、同年8月8日表示登記、8月23日保存登記を、また、Y2住宅ローン会社は、8月23日抵当権設定登記をした。

A建業は、昭和58年8月20日、同年9月20日に不渡りを出して倒産した。なお、元請契約では、一括下請を禁止していたが、本件請負契約は一括下請である。

（原告の主張）

Y1は、X1工務店に対し、本件建物の所有権保存登記抹消登記手続義務がある。Y2住宅ローンは、本件抵当権設定登記抹消登記手続義務がある。

（被告の主張）

Y2住宅ローンは、8月23日Y1に1,300万円を貸したが、その貸付の際Y1名義で所有権保存登記ができることを確認した上で、1,300万円の貸付に対して、抵当権設定登記をした。

Y2住宅ローンは、下請契約の存在は知らなかった。注文者の承諾を得ないで一括下請をした原告が、本件抵当権設定登記等の抹消登記手続きを求めるのは、信義則に反し権利の濫用である。

5-5

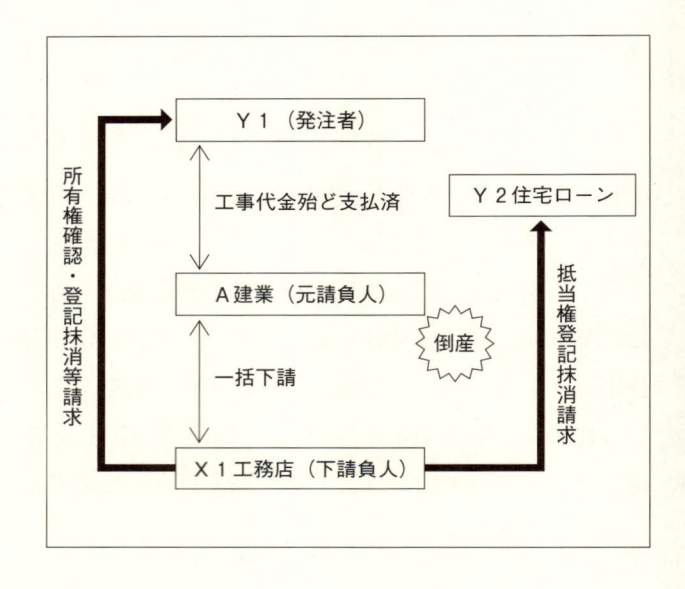

```
所有権確認・登記抹消等請求  ← Y1（発注者）
                              ↕ 工事代金殆ど支払済       Y2住宅ローン
                              A建業（元請負人）  倒産       ↑
                              ↕ 一括下請                    │抵当権登記抹消請求
                              X1工務店（下請負人） ────────┘
```

5　裁判所の判断

　請負人が自ら材料を調達供給して建物を完成した場合には、右建物の所有権は請負人に帰属し、注文者は、請負人から右建物の引渡しを受けてはじめてその所有権を取得する（最判昭40・5・25）。もっとも、請負人と注文者の間に完成と同時に所有権を注文者に帰属させる、又は建築中の段階からその所有権を注文者に移転する旨のあらかじめの合意があるとか、注文者が請負人に請負代金の大部分を支払っているなど特段の事情があって、完成と同時に建物の所有権を注文者に原始的に帰属させる、又は建築中の築造物（建前）の段階からその所有権を注文者に移転する旨の黙示の合意があると認められる場合には、注文者が建物の所有権を取得するものと解される（最判昭44・9・12、最判昭46・3・5）。この理は、一括下請における下請人と元請人ないし注文者との関係においても同様に、下請人が自ら材料を供給して建物を完成した場合には、原則として、同建物の所有権は下請人に属し、注文者は、下請人

から元請人に、元請人から注文者に建物の引渡しがあって始めてその所有権を取得し、前記のようなあらかじめの三者間の合意又は合意と同視できる特段の事情あるときにのみ、注文者が原始的に建物の所有権を取得すると解すべきである。すなわち下請人が自己所有の動産である建築材料に自己の費用をもって加工する以上、建築中の築造物の所有権は下請人にある。独立の不動産となった建物の所有権は、原則として下請人に帰属すると解するのが自然である。

原告Ｘ１工務店は、本件建物の場合、独立の不動産となった時点において、建物所有権を原始的に取得したものということができる。注文者たる被告Ｙ１に原始的に本件建物の所有権を取得する等の事情の存在を肯認できないから、被告Ｙ１の所有権の帰属に関する抗弁は採用することができない。

被告Ｙ１に対する所有権保存登記の抹消登記請求は、最終的に原告は本件建物の所有権を被告Ｙ１に移転し、所有権取得登記を得させる立場にあり、被告Ｙ１は訴外Ａ建業に出来高相当の請負代金を支払済みであることに照らし、権利の濫用として許されない。被告Ｙ２住宅ローンは、原告Ｘ１工務店（下請会社）とＡ建業（元請会社）の関係を知らず、かつ抵当権設定登記をした当時は、第三者から見れば訴外Ａ建業が現実に施工していると見える状況にあった。

このような事実関係のもとでは、原告は、被告Ｙ２住宅ローンに対して、自己が本件建物の所有者であるとして、登記抹消手続きを求めるのは権利の濫用である。

6 本件判決の意義

本判決は、最判46・3・5等により従来から認められており、注文者と元請人、元請人と下請人の各契約において、建築物が独立の不動産と

5 − 5

なると同時に、その所有権を注文者に原始的に帰属させる旨の暗黙の合意がされたとするものである。

また、東京高判昭58・7・28（前掲5 − 4）は、建物所有権確認及び明渡し請求を権利濫用として棄却した事例であるが、その事案では、注文者は代金を完済し、元請人から平穏に建物の引渡しを受け登記までも経ている一方で下請人に対して代金の一部が支払われており、注文者は一括下請となっていたことを知らなかったこと等の事情があるが、本件では、注文者は一括下請となっていたことを知っており、元請負人には請負代金の殆どを支払済みでありながら元請負人から下請負人には約束手形を振り出しただけでその決済をしていないことを注文者も知りうる立場にあったという状況であり、これが所有権確認についての結論を分けた理由と考えられる。

所有権の帰属と登記名義が異なるという結果になるが、所有権の移転について原告X1工務店（下請負人）と被告Y1（発注者）について、さらに調整することが必要ということになり、元請負人に支払能力がない場合の下請負人の下請負代金保全策としての工事目的物の所有権の帰属の主張事例として参考になる。

5－6 所有権は注文者に帰属する旨の約定がある場合における建物明渡等請求事件

1 事件内容

建物建築工事請負契約において出来形部分の所有権は注文者に帰属する旨の約定がある場合に、下請負人が自ら材料を提供して築造した出来形部分の所有権は注文者に帰属するとされた事例

2 上告人、被上告人等

上告人	X（注文者）
被上告人	（株）Y建設（下請負人）
裁判所	最高裁 平元(オ)274号
判決年月日	平5・10・19 第3小法廷判決、破棄自判
関係条文	民法632条

3 判決主文

原判決中、上告人敗訴の部分を破棄する。

前項の部分につき、被上告人の控訴を棄却する。

4 事案概要

上告人X（注文者）は、昭和60年3月20日、A建設（元請負人）との間に、代金3,500万円、竣工期8月25日と定めて、本件建物を建築する旨の工事請負契約を締結した。この元請契約には、注文者は工事契約中契約を解除することができ、その場合工事の出来形部分は注文者の所有とするとの条項があった。

A建設は、4月15日本件建築工事を代金2,900万円、竣工期8月25日の約定で、被上告人Y建設と一括下請契約を締結した。A建設もY建設も、この一括下請負についてXの承諾を得ていなかった。

Y建設は、自ら材料を提供して建築工事を行ったが、昭和60年6月下旬に工事を取りやめた時点では、基礎工事のほか、鉄骨構造が完成して、出来高は26.4%であった。

Xは、A建設との約定に基づき、契約時に100万円、4月10日に900万円、5月13日に950万円、合計1,950万円をA建設に支払ったが、Y建設は、A建設が6月13日に自己破産を申告し、7月4日に破産宣告を受けたため、下請代金の支払をまったく受けられなかった。

Xは、6月17日頃下請契約の存在を知り、同月21日A建設に対し元請契約を解除する旨の意思表示と共にY建設との間で建築工事の続行について協議したが、合意は成立しなかった。そこでXは、Y建設に工事の中止を求め、次いで本件建前（出来高）の執行官保管等の仮処分命令を得た。

その後Xは、7月29日、Bとの間で本件建前を基礎に工事を完成させる旨の請負契約を締結した。Bは、10月26日までに工事を完成させ、代金全額の支払を受け、建物を引き渡し、Xは建物の所有権保存登記をした。

Y建設は、建物の所有権確認や、出来高の償金をXに対して請求した。

（原審の判断）

本件建前（出来高）の所有権はY建設に帰属するとして、XはY建設に対し、本件建前（出来高）に相当する765万円を支払う義務があると判断した。

（上告人の主張）

原判決は誤りであって、破棄をまぬかれない。

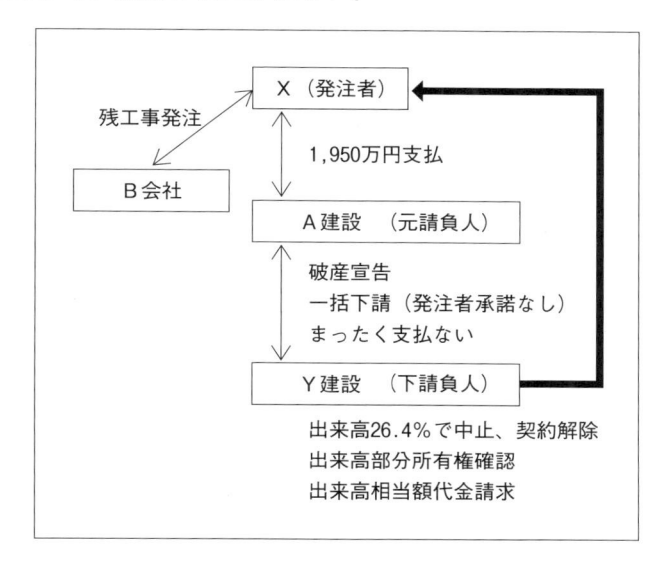

```
            X（発注者）
残工事発注  ↑↓
       ↓   1,950万円支払
    B会社   ↓
            A建設（元請負人）
            ↑↓
            │ 破産宣告
            │ 一括下請（発注者承諾なし）
            │ まったく支払ない
            ↓
            Y建設（下請負人）
            出来高26.4％で中止、契約解除
            出来高部分所有権確認
            出来高相当額代金請求
```

5　裁判所の判断

　注文者と請負人との間に、契約が中途で解除された際の出来形部分の所有権は注文者に帰属する旨の約定がある場合に、当該契約が中途で解除されたときは、下請負人が自ら材料を提供して出来形部分を築造したとしても、当該出来形部分の所有権は注文者に帰属すると解するのが適当である。けだし、一括下請負の形で請負う下請契約は、その性質上元請契約の存在及び内容を前提とし、元請負人の債務を履行することを目的とするものであるから、下請負人は、注文者との関係では、元請負人のいわば履行補助者的立場の立つものに過ぎず、元請負人と異なる権利関係を主張しうる立場にはない。

　本件についてみると、上告人Xへの所有権帰属を否定する特段の事情がないことは明らかであり、上告人Xは、元請契約の約定により、元請

5－6

契約が解除された時点で、本件建前の所有権を取得したというべきである。

これと異なる判断の下に、価格相当額の償金請求を認容した原審の判断は、法令の解釈適用を誤った違法があるものと言わざるを得ない。

6　本件判決の意義

本判決は、発注者未承諾の一括下請負における下請負人は、発注者との関係では、元請負人のいわば履行補助者的立場の立つものに過ぎず、元請負人と異なる権利関係を主張しうる立場にはないと判示しており、発注者元請間の契約で定められた発注者の権利が、元請や下請など工事関係者側の内部事情によって変動し、発注者が代金の二重払いを余儀なくさせられるような事態が生じることを避けるという判断に基づいた最高裁判決である。発注者未承諾の一括下請負は、建設業法第22条で禁止されており行政的には監督処分等の対象になるが、民事的効力について本判決は述べており、実務的観点から重要である。

6 支　払

6－1　ビル新築工事代金の残金及び追加工事代金等の支払請求事件

1　事件内容

完成建物が賃貸借されたときに工事代金を支払う特約のある請負契約について、その建物の9室中4室について賃貸している等の事情に照らし、請負代金の9分の4について、工事代金の支払時期が到来したと認められた事例

2　申請人、被申請人等

申請人	請負人
被申請人	法人発注者
事件番号	昭和57年(仲)第8号事件
仲裁年月日	昭60・7・17
仲裁合意の根拠	民間建設工事標準請負契約約款（昭和31年版）第29条

3　仲裁判断主文の骨子

被申請人は、申請人に対し、1,711万円及び遅延損害金を支払え。

4　事案概要

(1)　申請人の請求要旨

鉄筋コンクリート3階建てビルの新築工事代金の残額及び本体追加工事契約の代金、電気追加工事の代金、近隣店舗の補修工事代金を求めた。また、本件建物の賃貸借契約が成立した後に、一定額を支払う旨の特約があった。

(2) 被申請人の主張要旨

　追加工事等は、申請人の工事の設計に誤りがあって施工したものであり、また、近隣補修工事は申請人が工事施工上の過失によって近隣店舗に損害を加えたことによるものであるので、被申請人が、これらの工事費を負担する理由はない。賃貸借契約については、2階、3階の部屋に賃借人が入っておらず、履行期が到来していない。

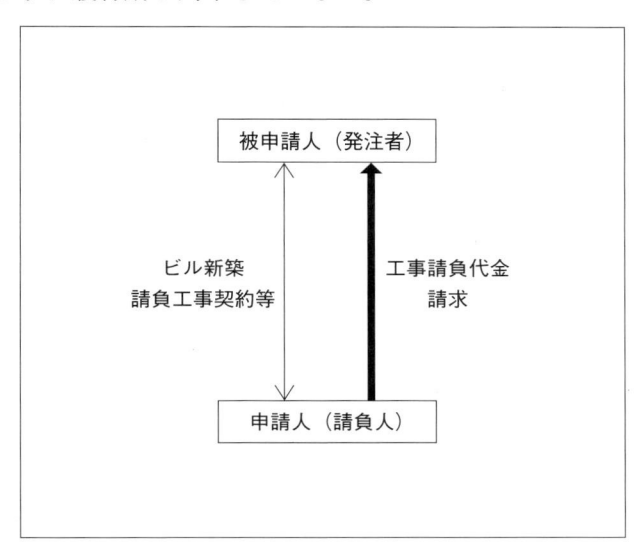

```
                    被申請人（発注者）
                    ↑  ↑
                    │  │
            ビル新築 │  │ 工事請負代金
        請負工事契約等│  │    請求
                    │  │
                    ↓  │
                    申請人（請負人）
```

5　審査会の判断

① 追加工事等の請負契約がなされたかどうかを個別に審査し、申請人の本体追加工事代金等の請求はすべて失当である。

② 近隣補修工事請負代金の請求も、請負契約締結の事実は認められず、すべて理由がない。

③ 本体請負工事代金は、9室の内4室は入居されているので、3,850万円の内9分の4に相当する1,711万円及び損害金を支払え。

6－1

6　本件仲裁の意義

①　追加工事の代金請求について、個別にその有無を検討し、いずれも追加工事の存在を否定した。

②　完成建物が一定額以上の金額の保証金及び賃料で賃貸借されたときに工事代金を支払う特約がある請負契約について、その建物の9室中4室について相当な保証金及び賃料で賃貸している等の事情に照らし、請負代金の9分の4について、工事代金の支払時期が到来したと認めた。

6－2　居宅新築工事の追加工事残代金支払請求事件

1　事件内容

申請人、被申請人の提出した工事出来高査定書を再査定し、請負人の善管注意義務違反及び経年変化による建物の減価分を差し引いて、発注者の支払うべき残代金額が決定された事例

2　申請人、被申請人等

申請人	請負人
被申請人	個人発注者
事件番号	昭和57年(仲)第4号事件
仲裁年月日	昭62・6・26
仲裁合意の根拠	四会連合協定契約約款（昭和50年版）第30条

3　仲裁判断主文の骨子

被申請人は、申請人に対し、4,703万円及び年6分の金員を支払え。

4　事案概要

(1)　申請人の請求要旨

A邸新築工事に関し、工事請負代金残代金6,492万円とその遅延損害金の支払を求めた。

(2)　被申請人の主張要旨

①　本件工事契約は、設計図、見積書に錯誤があり、要素の錯誤により無効であるから契約は成立していない。

②　申請人の増額請求権は発生しない。

③ 本件建物の出来高について、別の計算書を提出する。
④ 申請人の建物監理不十分による価値下落がある。
⑤ 損害金、補修費用、慰謝料等で、3,067万円の相殺の抗弁をする。

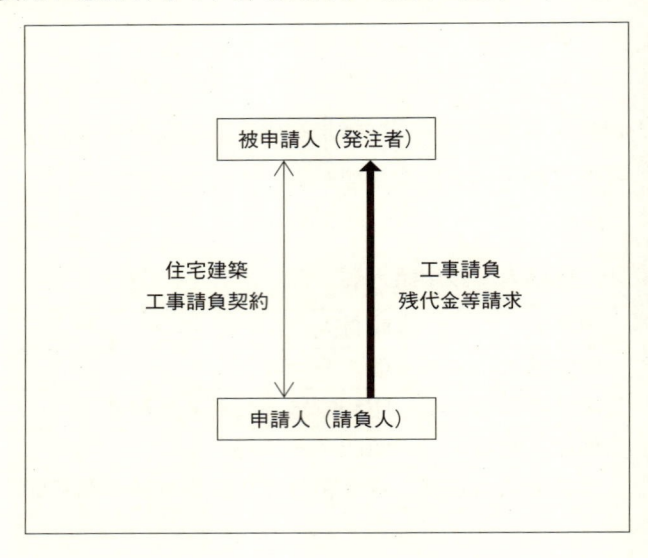

```
         被申請人（発注者）
              ↑
  住宅建築          工事請負
  工事請負契約      残代金等請求
              │
         申請人（請負人）
```

5 審査会の判断
① 契約は成立している。
② 工事出来高は、3種類の計算書の中から、その1つを採用する。
③ 請負人の善管注意義務違反を理由に、一定額を工事査定額より減額する。

6 本件仲裁の意義
① 契約成立時から発注者の追加注文が多く、紛糾したので請負人が契約を解除し工事残代金を請求した事件である。
② 審査会では、申請人、被申請人の提出した工事出来高査定書を再査定し、請負人の善管注意義務違反及び経年変化による建物の減価分を

差し引いて、発注者の支払うべき残代金額を決定した。

6-3

6-3　木造住宅建築請負工事に関する工事代金支払請求事件

1　事件内容

未収工事代金に比べ瑕疵損害金は僅少であり、瑕疵損害金を相殺控除した未収工事代金の支払義務があるとされた事例

2　申請人、被申請人等

申請人	請負人
被申請人	個人発注者
事件番号	平成3年(仲)第6号事件
仲裁年月日	平4・10・23
仲裁合意の根拠	独自契約書添付仲裁合意書

3　仲裁判断主文の骨子

被申請人は、1,433万円及び年6分の金員を支払え。

4　事案概要

(1)　申請人の請求要旨

申請人は、木造2階建て住宅の建築本体工事を6,450万円で、追加工事を1,643万円で、外構工事を1,333万円で請負い、工事を完成し引き渡した。被申請人が、追加工事代金300万円及び外構工事代金1,333万円を支払わないので、1,633万円の支払を請求した。

(2)　被申請人の主張要旨

申請人が、外構工事のやり直しをすると約束をしながらやり直さない

ので、外構工事代金は支払かねるとの書面提出。審理には、一度も出頭しなかった。

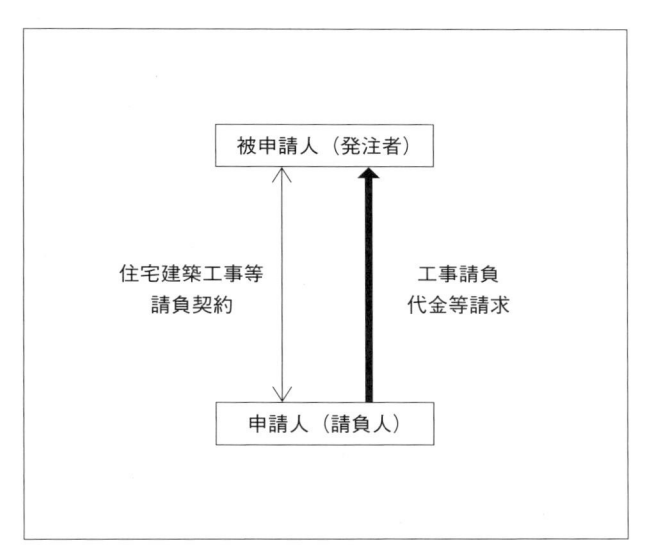

```
         被申請人（発注者）
            ↑      ↑
            │      │
   住宅建築工事等  │ 工事請負
     請負契約    │ 代金等請求
            │      │
            ↓      │
         申請人（請負人）
```

5　審査会の判断

　被申請人は、壁左官工事について工事の欠陥があり、その補修があるまで代金の支払を拒んでいるが、未収工事代金に比べ瑕疵損害金は僅少であり、瑕疵損害金を相殺控除した未収工事代金の支払義務がある。壁左官工事のやり直し工事費用は200万円が相当である。

6　本件仲裁の意義

　審査会は、立入検査等を行い、工事瑕疵損害分を査定し、請求額からその額を控除した金額を認めた。住宅建築の請負人が、注文者に工事代金未払い分を請求したが、被申請人は審理にまったく参加せず、書面もほとんど提出しなかった。

6-4　宅地造成工事に関する工事出来高相当分の代金残額請求事件

1　事件内容

契約で出来高に応じた中間支払の約定がなされている以上、契約の目的である宅地造成工事が未完成であっても中間支払がなされない場合に、工事請負人が工事を中止できることが認められた事例

2　申請人、被申請人等

申請人	下請負人
被申請人	請負人（下請発注者）
事件番号	平成5年(仲)第4号事件
仲裁年月日	平6・8・22
仲裁合意の根拠	民間建設工事標準請負契約約款（乙）第19条

3　仲裁判断主文の骨子

被申請人は、申請人に対し、1,200万円及び年6分の割合による金員を支払え。

4　事案概要

(1) 申請人の請求要旨

① 申請人（下請業者）は、被申請人（元請業者）から、5,900万円で宅地造成工事を請け負った。支払方法は、契約成立時10％、毎月出来高の80％支払、引渡し時に残金支払という契約内容であった。

② 契約成立時590万円が支払われたが、4月から7月までの出来高払

分1,300万円の支払を履行しない。
③　翌年、簡易裁判所の調停で内金100万円の弁済を得た。しかし残金1,200万円について、履行が遅滞しているので、支払を求める。
(2)　被申請人の主張要旨
　申請人主張の出来高が認められるとしても、造成工事は完了していないため、これを売却して工事代金の支払に充当できない事情を考慮されたい。

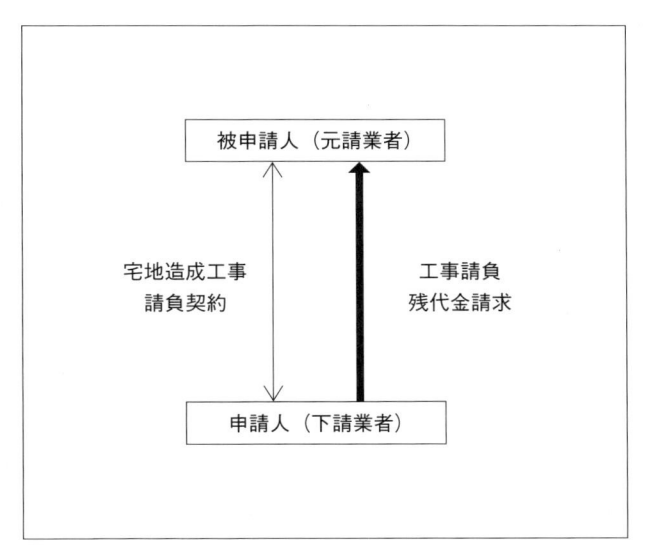

```
              被申請人（元請業者）
                  ↑  ↑
                  │  ┃
     宅地造成工事  │  ┃ 工事請負
     請負契約      │  ┃ 残代金請求
                  ↓  ┃
              申請人（下請業者）
```

5　審査会の判断

①　残金1,200万円の支払が履行されていないことは、当事者間に争いがない。

②　契約において、出来高に応じた中間払の約定がされている以上、被申請人がその債務を履行しない場合に申請人が工事を中止できることは、約款によって認められるところであり、その故に弁済遅延の責めを免れることはできない。

6 本件仲裁の意義

　契約の目的である宅地造成工事が未完成であっても、契約で出来高に応じた中間支払の約定がなされている以上、中間支払がなされない場合に工事請負人が工事を中止できることを認めた。

6　支　払

6－5　床暖房設備工事及び浄化設備工事に関し、第4次下請負人から第3次下請負人への下請代金支払請求事件

1　事件内容

第1次から第6次までの下請負契約が架空のものかどうかが争われ有効に成立していると判断された事例

2　申請人、被申請人等

申請人	下請負人（第4次下請負人）
被申請人	請負人（第3次下請負人）
事件番号	平成11年(仲)第5号事件
仲裁年月日	平12・7・31
仲裁合意の根拠	独自注文書記載仲裁条項

3　仲裁判断主文の骨子

被申請人は申請人に対し、7,350万円及び年6％の金員を支払え。

4　事案概要

(1)　申請人の請求要旨

第4次下請負人である申請人は、第3次下請負人である被申請人に対し、床暖房工事に関する下請工事代金を請求する。

(2)　被申請人の主張要旨

本件は、第1次下請負業者が第6次下請負業者、第2次下請負業者が第7次下請負業者の地位を兼ねるという特異な契約関係が締結されてい

155

る工事であり、第2次下請負人以下の下請工事契約は架空のものであり現実の下請関係は存在していないし、申請人と被申請人の契約は取り消されたので、下請代金の支払義務はない。

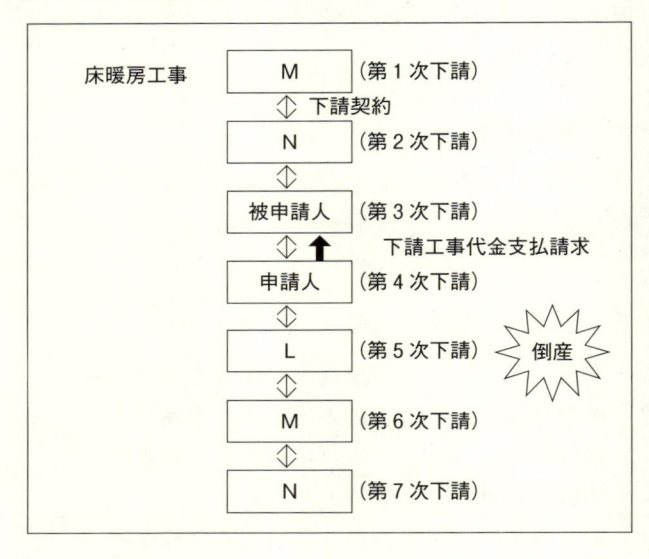

```
床暖房工事    [ M ]    （第1次下請）
              ⇕ 下請契約
              [ N ]    （第2次下請）
              ⇕
             [被申請人]  （第3次下請）
              ⇕ ↑  下請工事代金支払請求
             [申請人]   （第4次下請）
              ⇕
              [ L ]    （第5次下請）   倒産
              ⇕
              [ M ]    （第6次下請）
              ⇕
              [ N ]    （第7次下請）
```

5　審査会の判断

① 第1次から第6次までの下請負契約は、有効に成立していると判断した。
② 被申請人による各下請負契約の取消しについては、契約が一旦有効に成立した以上、一方的な意思表示で失効させることはできない。
③ Mは、第1次と第6次の下請負人の立場を兼ねていた。
④ 床暖房工事は、Mが第6次下請負人の立場で完成させたと認められ、申請人は、被申請人に対して、下請負契約に基づく工事代金の支払を請求する権利を有する。

6 本件仲裁の意義

　申請人は、被申請人から床暖房工事及び浄化槽設備工事を、床暖房工事代金7,000万円、浄化槽工事代金1,100万円で請け負わせる旨の注文書を受けた。

　L（第5次下請負業者）の倒産により、同社からの下請工事代金の支払いが見込めなくなったM（第1次と第6次の下請負人の立場を兼ねる）が、一次下請人の立場で工事を完成させたと主張したことから問題が発生し、建設工事の重層下請けが、問題を複雑にしたものであると考えられる。

7　瑕疵担保責任

7-1 重大な瑕疵がある建物の建て替えに要する費用相当額の損害賠償請求事件

1 事件内容

建築請負工事契約の目的物である建物に重大な瑕疵があるためこれを建て替えざるを得ない場合に、注文者から請負人に対する建物の建て替えに要する費用相当額の損害賠償請求が認められた事例

2 上告人、被上告人等

上告人	Y建設（株）（請負人）
被上告人	X（注文者）
裁判所	最高裁 平14(受)605号
判決年月日	平14・9・24 第3小法廷判決、上告棄却
関係条文	民法635条ただし書

3 判決主文

上告を棄却する。

4 事案概要

被上告人Xは、上告人Y建設（請負人）に3世帯居住用の2階建て建物の建築を代金4,352万円で、注文した。

Y建設が建築した本件建物は、その全体にわたって極めて多数の欠陥箇所がある上、主要な構造部分に本件建物の安全性及び耐久性に重大な影響を及ぼす欠陥が存在し、地震や台風などの振動や衝撃を契機として倒壊しかねない危険性を有するものであった。このため、本件建物につ

いては、個々の継ぎはぎ的な補修によっては根本的な欠陥を除去することはできず、これを除去するためには、結局、技術的、経済的にみても、本件建物を建て替えるほかはなかった。

(原審の判断)

一審、二審とも、本件建物には重大な瑕疵があり、建て直す必要があるとし、瑕疵担保責任に基づき、建て替え費用相当額の賠償をY建設に命じた。

(上告人の主張)

民法635条ただし書により、建物については瑕疵の存在を理由に契約の解除をすることはできないのであるから、建て替え費用を損害として認めることは、契約の解除以上のことを認める結果となり許されない。損害賠償額は、本件建物の客観的価値が減少したことによる損害とされるべきである。

(被上告人の主張)

瑕疵担保責任等に基づき、建て替え費用等損害賠償を請求する。

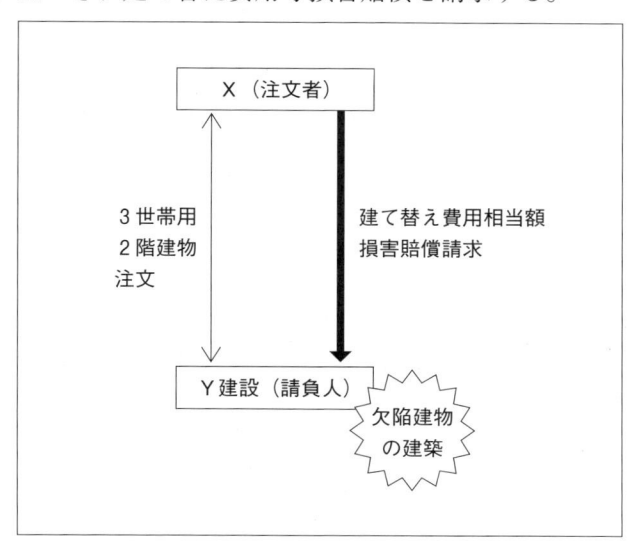

5 裁判所の判断

　請負契約の目的物が建物その他土地の工作物である場合、目的物の瑕疵により契約の目的を達成することができないからといって契約の解除を認めるときは、何らかの利用価値があっても請負人は土地からその工作物を除去しなければならず、請負人にとって過酷で、かつ、社会経済的な損失も大きいことから、民法635条はそのただし書において、建物その他の工作物を目的とする請負契約については目的物の瑕疵によって契約を解除することはできないとした。

　しかし、請負人が建築した建物に重大な瑕疵があって建て替えるほかない場合に、当該建物を収去することは社会経済的に大きな損失をもたらすものではなく、また、そのような建物を建て替えてこれに要する費用を請負人に負担させることは、契約の履行責任に応じた損害賠償責任を負担させるものであって、請負人にとって過酷であるともいえないのであるから、建て替え費用に要する費用相当額の損害賠償請求をすることを認めても民法635条ただし書の規定の趣旨に反するものではない。

　したがって、建築請負の仕事の目的物である建物に重大な瑕疵があるためにこれを建て替えざるを得ない場合には、注文者は請負人に対し、建物の建て替えに要する費用相当額を損害としてその賠償を請求することができる。

6 本件判決の意義

　本判決は、民法635条ただし書で、契約をした目的を達することができないときでも建物その他の土地の工作物については契約の解除ができないとされている点について、請負人が建築した建物に重大な瑕疵があって建て替えるほかない場合に、当該建物を収去することは社会経済的に大きな損失をもたらすものではなく、また、そのような建物を建て

替えてこれに要する費用を請負人に負担させることは、契約の履行責任に応じた損害賠償責任を負担させるものであって、請負人にとって過酷であるともいえないのであるから、建て替え費用に要する費用相当額の損害賠償請求をすることを認めても民法635条ただし書の趣旨に反するものではないと最高裁が判示したものである。

7−2 「宅地造成工事」の具体的な内容に関する損害賠償請求、工事代金等請求事件

1　事件内容

請負契約の工事名として「宅地造成工事」と表示されただけの工事の具体的な内容について、問題なく分譲ができる程度の土地であることを要するかが争われた事例

2　原告、被告等

原告	X（注文者・宅地分譲業者）
被告	Ｙ１建設（請負人・連帯保証人）・Ｙ２（元土地所有者）
判所	東京地裁　昭52(ワ)2854号
判決年月日	平６・９・８　民30部判決、一部認容一部棄却（控訴）
関係条文	民法634条２項

3　判決主文

被告らは原告に対し、連帯して２億76万円及び内金76万円に対する支払済みまでの年５分の割合による金員を支払え。

原告は、被告Ｙ１建設に対し、192万円及び年６分の割合による金員を支払え。

4　事案概要

本件土地は、もと沼地であり、被告Ｙ２が所有していた。

Ｙ２は、宅地を造成して分譲することを計画し、被告Ｙ１建設にその

工事を請け負わせたが、宅地造成等規制法による建設施行の認可申請に当たってはＹ１建設を事業主とすることとした。そしてＹ１建設は、知事から宅地造成事業の認可を得た。

その後、不動産業者の仲介でＹ２から原告Ｘに本件土地を売却することとなり、Ｙ２はＸに対し、不動産売買承諾書を差し入れた。

Ｘは、宅地を分譲することを業とする者であって、建築土木を業とする者ではなかったので、この取引に際しても、宅地造成等規制法による造成完了検査済後の有効宅地部分を建設取引の対象とした。

Ｘは、Ｙ２との間でＹ１建設を連帯保証人として、本件土地の売買契約を締結した。この契約においては、工事名として「宅地造成工事」と表示されているのみで、詳細な見積書や設計図面等は添付されていなかった。

（原告の主張）

Ｙ１建設の本件造成工事には瑕疵がある。Ｙ１建設は、本件土地がもと沼地であることを知っていながら何ら地盤対策も講じず、漫然と工事に着手した。また、地質調査を全く行わず、対策も講じなかった。

これらの粗悪工事による損害や信用失墜による損害、工事遅延による販売機会の喪失等がある。よって、これらの損害併せて６億3,349万円の支払を求める。

（被告の主張）

工事の完成が遅れたのは、Ｘからの中間金の支払が遅れたためである。

Ｙ１建設は設計どおりに施工した。

一部に地盤の不等沈下等による滞水のある箇所があるが、沼地埋め立てには不可抗力的に不等沈下を生じることがあり、工事上の瑕疵とはいえない。

不等沈下は一般に埋め立て後相当期間が経過して地盤が落ち着くまで発生することがあると考えられ、本件土地の埋め立て後、数箇年の間に土地一帯のうち、どの部分にどの程度の不等沈下が生じるか、生じないかは被告において予測し得なかったし、現在の土木技術の水準では予測が困難なことである。

　このような場合には、設計変更ないし追加工事としてこれを処理するのが業界の通例である。

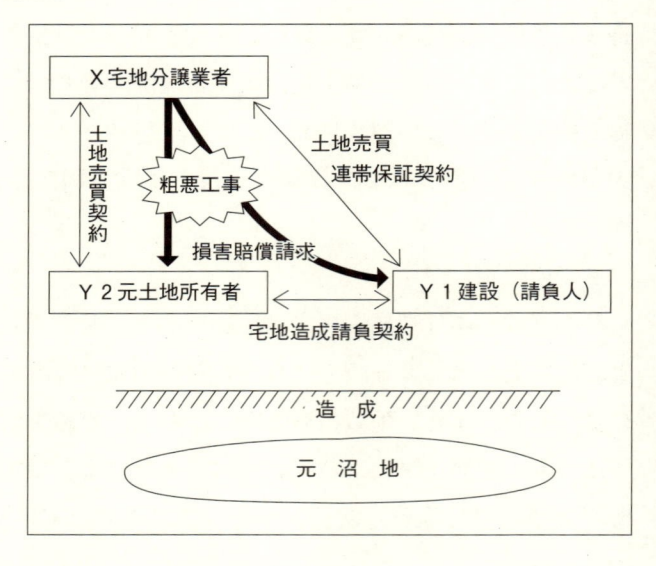

```
         X宅地分譲業者
      ↑    ↓        ↖
   土地         粗悪工事   土地売買
   売買                   連帯保証契約
   契約      ↓
   約     損害賠償請求
      ↓              ↘
   Y2元土地所有者  ←→  Y1建設（請負人）
              宅地造成請負契約
   ─────────造成─────────
              元 沼 地
```

5　裁判所の判断

　請負契約の仕事の目的物に瑕疵があるというのは、完成された仕事が契約で定められた内容通りでなく、使用価値若しくは交換価値を減少させる欠点があるか、あるいは、当事者が予め定めた性質を欠くなど不完全な点を有することである。本件契約によって定められた仕事の具体的な内容は、少なくとも宅地としての使用に耐え分譲することのできる土地（その程度の耐久力を有する土地）を造成することであったと解すべ

きである。

　本件造成地は、各所で１ｍくらい地盤沈下し、今後も徐々に地盤沈下が生じる可能性が大であり、本件造成地上の建物居住者の生活にも重大な影響を及ぼす危険性がある。

　本件土地に地盤沈下が生じた原因は、もともと沼地であって、その地盤は超軟弱であり、地下水や水脈が入り組んでいる可能性が大であったため、ボーリング、土質・水質調査等の地盤調査をし、これに基づき適切な埋立法や地盤改良法を採用すべきであったのに、これらを怠ったことにある。

　本件造成地は宅地としての使用に耐え、分譲できる程度の土地ではないこと明かであり、本件造成地には瑕疵がある。

6　本件判決の意義

　本件判決は、請負契約の仕事の目的物に瑕疵があるというのは、完成された仕事が契約で定められた内容通りでなく、使用価値若しくは交換価値を減少させる欠点があるか、あるいは、当事者が予め定めた性質を欠くなど不完全な点を有することであるとしつつ、本件契約によって定められた仕事の具体的な内容は、少なくとも宅地としての使用に耐え分譲することのできる土地（その程度の耐久力を有する土地）を造成することであったと解すべきであるとし、宅地としての売買は、宅地として十分使用することができ、問題なく販売することができるものであることを前提に瑕疵を判断すべきとしたものである。

7-3 瑕疵担保責任の性質に関する損害賠償請求、監理報酬請求反訴事件

1 事件内容

瑕疵担保責任の規定は、不完全履行の一般理論の適用を排除したものであり、また、請負人の瑕疵担保責任が除斥期間経過によって消滅する場合には、その監理者責任も同時に消滅するとされた事例

2 原告、被告等

原告	X（注文者・反訴被告）
被告	Y1（請負人）・Y2建設（設計監理者・反訴原告）
裁判所	東京地裁 昭60(ワ)15282号
判決年月日	平4・12・21 民15部判決、一部認容一部棄却（控訴）
関係条文	民法634条、637条、638条、656条

3 判決主文

被告Y1及びY2建設は、原告に対し、各自197万円及び年5分の割合による金員を支払え。

Y1は、原告に対し、82万円及び年5分の割合による金員を支払え。

反訴被告は、反訴原告に対し、327万円及び年6分の割合による金員を支払え。

4 事案概要

原告Xと被告Y1は、昭和55年4月8日頃建築請負契約を締結した。

請負契約に基づく瑕疵担保責任期間は、引き渡しの日から、屋根防水は10年、外壁からの漏水は３年、それ以外の瑕疵は２年と定められていた。

　Ｙ１は、昭和56年１月上旬にこれを完成してＸに引き渡した。

　その後、Ｘは、本件建物について鉄筋コンクリートの素材及び工事が契約の内容と異なっていることやタイルのひび割れ、雨漏りなどの瑕疵があることを発見した。

（原告の主張）

　本件請負契約に基づく工事については雨漏り等の瑕疵があり、Ｙ１には債務不履行又は瑕疵担保責任に基づく損害賠償責任がある。

　被告Ｙ２建設は、必要とされている監理業務を怠り、これによって瑕疵を発生させた。

　よって、Ｙ１とＹ２建設は、連帯して8,500万円と遅延損害金を支払え。

（被告の主張）

　Ｙ１の主張：瑕疵担保責任の存続期間は、引き渡しの日から屋根防水は10年、外壁からの漏水は３年、その他の瑕疵は２年と定められており、既にこの期間は経過した。

　Ｙ２建設の主張：設計監理者の責任は、請負人の責任との関係において補充的責任たる性質を有するものであり、工事請負人の瑕疵担保責任が消滅した後においても監理者の責任が存続するのは均衡を失し、合理的根拠を欠く。

7-3

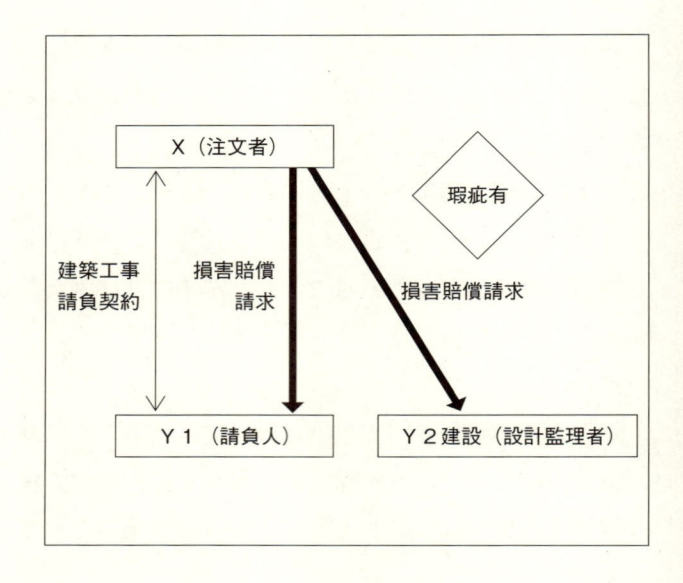

5 裁判所の判断

　原告はＹ１及びＹ２建設に対し、瑕疵担保責任に基づく損害賠償責任のほかに、選択的に請負契約の不完全履行に基づく損害賠償請求をしているが、請負人の瑕疵担保責任に関する民法634条以下の規定は、単に売主の担保責任に関する同法561条以下の特則であるのみならず、不完全履行の一般理論の適用を排除するものと解すべきであり、瑕疵担保責任を問うのはともかく、不完全履行の責任は問い得ないというべきである。

　原告とＹ１との間の瑕疵担保責任の存続期間内に原告が瑕疵の修補を請求している瑕疵については、Ｙ１は瑕疵担保責任としての損害賠償義務を負うが、そのような請求を行っていない場合は、約定の除斥期間の経過によってＹ１の損害賠償債務は消滅したことになる。

　監理契約の法的性質は、準委任契約と解すべきである。そうである以上、請負人の瑕疵担保責任が除斥期間の経過によって消滅した場合は、

工事監理者の責任も同時に消滅すると解すべきである。その責任は、請負人との関係において補充的責任たる性質を有するものだからである。

6　本件判決の意義

本件判決は、不完全履行と請負契約における瑕疵担保との関係については、不完全履行の一般理論は排斥されるとする通説・判例の立場に依っている。

監理契約の法的性質については、準委任としている。その場合、準委任の責任の存続期間は請求権を行使できる日から10年となるが、本判決は、請負人の責任が先に消滅した場合には、監理者の責任は、請負人との関係において補充的責任たる性質を有するものだから、請負人との均衡から消滅するとし、事案の具体的妥当性を図っている。

＊　準委任　法律行為ではない事務の委任（例えば会計帳簿の検査）をいう。

7-4 工事を続行しても安全かつ快適な通常の住宅を建築することは不可能と認められる場合における建築途上の建物についての契約解除・土地明渡等請求控訴事件

1 事件内容

上棟式を経て外壁も備わり建物としての外観も一応整った建築途上の構築物について、契約の解除が認められた事例

2 控訴人、被控訴人等

控訴人	Y建設（株）（請負人）
被控訴人	X（注文者）
裁判所	東京高裁 平3（ネ）1540号
判決年月日	平3・10・21 民15部判決、一部変更（確定）
関係条文	民法415条、543条、635条

3 判決主文

控訴人は、被控訴人Xに対し、50万円及びこれに対する平成元年4月28日から支払い済みまで年5分の割合による金員を支払え。

被控訴人らのその余の請求をいずれも棄却する。

4 事案概要

被控訴人Xと控訴人Y建設は、昭和62年5月17日工期120日、請負代金1,405万円とする建築請負契約を締結した。

Xは、同月21日に内金として100万円を支払い、同年10月に建築確認

を経て建築に着手し、同年11月の上棟式の時まで、建物の工事が進行していた。上棟式の頃までに、柱材、壁の施工方法が設計と異なっていたことを始めとして、基礎工事の手抜きや設計図とは異なる施工や粗悪材料の使用、更には設計そのもののミスにより設計図通りには施工できない箇所が出る等の不都合が相次いだ。

　Xは、その都度設計図通りの施工や改善を求めたが、改善は不十分であり、工事が進めば進むほど事態は悪化するばかりであった。ちなみに、住宅金融公庫の検査でさえ2回も不合格になるほどであった。Xは、本件建物建築請負契約を解除し、既支払代金の返還、建築途上の構築物の撤去、土地明渡しを求めた。

（原審の判断）

　本件建物建築請負契約の遡及的解除を認めた上、土地上の構築物の収去、土地明渡し等のXの主張をほぼ全面的に認めた。

（控訴人の主張）

　本件工事を続行すれば、安全かつ快適な通常の住宅を建築することができるし、民法635条ただし書の趣旨によれば、本件建物建築請負契約は解除できない。

（被控訴人の主張）

　本件土地上の本件構築物の基礎、土台工事、木材の使用方法、外装工事等の現況を維持し、工事を続行した場合、安全かつ快適な通常の住宅を建築することは不可能であり、本件建物建築請負契約を解除し、既支払代金の返還、建築途上の構築物の撤去、土地明渡しを請求する。

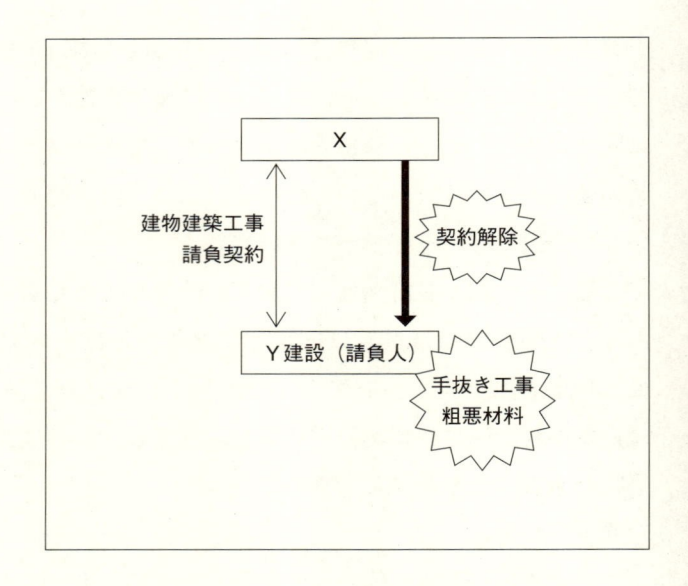

5　裁判所の判断

本件構築物の工事を続行しても、安全かつ快適な通常の住宅を建築することは不可能である。

民法635条の規定は、仕事の目的物である建物等が社会的、経済的見地から判断して契約の目的に従った建物等として未完成である場合にまで、注文者が債務不履行の一般原則によって契約を解除することを禁じたものではない。

本件構築物は、建築工事そのものが未完成である上に、本件建築物を現状のまま利用して、本件建物の建築工事を続行することは不適切であって、本件建物を本件契約の目的にしたがって完成させるためには、上部躯体を一旦解体した上で、更に地盤を整地し基礎を打ち直して再度建築するしかないのであるから、本件建築物の社会的経済的な価値は、再利用可能な建築資材としての価値を有するにすぎないものである。

基礎を打ち直して設計図通りに本件構築物を補修するためには845万

円もの費用を要するだけでなく、本件建物を本件契約の目的に従って完成させるためには、その後更に多額の費用を必要とすると認められることなどを総合して考慮すると、注文者である被控訴人は、債務不履行の一般原則に従い、民法415条後段により本件契約を解除することができる。

6　本件判決の意義

　本件判決は、建物建築請負契約に基づく建築工事が進行し上棟式を経て外壁も備わり建物としての外観も一応整った段階ではあるが、未だ未完成であること、建築工事途上の建物に全体にわたって手抜き工事や回復しがたい施工ミスが見つかり修復は不可能であることを理由に、施工部分も含めた契約解除を民法415条後段に基づいて認めた事例であり実務上の参考になる。

7－5 新築建物に重大な瑕疵があるものの買主が当該建物に居住していた場合における損害賠償請求事件

1 事件内容

購入した新築建物に構造耐力上の安全性にかかわる重大な瑕疵があり建物自体が社会経済的価値を有しない場合、損害額から居住利益を控除することができないとされた事例

2 上告人、被上告人

上告人	㈱Y1不動産・Y2施工・㈱Y3設計事務所・Y4設計者
被上告人	買主X1・買主X2
裁判所	最高裁 平21(受)第1742号
判決年月日	平22・6・17 第1小法廷判決、上告棄却
関係条文	民法709条

3 判決主文

本件上告を棄却する。

4 事案概要

新築建物を購入した被上告人買主X1、同X2は、当該建物に重大な瑕疵があるとして、建物の施工業者等に対して、不法行為に基づき、建て替え費用相当額の損害賠償請求を求めた。これに対し、建物の売主であるY1不動産らが、買主の引渡し後の当該建物への居住利益及び本件建物を建て替えて耐用年数の伸長した新築建物を取得するということが

利益に当たると主張し、これを損益相殺等の対象として損害額から控除することが許されるか否かが争われた。

（原審の判断）

上告人の不法行為責任を肯定した上、本件建物の建て替えに要する費用相当額の賠償責任を認めるなどして、被上告人らの請求を各1,564万円及び遅延損害金の支払を求める限度で認容すべきものとした。

（上告人の主張）

本件建物に居住していたという利益や、被上告人らが本件建物を建替えて耐用年数の伸長した新築建物を取得するという利益は、損益相殺の対象として、建て替えに要する費用相当額の損害額から控除すべきである。

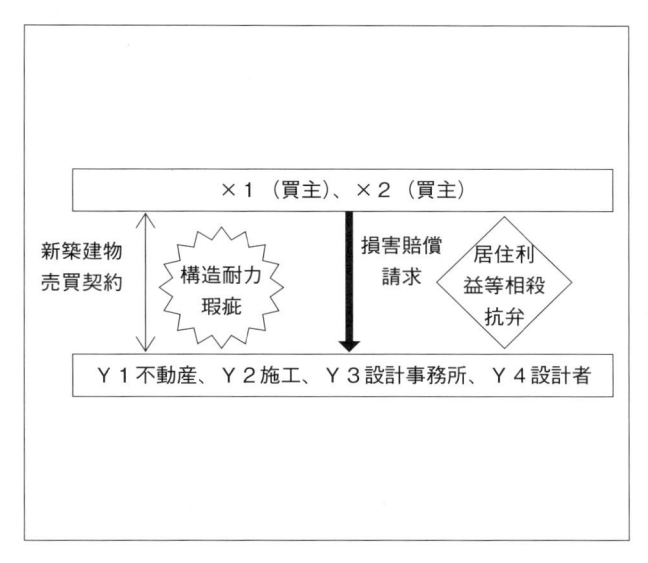

```
        ┌─────────────────────────┐
        │   Ｘ１（買主）、Ｘ２（買主）  │
        └─────────────────────────┘
 新築建物    構造耐力    損害賠償   居住利
 売買契約    瑕疵        請求       益等相殺
                                    抗弁
        ┌─────────────────────────┐
        │ Ｙ１不動産、Ｙ２施工、Ｙ３設計事務所、Ｙ４設計者 │
        └─────────────────────────┘
```

5 裁判所の判断

構造耐力上の安全性にかかわる重大な瑕疵があるというのであるから、これが倒壊する具体的なおそれがあるというべきであって、社会通

念上、本件建物は社会経済的な価値を有しないと評価すべきものであることは明らかである。そうすると、被上告人らがこれまで本件建物に居住していたという利益については、損益相殺ないし損益相殺的な調整の対象として損害額から控除することはできない。被上告人らが、社会経済的な価値を有しない本件建物を建て替えることによって、結果的に耐用年数の伸長した新築建物を取得することになったとしても、これを利益とみることはできず、そのことを理由に損益相殺することはできない。

6　本件判決の意義

　本判決は、居住利益等の控除の可否について、最高裁が初めて一定の判断を示したものである。とくに、損害額から居住利益等を控除できない場合の要件につて判示しており、構造耐力上の安全性を欠くことを理由として建て替え費用相当額の損害賠償請求がされる例は多く、実務上重要な意義を有する。

7-6 報酬債権と瑕疵修補に代わる損害賠償請求との相殺の可否に関する損害賠償請求及び請負代金請求事件

1 事件内容

相互に債権額の異なる請負人の注文者に対する報酬債権と注文者の請負人に対する目的物の瑕疵修補に代わる損害賠償債権とを相殺することが認められた事例

2 上告人、被上告人等

上告人	Y建設（請負人）
被上告人	X（注文者）
裁判所	最高裁 昭52(オ)1306号・1307号
判決年月日	昭53・9・21 第1小法廷判決、上告・附帯上告棄却
関係条文	民法505条、533条、634条

3 判決主文

本件上告及び附帯上告を棄却する。

4 事案概要

被上告人Xは、上告人Y建設（建築会社）に対し店舗兼居宅の設計、建築を1,600万円で注文した。その後、追加変更工事もあって、1,606万円をY建設に支払った。しかし、Xは、Y建設の引き渡した本件工事の目的物には瑕疵があるとし、瑕疵修補に代わる損害賠償として395万円を請求し、第二審において、予備的にY建設の工事報酬金との相殺を主

7 - 6

張した。

　他方、Y建設は、Xに対して工事残代金248万円を要求した。

（原審の判断）

　Xの損害賠償債権78万円、Y建設の工事残代金債権70万円を認め、両債権は対当額で相殺により消滅し、XはY建設に対し7万円を支払うことを命じる。

（上告人の主張）

　抗弁権の付着する債権を自動債権とする相殺は債務の性質上許されない場合にあたる。従って、X主張の相殺を認めた原審は違法である。

（被上告人の主張）

　本件工事の目的物には瑕疵があるため、瑕疵修補に代わる損害賠償として395万円余を請求する。なお、予備的主張としてY建設の工事報酬債権と相殺する。

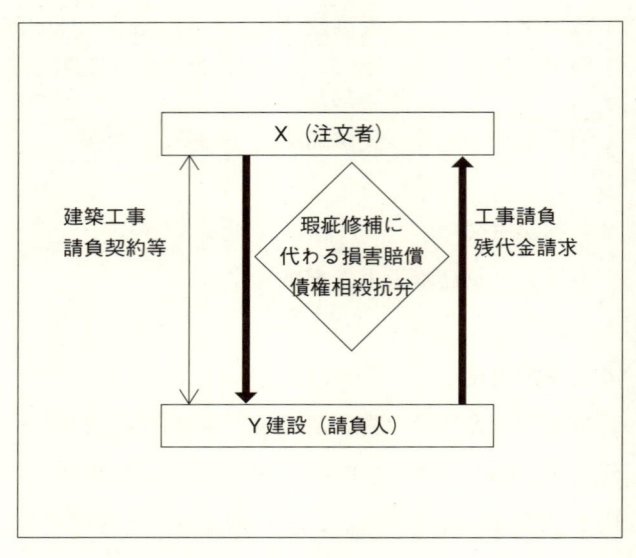

5　裁判所の判断

　瑕疵ある目的物の引渡しを受けた注文者が、請負人に対し取得する瑕疵修補に代る損害賠償請求権は、実質的、経済的には請負代金を減額し、請負契約の当事者が相互に負う義務につき、その間に等価関係をもたらす機能を有するのであって、しかも、請負人の注文者に対する工事代金債権と注文者の請負人に対する瑕疵修補に代わる損害賠償債権は、ともに同一の原因関係に基づく金銭債権である。この実質関係に着目すると、当該両債権は同時履行の関係にあるとはいえ、相互に現実の履行をさせなければならない特別の利益があるものとは認められず、両債権のあいだで相殺を認めても、相手方に対し抗弁権の喪失による不利益を与えることにはならないものと解される。むしろ、このような場合には、相殺により精算的調整を図ることが当事者双方の便宜と衡平にかない、法律関係を簡明ならしめるゆえんでもある。この理は、相殺に供される自動債権と受動債権の金額に差異があることにより異なるものではない。

　したがって、本件工事代金債権と瑕疵修補に代る損害賠償債権とはその対等額による相殺を認めるのが相当である。

6　本件判決の意義

　民法634条2項は、瑕疵修補に代え、または瑕疵修補と共にする損害賠償債権と請負報酬金債権とが同時履行の関係にあると規定している。この両債権が同時履行の関係に立つとすると、相互に抗弁権の付着する債権を自動債権とすることになるため、その相殺の可否の議論がなされ、特に双方の債権額に差異がある場合には見解が分かれていた。建物の請負契約においては、本件のようなトラブルは生じがちであり、相殺の可否にについて最高裁が決着をつけたものとして実務上参考になろう。

7－7　瑕疵修補に代わる損害賠償請求の損害賠償算定基準時について争われた請負代金本訴、損害賠償請求反訴請求事件

1　事件内容

請負契約の目的物の瑕疵修補に代わる損害賠償請求の損害額算定基準時について損害賠償請求時と判断された事例

2　上告人、被上告人等

上告人	Y注文者
被上告人	X建設（請負人）
裁判所	最高裁　昭53（オ）924号
判決年月日	昭54・2・2　第2小法廷判決、上告棄却
関係条文	民法634条

3　判決主文

本件上告を棄却する。

4　事案概要

工事の請負人である被上告人X建設は、注文者である上告人Yに対して請負工事代金残額300万円及び追加工事代金96万円の支払を請求（本訴）し、他方Yは、X建設の請負契約不履行に基づく損害賠償債権及び請負工事の瑕疵に基づく瑕疵修補に代わる工事残代金債権と対等額につき相殺の主張をした上、相殺後の支払を請求（反訴）した。

Yは、第一審では瑕疵修補に代る損害賠償額を308万円としていたと

ころ、控訴審で、裁判係属中に諸物価の異常な高騰や貨幣価値の急激な変動があったとして瑕疵修補に代る損害賠償額を456万円に増額した。これに対して控訴審は、増額部分を認めなかったのでYが上告した。

（上告人の主張）

原審において、瑕疵修補に代わる損害賠償額を増額して反訴請求の趣旨を拡張した。原審の判断は、もともとの請負代金が900万円であるのに、その瑕疵修補に代わる損害賠償額が請負代金の50％を超す456万円となっているのは均衡を失すると考えたものと思われる。しかし、それはYがその損害賠償額を算定した時期から、約5年8月の経過があり、諸物価の異常な昂騰、貨幣価値の急激な変動があったためであり、合理的な理由がある。

（被上告人の主張）

請負契約における仕事の目的物の瑕疵につき、注文者が請負人に対し、予め修補請求をすることなく直ちに瑕疵修補に代わる損害賠償の請求をした場合には、前記請求の時を基準として損害賠償額を算定すべきものであると解するのが相当である。

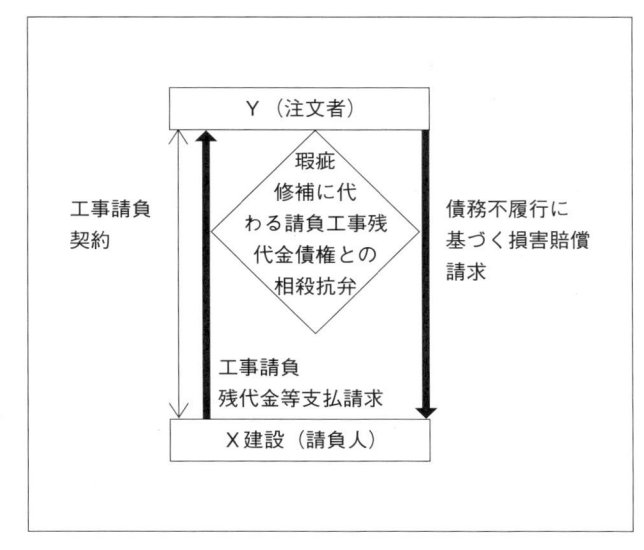

5　裁判所の判断

請負契約における仕事の目的物の瑕疵につき、注文

者が請負人に対し、あらかじめ修補の請求をすることなく直ちに瑕疵修補に代わる損害賠償の請求をした場合には、前期請求の時を基準として損害賠償を算定すべきものであると解するのが相当である。従って、注文者が瑕疵修補に代わる損害賠償を請求したのち年月を経過し、物価の高騰等により請求の時における修補費用より多額の費用を要することとなったとしても、注文者は請負人に対し増加後の修補費用を損害として費用相当額の賠償の請求をすることは許されない。

6 本件判決の意義

本判決は、民法634条2項による損害額算定の基準時につき、予め修補請求をすることがなく直ちに修補に代る損害賠償を請求した場合、損害賠償請求時とする旨を明らかにしたものである。予め修補請求をしたが、これに応じないので修補に代る損害賠償を請求した場合の損害額算定の基準時も修補請求時（最判 昭36・7・7）とする判例とともに、請求時後の物価の高騰等による修補請求の増大を斟酌することは許されないことを明示したものであり、実務上参考になろう。

7　瑕疵担保責任

7－8　修補を請求せずに直接瑕疵修補に代わる損害賠償を請求することの可否及び相殺の意思表示の効果発生時について争われた損害賠償請求事件

1　事件内容

瑕疵修補が可能な場合において修補を請求せずに直接瑕疵修補に代わる損害賠償を請求することが認められ、また対立する債権につき相殺計算をする場合における債権額確定の基準時及び瑕疵修補に代わる損害賠償債権の発生時期が目的物引渡時とされた事例

2　上告人、被上告人等

上告人	826号X建設（請負人）、827号㈱Y（注文者）
被上告人	826号㈱Y（注文者）、827号X建設（請負人）
裁判所	最高裁　昭53(オ)826号・827号
判決年月日	昭54・3・20 第3小法廷判決、変更（826号）、上告棄却（827号）
関係条文	民法506条、634条

3　判決主文

本件上告を棄却する。（826号）

原判決を次のように変更する。（827号）

① 上告人Yは、被上告人X建設に対し、153万円及びこれに対する年6分の割合による金員を支払え。

② 被上告人X建設は、上告人Yに対し、60万円及びこれに対する年6分の割合による金員を支払え。

4　事案概要

　X建設は、Yから居宅建物の周囲の鉄筋コンクリート塀の築造工事を請け負った。8割方完成した段階で約定に基づき出来高による代金を請求したところ、Yが支払をしないため、債務不履行を理由に契約を解除した上、右代金相当額の損害を被ったとして損害賠償を請求した。これに対してYは、本件の塀の築造工事以前に本件居宅建物の建築をX建設に請け負わせて工事を完成させたが、この建築請負工事に瑕疵があり、この修補に要した代金は修補に代わる損害賠償債権となるべきものであるとして、これを自働債権として、X建設主張の債務不履行を理由とする損害賠償債権との間で対当額により相殺する旨主張した。

（原審の判断）

　Yは瑕疵修補によって57万円余の損害賠償債権を取得したとして、X建設の請求債権として認められた210万円余との間での相殺を認めた上、X建設の一部勝訴判決を言い渡した。

（X建設の主張）

　本件工事と異なる別の請負契約に基づく工事瑕疵について修補請求をせずに損害賠償請求をし、この損害賠償請求金額と本件工事残代金とを相殺をすることは許されない。（826号）

　Yが行った相殺の意思表示の効果は、相殺を行った日をもって効果が生じたとする原審の判断に違法はない。（827号）

（Yの主張）

　相殺適状の時期に関する原審の判断には誤りがある。（827号）

7 瑕疵担保責任

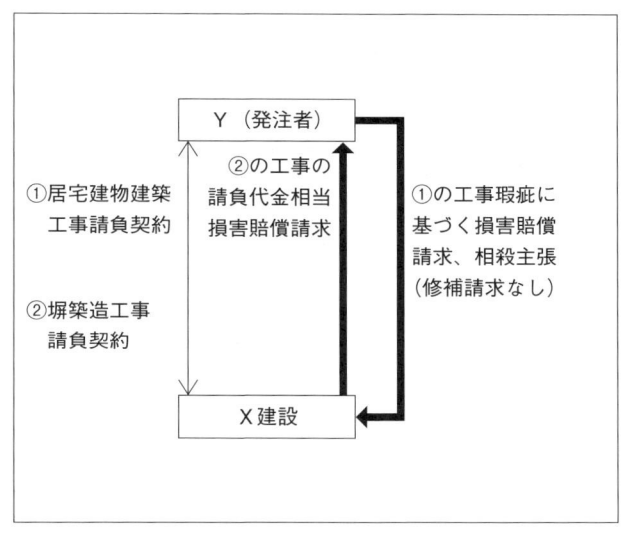

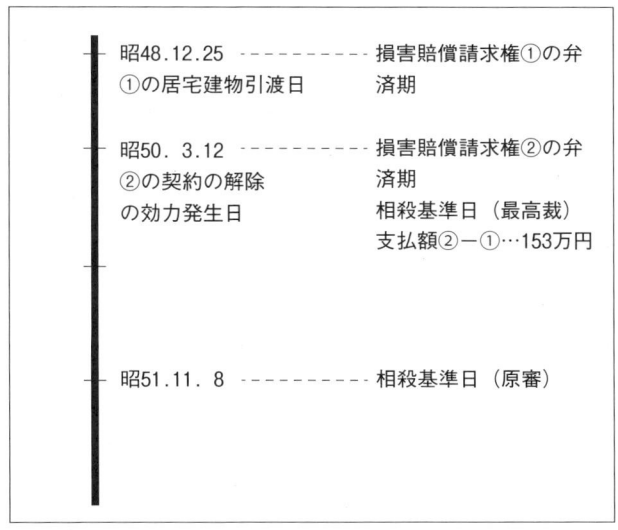

```
         Y（発注者）
      ↑         ↑
①居宅建物建築  ②の工事の     ①の工事瑕疵に
工事請負契約   請負代金相当   基づく損害賠償
           損害賠償請求    請求、相殺主張
                       （修補請求なし）
②塀築造工事
請負契約
      ↓         ↓
         X建設
```

```
├ 昭48.12.25  ---------- 損害賠償請求権①の弁
  ①の居宅建物引渡日        済期

├ 昭50．3.12  ---------- 損害賠償請求権②の弁
  ②の契約の解除            済期
  の効力発生日             相殺基準日（最高裁）
                        支払額②－①…153万円


├ 昭51.11．8  ---------- 相殺基準日（原審）
```

5　裁判所の判断

　仕事の目的物に瑕疵がある場合には、注文者は、瑕疵の修補が可能なときであっても修補を請求することなく、直ちに修補に代わる損害の賠

187

償を請求することができるものと解すべく、これと同旨の見解を前提とする原判決に所論の違法はない。(826号)

相殺の意思表示は双方の債務が互いに相殺をするに適するにいたった時点に遡って効力を生じるものであるから、その計算をするに当たっては、双方の債務につき弁済期が到来し、相殺適状となった時期を基準として双方の債権額を定め、その対等額において差し引き計算をすべきものである。

本件についてこれを見るのに自働債権である上告人Yの被上告人X建設に対する債権は、民法634条2項所定の損害賠償債権であるから、Yにおいて注文にかかる建物の引渡を請けた時（昭和48年12月25日）に発生したもので、しかも期限の定めのない債権としてその発生時期から弁済期にあるものと解すべきである。他方、受動債権であるX建設のYに対する損害賠償債権の効力は昭和50年3月12日に発生したものと認められる。

従って、両債権は請負契約につき解除の効力が生じた昭和50年3月12日に相殺適状になったものであるから、Yが昭和51年11月8日にした相殺の意思表示により、昭和50年3月12日に遡って相殺の効力が生じたものと言うべきである。

原審は、昭和51年11月8日の時点における双方の債権額を計算して差引計算しており、相殺の効力に関する民法506条2項の規定の解釈適用を誤ったものである。(827号)

6 本件判決の意義

本件は、瑕疵の修補が可能な場合でも、直ちに修補に代る損害賠償請求が許されること、及び相殺の意思表示は相殺適状時に遡及することを明らかにした最高裁の判例として参考になろう。

7-9 相殺後の報酬残債務の履行遅滞の基準日について争われた請負工事代金請求事件

1 事件内容

請負人の報酬請求に対し、注文者が瑕疵修補に代わる損害賠償債権を自働債権として相殺の意思表示をした場合、注文者は相殺後の報酬残債務について相殺をした日の翌日から履行遅滞による責任を負うとされた事例

2 上告人、被上告人等

上告人	Y（注文者）
被上告人	X建設（請負人）
裁判所	最高裁 平5（オ）2187号・同9（オ）749号
判決年月日	平9・7・15第3小法廷判決　一部破棄自判一部上告棄却
関係条文	民法412条、506条2項、533条、634条2項

3 判決主文

原判決を次の通り変更する。

上告人Yは被上告人X建設に対し694万円及び平成3年3月5日から支払い済みまでの年6分の割合による金員を支払え。

4 事案概要

被上告人X建設は、上告人Yとの間で昭和58年10月4日ホテルの新築工事を報酬　9,800万円で請負うとの契約を締結した。その後、二度の追加工事が行われたが、工事は追加工事を含め昭和59年4月17日に完成

7 - 9

し、引渡がなされた。Yは、本件工事には防水等の瑕疵があることを理由として、報酬のうち8,000万円を支払ったのみで残額金2,593万円の支払いに応じない。

　Yは、平成3年3月4日の口頭弁論期日に、瑕疵修補に代わる損害賠償債権を自働債権として、X建設の請負代金債権とを対当額で相殺する旨の意思表示をした。

（原審の判断）

　相殺後の報酬残債務は相殺適状になった日の翌日から遅滞に陥るとして、引渡し日の翌日（昭和59年4月18日）から遅延損害金の支払を命じる。

（上告人の主張）

　請負残代金債権と相殺の抗弁にかかる瑕疵修補請求に代わる損害賠償債権は、民法634条2項に定めるとおり、同時履行の関係にある。この場合、同時履行の関係にあるのは両債権の対当額についてだけではなく、両債権の額の大小にかかわらず両債権は互いにその金額の全部につき同時履行の関係にあると解すべきである。この観点からすれば、相殺後の残額債務について相殺適状時に遡って遅滞が生ずると解することは、同時履行の抗弁権の制度趣旨に反するものである。

（被上告人の主張）

　請負残代金債権と相殺の抗弁にかかる瑕疵修補請求に代わる損害賠償債権は、民法634条2項に定めるとおり、同時履行の関係にあるが、その法律上の効果は、両債権の額に差異がある場合、両債権は互いにその対等額にて相殺適状時に遡って効果が生ずべきものである。従って、相殺後の残額債務については、相殺適状時に遡って遅滞が生じると解すべきである。

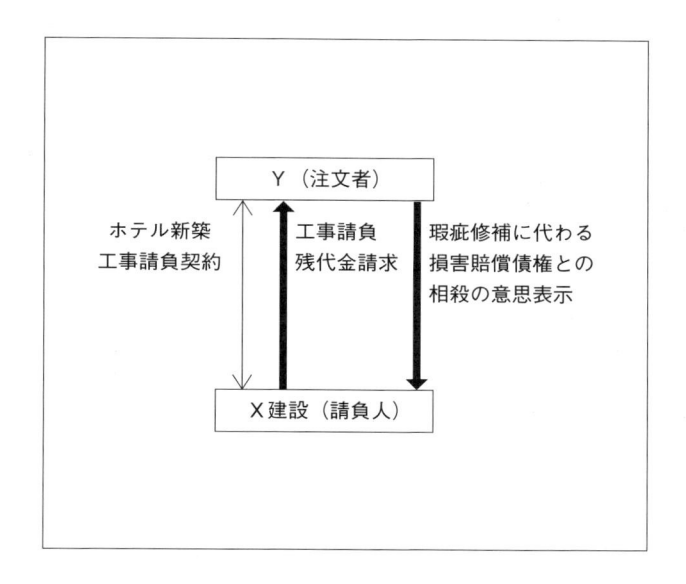

```
                    Y（注文者）
        ┌──────────┐
ホテル新築  │  工事請負  │ 瑕疵修補に代わる
工事請負契約│  残代金請求│ 損害賠償債権との
        │          │ 相殺の意思表示
        └──────────┘
                    X建設（請負人）
```

5　裁判所の判断

　請負人の報酬請求権に対し注文者がこれと同時履行の関係にある目的物の瑕疵修補に代わる損害賠償請求債権を自動債権とする相殺の意思表示をした場合、信義則に反すると認められる特段の事情がない限り、注文者は、請負人に対する相殺後の報酬残債務について、相殺の意思表示をした日の翌日から履行遅滞による責任を負う。

6　本件判決の意義

　本判決は、報酬債権と瑕疵修補に代わる損害賠償債権とは原則としてその全額が同時履行の関係に立つという最高裁判例（最判 平9・2・14）を前提としている。その上で、相殺の遡及効について、相殺の意思表示により注文者の損害賠償債権が相殺適状時に遡って消滅したとしても、相殺の意思表示をするまで注文者が報酬債務の全額について履行遅滞による責任を負わなかったという効果に影響はないと解すべきであ

191

7－9

り、注文者は、相殺後の報酬残債務について、相殺の意思表示をした日の翌日から履行遅滞による責任を負うと、最高裁が初めて判断したものであり、その実務的な意義及び重要性は大きい。

7-10 少額の瑕疵の存在を理由に同時履行の抗弁権が認められるか否かについて争われた建築工事請負残代金請求控訴事件

1 事件内容

46万円の少額の瑕疵の存在を理由にした同時履行の抗弁権により1,300万円の残代金の支払を拒絶できるか及び工事残代金債権の一部が瑕疵修補に代わる損害賠償債権と相殺された後の工事残代金債権が履行遅滞に陥る時期について争われた事例

2 控訴人、被控訴人等

控訴人	Y（注文者）
被控訴人	X建設（請負人）
裁判所	福岡高裁 平8（ネ）825号
判決年月日	平9・11・28 民3部判決、控訴棄却（確定）
関係条文	民法412条、506条、533条、634条

3 判決主文

本件控訴を棄却する。

4 事案概要

控訴人Yと被控訴人X建設は、平成5年2月頃、X建設を請負人として代金額3,741万円で本件建物を建築する工事請負契約を締結した。X建設は、同年12月31日頃までに本件建物を完成し引き渡した。YはX建設に対して2,416万円しか払わなかったため、X建設は残金1,325万円及

びこれに対する遅延損害金の支払を求めて提訴した。

（被控訴人の主張）

　本件建物には、修補に46万円余を要する限度の瑕疵はある。

　Yは、既に原審において、瑕疵修補に代わる損害賠償請求権を選択したから、もはや瑕疵修補請求権を選択することは出来ないので、Yの瑕疵修補請求権は権利の濫用として許されない。なお、瑕疵修補の請求は控訴審になって初めて主張されたものであり、時機に遅れた攻撃防御方法でもある。

（控訴人の主張）

　本件建物には瑕疵があるので、Yは、この瑕疵の修補がなされるまで請負代金の支払を拒絶する。

　この瑕疵の修補には245万円を要するから、YはX建設に対し同額の瑕疵修補に代わる損害賠償債権を有する。そこで、Yは、予備的にX建設に対して、この損害賠償債権を自働債権として、本件請負代金債権と対等額で相殺する。

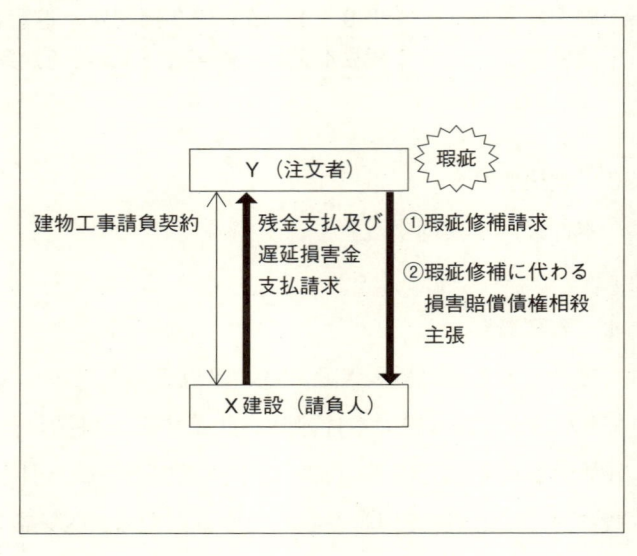

5　裁判所の判断

本件建物には、隙間があるなどの瑕疵があるが、その修補に要する金額は　46万円と認められる。

瑕疵及びその修補請求は軽微であること、Ｙは当初から一貫して瑕疵修補に代わる損害賠償債権の金額を本件請負代金から減額するように求めていたに過ぎず、同時履行の抗弁権を確定的に主張したのは控訴審の審理の終結間際であったことに照らすと、Ｙが瑕疵修補を求めて本件請負代金全額の支払を拒むことは信義則に反して許されない。

本件瑕疵は軽微なものであること等から、瑕疵修補に代わる損害賠償と請負工事残代金債権全額との同時履行関係を認めることは信義則に反するので、工事残代金債権から損害賠償額を控除した額については、約定の弁済期経過後から履行遅滞になる。

6　本件判決の意義

最判 平9.2.14は、請負契約の注文者が瑕疵の修補に代る損害賠償債権をもって請負代金債権全額につき同時履行の抗弁権を主張できるのが原則であるとしつつ、請負代金債権全額の支払を拒むことが信義則に反するときはこの限りではないとしている。

この判決を前提にしてみると、本判決は、どのような場合に信義則上同時履行の抗弁を主張できないのか、また、いつ履行遅滞に陥るのかを示したものであり、実務的に重要な事例である。

7－11　報酬債権と瑕疵修補に代わる損害賠償債権との相殺の可否に関する工事代金預託等請求事件

1　事件内容

請負工事の目的物の瑕疵修補に代わる損害賠償債権と工事代金債権との相殺が許されないとされた事例

2　上告人、被上告人等

上告人	Y（注文者）
被上告人	X（Yの弁護士）
裁判所	最高裁　昭53（オ）765号
判決年月日	昭53・11・30　第1小法廷判決、上告棄却
関係条文	民法505条、634条

3　判決主文

本件上告を棄却する。

4　事案概要

上告人Yと訴外A（請負業者）は建築請負契約を締結した。両者の間に工事代金をめぐる紛争が生じたため、Yは被上告人X（弁護士）に紛争解決を依頼した。その結果、Xの尽力により和解が成立し覚書が作成された。

「YはAに8,950万円を支払う。既払いの3,000万円を控除した残額5,950万円のうち5,500万円を即時に支払い残金450万円はAが覚書で定

める内容の修補を履行したことをＸが確認したときＸがＡに対して支払う。Ｘの支払に備え、Ｙは予めＸにＹ振出しの小切手を預託する。」の覚書に基づき、Ｙは即日小切手一通をＸに交付したが、Ｘは紛失等を懸念して同小切手をそのままＹに渡してその保管を依頼した。

　訴外Ａは、覚書所定の修補を完了したとしてＸに対して預託金の支払いを求めた。Ａは、預託金を保管していたＹに対しても小切手の返還並びにＸに対して450万円の預託をするよう求めた。

（被上告人の主張）

　Ｙは、本件小切手をＸに返還するか、又は現金450万円を預託せよ。

　Ｙに対するＡの残代金債権は、消滅時効にかかっていない。

　Ｙは、Ａに対する瑕疵修補に代わる損害賠償債権とＡの工事残代金債権を相殺することはできない。

（上告人の主張）

　小切手450万円の預託は、本件ビルの構造図等の書類の引渡と同時履行の関係に立つものと覚書に定められている。

　ＡのＹに対する工事代金債権は、覚書の修補工事を終了すべき時から３年の消滅時効にかかっている。

　Ａの本件工事には瑕疵があり、その瑕疵修補の損害は887万円余であり、この損害賠償債権とＡの工事残代金債権450万円とを対等額で相殺する。

　覚書に基づく預託契約は、Ａの債務不履行を理由に解除する。

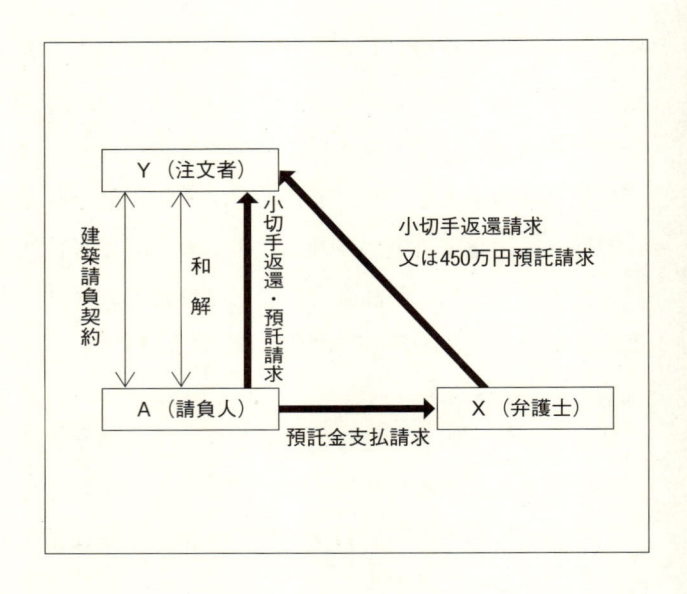

5　裁判所の判断

　Aの残代金債権の消滅時効については、YがXに対する預託金の預託義務を履行するまではその進行を開始しない。また、紛争の発端である工事の瑕疵に関し、覚書でAがなすべき修補工事の内容を特定したうえ、その修補等の義務履行の有無をめぐり紛争が再発することを防止するため、Yにおいて予めXに残代金450万円を預託した。そして、Aが修補義務を履行したかどうかの確認をXに委ね、Xがその判断によって当該預託金をAに支払うことを承認するとともに、覚書所定の諸事項の履行により本件ビル建築工事に関し、AとYはそれぞれ相互に一切の請求権を放棄する旨を約定したものである。このように修補義務の履行の有無についても、その認定権限についても確定的にXに与えたのである。従って、XがAの不履行を認めていない本件では、Yが自己独自の判断に基づいてAに対して修補義務不履行を主張してその責任を問うことは出来ない。よって、Yの相殺の抗弁を排斥した原判決の判断は正当

である。

6 本件判決の意義

　請負工事契約において、瑕疵修補に代わる損害賠償請求権と請負報酬金債権とは、同時履行の関係に立つ（民法634条2項）が、両債権における相殺は判例で認められている（最判　昭51・3・4）。このような中にあって、本件は、当事者間で修補義務の履行の有無についての認定権限を確定的に与えられたXがAの不履行を認めていないという事情がある場合においては、相殺は許されないと判示したものであり、相殺が許されない一例を示したものとして意味がある。

7-12 完成後の瑕疵か又は未完成の建物かを争点とした請負代金請求事件

1 事件内容
個人住宅に関し、請負における工事の未完成か、完成後の目的物の瑕疵かが争点となり、その判断基準が明らかにされた事例

2 原告、被告等

原告	X住宅販売㈱（請負人）
被告	Y（注文者）
裁判所	東京地裁 昭51(ワ)9748号
判決年月日	昭57・4・28 民4部判決、認容（控訴）
関係条文	民法632条、634条

3 判決主文
被告は原告に対し、原告が建物を引渡すのと引き換えに、777万円と年6分の割合による金員を支払え。

4 事案概要
原告X住宅販売は、被告Yとの間に、請負代金 1,777万円（代金支払方法契約時500万円、上棟時500万円、建物引渡し時777万円）とする住宅新築工事請負契約を締結した。

X住宅販売は、工事を完了し本件建物を完成したと主張する。また、X住宅販売は、Yから請負代金1,777万円のうち、1,000万円を受け取った。

（原告の主張）

本件建物を完成したが、被告が残代金を支払わないので請求する。

（被告の主張）

外観からは完成しているように見えるが、杜撰な部分や設計どおりの施工をしていない部分があるので、不完全な工事を補修するとともに、設計図どおりやり直さない限り、完成したとはいえない。

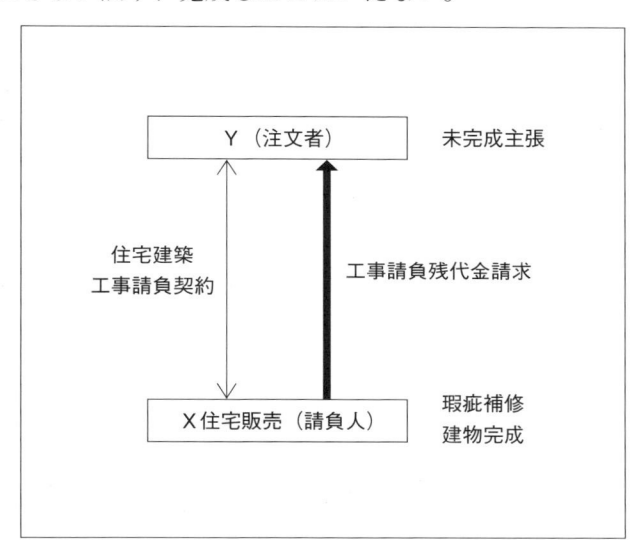

5 裁判所の判断

一般的にいかなる場合に建物が完成したといえるかは、民法がその瑕疵が隠れたものであるか否かをとわないで、瑕疵修補請求を認めるなど、請負人に厳格な瑕疵担保責任を課しているのは、一方では注文者に完全な目的物を取得させるためであるが、他方では、それによって請負人の報酬請求権を確保するためである。目的物が完成しないと請負人は報酬を請求し得ないため、民法は請負人に重い瑕疵担保責任を課して注文者を保護する一方、それとの均衡からできるだけ目的物の完成をゆる

やかに解して請負人の報酬請求を確保させ、不完全な点があれば後は瑕疵担保責任の規定（民法634条）によって処理しようと考えているのである。（ほんの些細な瑕疵があるために請負人が多額の報酬債権を請求できないとすれば、あまりに請負人にとって酷である。）

　目的物が不完全である場合に、それが仕事の未完成と見るべきか、又は仕事の目的物に瑕疵があるものと見るべきかは、工事が途中で中断し、予定された最後の工程を終えない場合は、仕事の未完成ということになるが、他方予定された最後の工程まで一応終了し、ただそれが不完全なため補修を加えなければ完全なものとはならないという場合には、仕事は完成したが、仕事の目的物に瑕疵があるときに該当するものと解する。

　これを本件についてみると、被告Yの主張する不完全工事は、仕事の目的物の瑕疵に当たるというべきである。また、鑑定の結果によれば、割栗が入っていないが、基礎工事としては、べた基礎、一部連続フーチング基礎、鉄筋コンクリート造りで一応の工程が終了していることが認められる。瑕疵は、補修工事を完了している。

　すると、本件建物が完成していないことを理由にしては、被告Yは原告X住宅販売に、建物の受領と請負残代金の支払いを拒むことは出来ない。

6　本件判決の意義

　仕事の未完成と目的物の瑕疵とを区別する判断基準について、「工事が途中で中断し、予定された最後の工程を終えない場合は、仕事の未完成ということになるが、他方予定された最後の工程まで一応終了し、ただそれが不完全なため補修を加えなければ完全なものとはならないとい

う場合には、仕事は完成したが、仕事の目的物に瑕疵があるときに該当するものと解する。」とし、いわゆる「工程一応終了説」の立場の事例である。東京高判 昭36・12・20と同旨を述べ、これを適用した事例として参考になる。

7-13　車庫に瑕疵がある住宅に関する建築請負契約の損害賠償請求事件

1　事件内容

車庫に乗用車の出入が出来ない瑕疵がある住宅に関し、請負契約約款に基づく注文者の契約解除権は適用されないとされた事例

2　原告、被告等

原告	X（個人・注文者）
被告	㈲Yハウジング（請負人）
裁判所	東京地裁　昭63（ワ）12731号
判決年月日	平3・6・14 判決
関係条文	民法632条

3　判決主文

被告Yハウジングは原告Xに対し、90万円及び年5分の割合による金員を支払え。

原告Xは被告Yハウジングに対し、495万円及び年6分の割合による金員を支払え。

4　事案概要

原告X（注文者）は、自宅を新築するために本件土地を購入した。Xには家族4人が各自の部屋を持てるということ、車庫を設けることなどの希望条件があり、Yハウジングと相談を重ねた。その結果、希望の建物を建築するとなれば、建築基準法違反になることをXも承知のうえ、

XとYハウジングで本件請負契約を締結した。

　本件建物の工事のうち、本件車庫については、乗用車の出入りが可能かが問題となったが、Yハウジングは可能と判断して工事を続行した。しかし、実際に出来上がった本件車庫は、乗用車の入出庫ができなかった。

　Yハウジングは、Xに本件建物を引き渡したが、Xは本件建物には瑕疵がある等としてYハウジングに対して損害賠償を求め（本訴）、他方Yハウジングは Xに対して請負代金の支払を求めた（反訴）。

（原告の主張）

　本件建物には瑕疵がある。また、Yハウジングには契約約款上の損害賠償責任、債務不履行による損害賠償責任がある。

（被告の主張）

　瑕疵はXの指示に基づくものでありYハウジングは瑕疵担保責任を負わない、本件工事は完成しXに引き渡されているのでXは残工事代金を支払え。

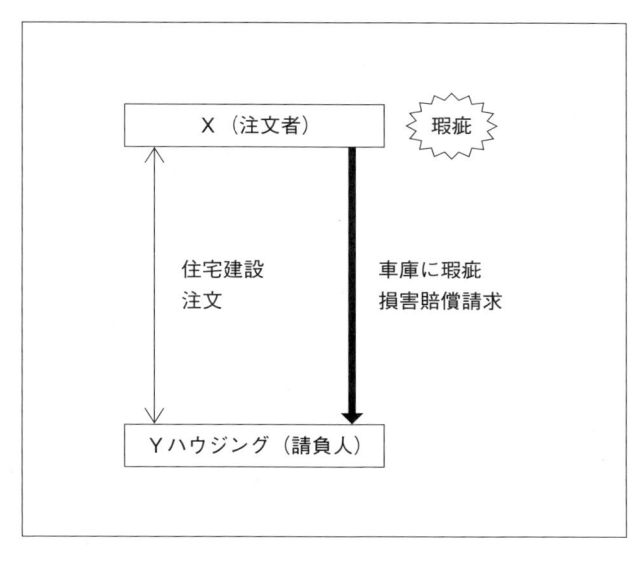

5　裁判所の判断

　被告Yハウジングが実施した本件建物の工事は、社会通念上最低限期待される性状を備えているものということはできず、瑕疵ある工事というべきである。原告Xは本件車庫の設置について強い希望を表明したと窺われるが、原告Xの指図により工事が行われたとはいえない。瑕疵による本件建物の価値の減少部分については、証拠がない。

　しかし、本件の事情の一切を考慮すれば慰藉料90万円の損害は認められる。

　他方、請負契約における仕事の完成とは、専ら請負工事が当初予定された最終の工程で一応終了し、建築された建物が社会通念上建物として完成されているかどうか、主要構造物部分が約定どおり施工されているかどうかを基準に判断すべきものとし、最終の工程が終了し、建物として、使用できる段階に達し、独立の不動産として、登記能力を具え、保存登記され、引渡を受けて入居、使用していることから、建物として完成している。従って原告Xは被告Yハウジングに対して請負工事代金を支払わなければならない。

6　本件判決の意義

　本件判決では、建設工事請負契約における仕事の完成は、専ら請負工事が当初予定された工程まで終了し建物が社会通念上建物として完成していること、主要構造部分が約定どおり施工されていることを基準として判断すべきとしている。建設工事請負契約における仕事の完成について、いわゆる「工程一応終了説」の立場を示した判例として理論的実務的に重要である。

7-14 地下横断歩道のタイル張り工事に関し、孫請会社の工事施工上の瑕疵に関する損害賠償請求事件

1 事件内容

地下横断歩道のタイル張り工事について、引渡しから約6年後にタイルの剥離等が発生した場合に、孫請会社の施工上の瑕疵につき下請負人の瑕疵担保責任が認められた事例

2 原告、被告等

原告	第1事件原告X1工業（株）（元請負人） 第2事件原告（株）X2組　（元請負人）
被告	Y産業（株）（下請負人） （株）A（被告補助参加人）（孫請負人）
裁判所	東京地裁　平17(ワ)12018号（第1事件）・平18(ワ)1388号（第2事件）
判決年月日	平20・12・24　民41部判決、一部認容一部棄却（控訴）
関係条文	民法634条、637条、638条

3 判決主文

被告（Y産業）は、第1事件原告（X1工業）に、1,239万円及び年6分の割合による金員を支払え。

被告（Y産業）は、第2事件原告（X2組）に、852万円及び年5分の割合による金員を支払え。

4 事案概要

　X1工業（第1事件原告）は、平成10年3月25日、国から請負金額1億1,655万円で地下横断歩道（その3）工事（本件工事①）を請負った。

　X2組（第2事件原告）は、平成10年7月9日、国から請負金額1億3,177万円で、地下横断道（その4）工事（本件工事②）を請負った。これらのいずれの契約も、元請契約の瑕疵担保責任期間は原則2年、故意又は重大な過失のときは10年とされていた。

　X1工業は、Y産業に対しタイル張工事一式を2,227万円で発注した。

　X2組は、Y産業に対しタイル張工事一式を4,515万円で発注した。下請契約の瑕疵担保責任期間は、完成日から2年、故意又は重大な過失がある場合は10年とされていた。

　補助参加人Aは、Y産業から3,465万円で本件工事①を請負い、平成10年10月23日までに完成させた。また、4,095万円で本件工事②を請負い、平成11年2月18日頃までに完成させ引き渡した。

　平成16年11月、本件地下道のタイル浮きやひび割れが生じ、剥落事故の恐れがあった。

（原告の主張）

　X1工業は、自ら補修工事を行ったので、その費用相当額として1,043万円の支払をY産業に請求する。

　X2組は、工事費、弁護士費用として、1,041万円を支出したので、債務不履行による損害賠償をY産業に請求する。

（被告の主張）

　不具合は、車両による振動、漏水等によって生じたもので、施工上の不備によるものではない。補修工事の費用を負担すべき者はT市である。不具合にY産業の故意過失はないから、瑕疵担保責任期間は2年である。

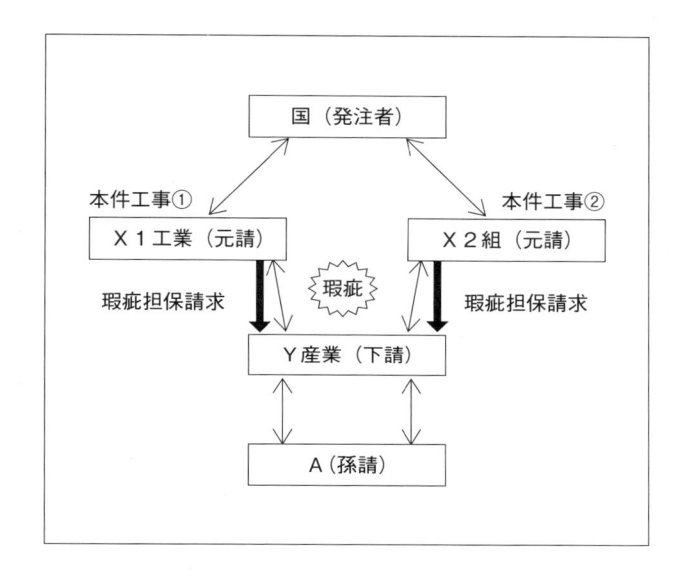

5 裁判所の判断

鑑定人の鑑定結果によれば、本件工事においては、タイル張り工事の下地モルタルの塗布、乾燥の作業に必要な手順がとられていなかった。

本件不具合は、被告Y産業及び被告補助参加人Aの施工上の不備により発生したものであり、被告Y産業には、損害を賠償する責任がある。

第一事件の下請契約の瑕疵担保責任期間は空欄となっているが、瑕疵担保責任期間を元請契約と一致させる意思であったと解するのが相当である。したがって、第一事件、第二事件とも、下請契約の瑕疵担保責任期間は、引き渡し日から原則2年間、瑕疵につき被告Y産業に故意又は重大な過失がある場合には10年となる。

本件不具合は、標準技術に達しない不適切な施工の結果であり、しかも、施工上の不備も著しいもので、被告Y産業には、重大な過失があったというべきである。よって、瑕疵担保責任期間は10年であり、本件請求はいずれも瑕疵担保責任期間内の請求である。

6 本件判決の意義

　建設工事請負契約における目的物の瑕疵について、その有無、原因の特定はなかなか難しく、裁判においても鑑定人の鑑定結果も踏まえた複雑な主張立証が行われることが、珍しくない。さらに本件は、元請負人が、孫請負人の瑕疵について下請負人に下請負契約に基づいて瑕疵担保責任を追及した事例であり、瑕疵担保請求に関する複雑な訴訟の実例としての意味がある。

7-15 ビル建築工事等に関する工事請負代金残額の支払請求事件

1 事件内容

面積又は数量が見積書より少ないものなど、総体として請負契約金額に見合う価値ある建築物を作らなかったという瑕疵の主張に対して、建物の客観的価値を認定の上、その瑕疵の存在が認められた事例

2 申請人、被申請人等

申請人（A）	第1号事件請負人、第6号事件法人発注者
被申請人（F及びG）	第1号事件発注者、第6号事件請負人
事件番号	昭和58年（仲）第1号・第6号併合事件
仲裁年月日	昭61・2・3
仲裁合意の根拠	四会連合協定契約約款（昭和50年版）第30条

3 仲裁判断主文の骨子

① 申請人Aは、被申請人Fに対し、1,129万円及び遅延賠償金を支払え。

② 被申請人Gは、申請人Aに対して、1,400万円を支払え。

4 事案概要

(1) 申請人Aの請求要旨

被申請人Fに対しビル新築工事について、また被申請人Gに対し旅館駐車場設置・造園設備工事等について、工事請負代金の残額を請求した。

(2) 被申請人（F及びG）の主張要旨

　本件建物建築工事はまだ終了しておらず、かつ建物に不完全な箇所があり未完成な建物であるから引渡しが済んでいないので、被申請人Fには、残代金支払義務はない。また、被申請人Fには、損害賠償請求権、不当利得返還請求権がある。

　被申請人Gは、工事代金1,300万円で契約を締結し、残代金800万円の支払義務しかない。

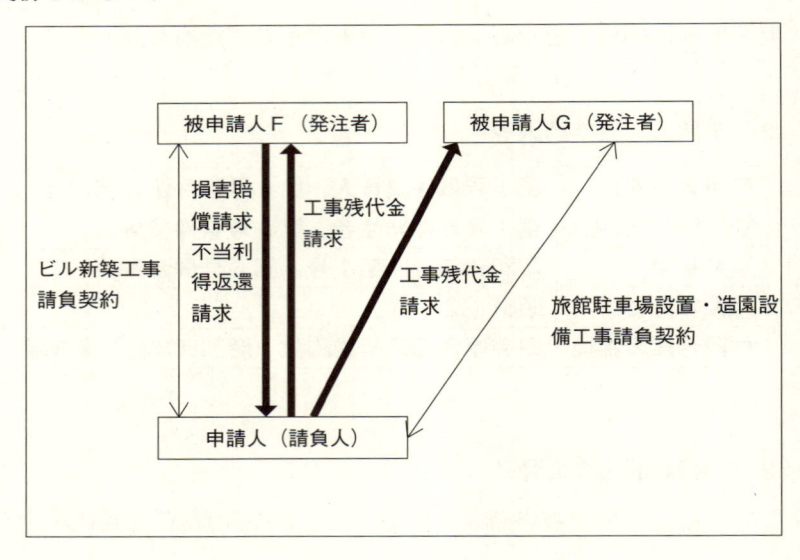

```
                  被申請人F（発注者）      被申請人G（発注者）
                        ↑↑                    ↑↑
                   損害賠 │ 工事              │
                   償請求 │ 残代              │ 工事残代金
     ビル新築工事  不当利 │ 金                │ 請求
     請負契約     得返還 │ 請求              │         旅館駐車場設置・造園設
                   請求   │                   │         備工事請負契約
                        ↓↑                    │
                     申請人（請負人）──────────┘
```

5　審査会の判断

① 申請人請求の請負残代金2,283万円と損害賠償請求債権3,153万円は、対等額で相殺できる。

② 被申請人の工事の瑕疵、損害賠償請求権、不当利得返還請求権について、個別に審査し、請求額合計1,129万円を正当として認容した。

③ （被申請人Gに係る部分）当事者間において、和解が成立し、和解の趣旨をもって仲裁判断を受け、その仲裁判断には理由を付さないこ

とについて合意されたので、理由の記載を省略して、主文の通り仲裁判断する。

6　本件仲裁の意義

面積又は数量が見積書より少ないものなど、総体として請負契約金額に見合う価値のある建築物を作らなかったという瑕疵の主張に対して、建物の客観的価値を認定の上、その瑕疵の存在を認めた。

7-16 建物の瑕疵に関する補修及び損害賠償金の請求事件

1 事件内容
請負契約上の瑕疵修補請求期間を徒過しているという請負人の主張が、瑕疵が重大なものであることを理由に退けられた事例

2 申請人、被申請人等

申請人	個人発注者
被申請人	請負人
事件番号	昭和58年(仲)第4号事件
仲裁年月日	昭61・6・12
仲裁合意の根拠	独自契約書の仲裁条項

3 仲裁判断主文の骨子
被申請人は、申請人に対し、461万円及び遅延賠償金を支払え。

4 事案概要
(1) 申請人の請求要旨

本件建物の建設工事契約を請負代金5,244万円で締結し、完成引渡しを受けたが、瑕疵があったため、修補と損害賠償を求める。

(2) 被申請人の主張要旨

請負契約上の瑕疵修補請求期間を徒過しているので、いずれも否定する。

7 瑕疵担保責任

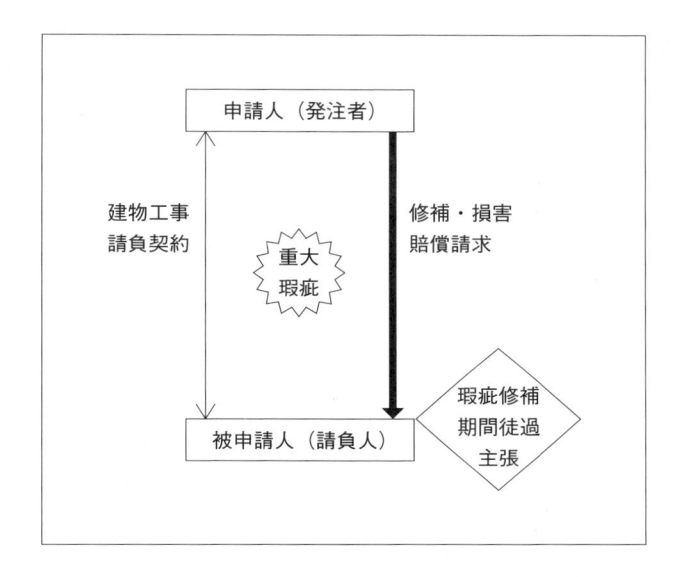

```
申請人（発注者）
　　↑　　　　　　｜
建物工事　　重大　修補・損害
請負契約　　瑕疵　賠償請求
　　↓　　　　　　↓
被申請人（請負人）　　瑕疵修補期間徒過主張
```

5 審査会の判断

① 瑕疵について個別に判断し、一部の瑕疵を認めた。
② 瑕疵による空室損害の賠償請求について、その30％を認めた。
③ 鑑定費用の賠償請求を、一部認めた。
④ 弁護士費用の請求を、当審査会の管轄でないとして退けた。

6 本件仲裁の意義

　請負契約上の瑕疵修補請求期間を徒過しているという請負人の主張を、民法640条の趣旨を引用し、瑕疵が重大なものであることを理由に退けた。

7－17　予備校校舎増築工事に関する工事残代金支払請求事件

1　事件内容

請負人の発注者に対する工事残代金支払請求に対して、発注者の瑕疵修補に代わる損害賠償請求の一部を容認し、その賠償額を差し引いた残りの金員の支払が認められた事例

2　申請人、被申請人等

申請人	8号事件請負人、9号事件法人発注者
被申請人	8号事件法人発注者、9号事件請負人
事件番号	昭和58年（仲）第8号・第9号併合事件
仲裁年月日	昭62・2・23
仲裁合意の根拠	四会連合協定契約約款（昭和50年版）第30条

3　仲裁判断主文の骨子

被申請人は、申請人に対し、1億2,000万円及び一定期間利子相当額を支払え。

4　事案概要

(1)　申請人の請求要旨

予備校校舎増築工事を、3億1,800万円と定めた請負契約を締結した。建物を完成し引き渡したが、被申請人は、残額1億3,000万円を支払わないので請求する。

(2) 被申請人の主張要旨

多くの瑕疵があるから損害賠償を請求する権利があり、1億9,000万円を請求する。

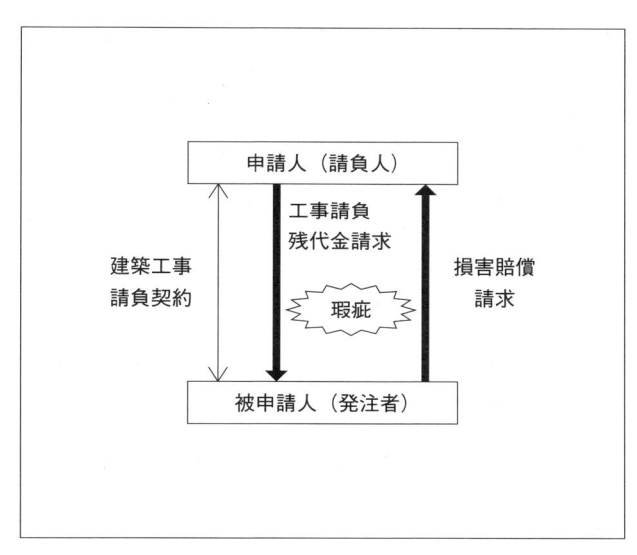

5 審査会の判断

瑕疵を1件ずつ判断したところ、使用材料及び施工法については申請人に帰すべき瑕疵はないが、メースパネルのクラック等に関しては申請人の瑕疵が認められるので、その補修工事費用1,000万円を工事残代金額より減額するのが相当である。

6 本件仲裁の意義

① 請負人の発注者に対する工事残代金支払請求に対して、発注者の瑕疵修補に代わる損害賠償請求の一部を容認し、その賠償額を差し引いた残りの金員の支払を求めた。
② 必ずしも施工が完全ではないこと、支払遅延日数の内相当部分は、

7−17

調停、仲裁手続きに要したものであること等を考慮して、違約金額を約款に定める金額の2分の1とした。

7-18 マンション建設工事に関し、発注者の建物引渡請求及び瑕疵に基づく損害賠償請求、請負人の残代金支払請求事件

1 事件内容

外観上の瑕疵及び構造上の瑕疵を建物価値の減少要因とみなし、請負人の残代金債権と相殺された事例

2 申請人、被申請人等

申請人	昭和57年第6号事件　法人発注者 昭和58年第5号事件　請負人
被申請人	昭和57年第6号事件　請負人 昭和58年第5号事件　法人発注者
事件番号	昭和57年(仲)第6号・昭和58年(仲)第5号併合事件
仲裁年月日	昭62・10・24
仲裁合意の根拠	四会連合協定契約約款（昭和56年版）第30条

3 仲裁判断主文の骨子

(1) 請負人は、発注者に対し、建物を引き渡せ。
(2) 申請人は、建物の引渡しと引き換えに、3,835万円を支払え。

4 事案概要

(1) 申請人（発注者）の請求要旨

申請人は、不動産仲介・販売会社。相手方は、設計コンサルタント・不動産売買会社。

① 建物を引き渡せ。
② 外装、内装等の外観上の瑕疵、鉄筋のかぶり圧等の不足等の構造上の瑕疵について、取り壊して再建築する場合の損害として3,719万円、立入禁止の立て札による信用毀損の損害、借入金返済期日における返済不能による損害として5,010万円を賠償請求する。
(2) 被申請人（請負人）の請求要旨
① 工事残代金を請求する。
② 申請人の損害賠償請求権が存在する場合には、工事代金遅延違約金、管理費用等で相殺する。

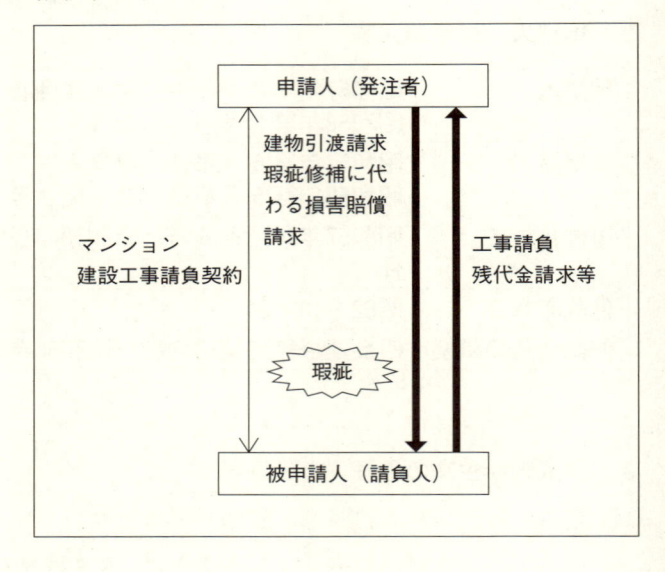

```
                    ┌─────────────────┐
                    │  申請人（発注者）  │
                    └─────────────────┘
                         │  ↓    ↑
            建物引渡請求 │       │
            瑕疵修補に代 │       │
            わる損害賠償 │       │ 工事請負
            請求         │       │ 残代金請求等
   マンション           │       │
   建設工事請負契約      │       │
                         │  瑕疵  │
                         │  ↓    │
                    ┌─────────────────┐
                    │ 被申請人（請負人） │
                    └─────────────────┘
```

5　審査会の判断

① 申請人（発注者）の、瑕疵により本件建物の商品性は全く失われたから除却して再建築するしかないとの主張は認めない。
② 外観上の瑕疵及び構造上の瑕疵を建物価値の減少要因とみなし、請負人の残代金債権との相殺を認める。

③　本件請負契約の残代金9,200万円から、申請人に支払われる損害金合計5,366万円を差し引いた3,835万円の範囲において相手方の主張は理由がある。

6　本件仲裁の意義

　発注者が建物の引渡し及び瑕疵の修補に代わる損害賠償請求を、請負人が残代金の支払を請求したのに対し、審査会は、請負人に建物の引渡しを、発注者に対しては残代金の一部の支払を命じたものであり、発注者が再建築費用としての損害金を請求したことについては、建物の企画の不備、市況の低下等の要因も存在するとして、発注者の請求を容認しなかった。

7-19 洋品店新築工事に関する瑕疵修補工事費用等の賠償請求事件

1 事件内容
　発注者が、請負人に瑕疵修補に要する工事費等の賠償を求めたのに対し、現に引渡しを受け使用していることから、瑕疵修補に代え請負代金減額事由として考慮し、発注者の請求金額が減額された事例

2 申請人、被申請人等

申請人	個人発注者
被申請人	請負人
事件番号	昭和58年(仲)第2号事件
仲裁年月日	昭63・7・25
仲裁合意の根拠	四会連合協定契約約款(昭和50年版)第30条

3 仲裁判断主文の骨子
(1) 被申請人は、申請人に対して360万円を支払え。
(2) その余の請求は棄却する。

4 事案概要
(1) 申請人の請求要旨
① 昭和55年2月22日洋品店新築工事契約を締結し、同年9月30日引渡しを受け、昭和56年4月20日までに請負代金3,600万円及び追加工事代金60万円を支払った。
② しかし、引渡し後建物を使用してみると、階段部分、ドア、配水管

等が契約に適合していないのでその補修工事費用等と土台部分の補修工事を請求した。

(2) 被申請人の主張要旨

請負契約締結に際し、設計事務所の設計に対して工事代金額が3,600万円となるようにスペック・ダウン特約が付されており、被申請人はこれに基づいて設計に適当な変更を加えて施工したので契約違反ではない。また、階段部分の変更は承諾を得ている。

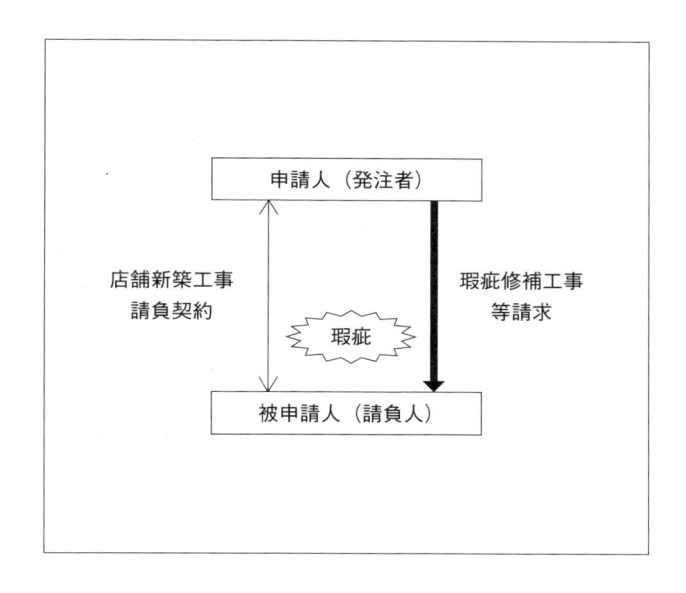

```
          申請人（発注者）
         ↑              │
店舗新築工事              瑕疵修補工事
請負契約    　瑕疵      　等請求
         ↓              ↓
         被申請人（請負人）
```

5 審査会の判断

① 第三者の要請により申請人の希望金額で契約したもので、スペック・ダウン特約の主張は採用できない。

② 階段構造の改造は技術的、経済的に不可能であり、減額理由となる。

6 本件仲裁の意義

① 発注者が、請負人に瑕疵修補に要する工事費等の賠償を求めたのに対し、現に引渡しを受け使用していることから、瑕疵修補に代え請負代金減額事由として考慮し、発注者の請求金額を減額した。
② 将来の不確定な損害に対しては、今直ちに請負代金額の減額事由として考慮することはできない、改めて当事者間で決定されるべき問題であるとした。

7 瑕疵担保責任

7−20　工場敷地造成工事に関する地盤沈下瑕疵の損害賠償請求事件

1　事件内容

　建物建築に当たり床を地中梁構造とすれば工場建物としても十分その用を果たすものであるとして、工場用地としての目的に適した土地造成工事をしなかったという主張が認められなかった事例

2　申請人、被申請人等

申請人	法人発注者
被申請人	請負人
事件番号	昭和52年(仲)第12号事件
仲裁年月日	昭63・12・14
仲裁合意の根拠	四会連合協定契約約款（昭和41年版）第29条

3　仲裁判断主文の骨子

　申請人の請求を棄却する。

4　事案概要

(1)　申請人の請求要旨

①　昭和48年10月工場敷地造成請負契約を被申請人と締結し、土地造成工事が行われ、49年7月申請外H社と工場新築工事請負契約、軟弱地盤改良工事請負契約を締結し、建物建築工事が行われた。昭和49年10月ごろより地盤沈下が始まり、工場の土間コンクリートの亀裂等の瑕疵が生じたので、補修又は損害額として1億7,133万円を被申請人に

請求する。
② 被申請人は、工場敷地という目的にあった造成工事をすべきであった。また、J社の地質調査結果の分析等を誤った。
③ 建物建築に当たっては、土間構造でなく地中梁構造にすべきである等の適切な指示を申請人に対し行うべきであった。

(2) 被申請人の主張要旨
① 軟弱層が存在し造成後の沈下が不可避なこと、沈下の責任を被申請人が負わないことを、申請人は了解していた。
② 工場建設の際に、地中梁構造とし杭も補強すべきであることを説明したが、申請人はこれを無視し土間コンクリート構造の物を申請外H社に建設させた。

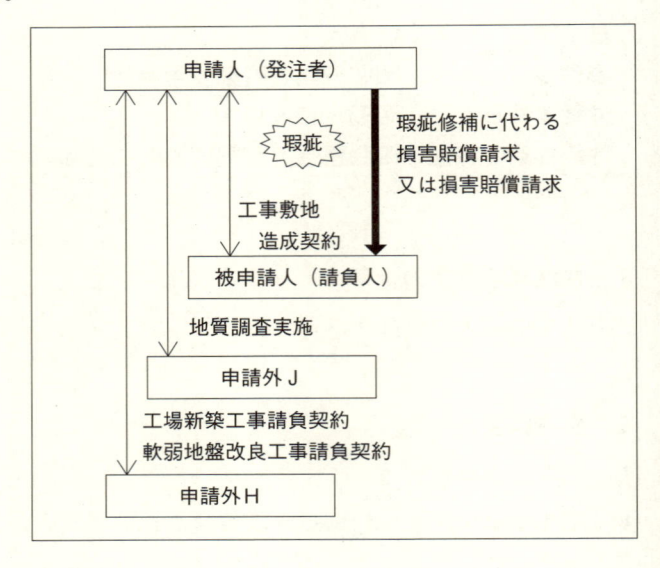

```
          申請人（発注者）
   ↑  ↑  ↑         │
   │  │  │  瑕疵    │ 瑕疵修補に代わる
   │  │  │         │ 損害賠償請求
   │  │  │ 工事敷地  │ 又は損害賠償請求
   │  │  │ 造成契約  ↓
   │  │  └──→ 被申請人（請負人）
   │  │
   │  │ 地質調査実施
   │  └──→ 申請外J
   │
   │ 工場新築工事請負契約
   │ 軟弱地盤改良工事請負契約
   └──→ 申請外H
```

5 審査会の判断
① 本件土地造成によっても、建物建築に当たり床を地中梁構造とすれば、工場建物としても十分その用を果たすものであり、工場用地とし

ての目的に適した工事をしなかったという申請人の主張は採用しがたい。
② 軟弱泥の入れ替えをしなくとも工場用地として不良造成工事とはいえない。
③ 建物工事に当たって地中梁構造にすべきである等の適切な指示を欠いていたという主張については、申請人の担当者も軟弱層の上に盛土整地した工事であることは知っていた。

6　本件仲裁の意義
審査会は、瑕疵の発生が設計に起因するものであるとして、請求を棄却した。

7-21 総合レジャービル建設工事に関する請負人からの工事残代金請求事件、発注者からの瑕疵についての損害賠償請求事件

1 事件内容

施工困難な設計・仕様に異議を唱えず施工した請負人は、工事瑕疵についてそのことをもってその責任を免れることはできないとされた事例

2 申請人、被申請人等

申請人	請負人
被申請人	法人発注者
事件番号	昭和53年(仲)第2号事件
仲裁年月日	平2・3・19
仲裁合意の根拠	四会連合協定契約約款(昭和41年版)第29条

3 仲裁判断主文の骨子

被申請人は、申請人に対し、2,797万円及び日歩10銭の金員を支払え。

4 事案概要

(1) 申請人の請求要旨
① 昭和46年12月請負代金3億2,500万円で、パチンコ、サウナ等の総合レジャービルの建築工事請負契約を締結し、その後6階を8階になどの追加工事注文があった。
② 被申請人は、請負代金残金2億3,387万円を支払わないので請求する。

(2) 被申請人の主張要旨

① 追加工事を依頼したが、工期延長、請負代金についての合意はない。

② 給配管が破裂し工事完成期日に間に合わず、営業開始予定日を遅らせた。

③ 給排水設備工事のやり直しが必要。空調設備にも瑕疵がある。4階サウナ室から3階寮室へ大量の漏水があり、修復が不十分である。

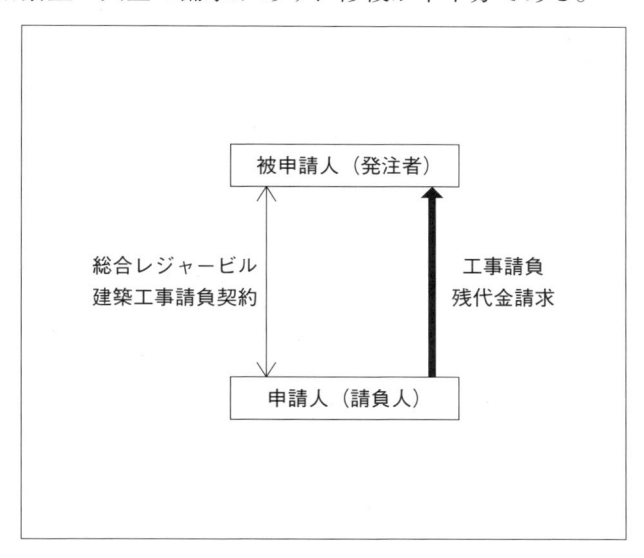

```
          被申請人（発注者）
              ↑  ↑
              │  │
 総合レジャービル    工事請負
 建築工事請負契約    残代金請求
              │  │
              ↓  │
          申請人（請負人）
```

5 審査会の判断

① 請負契約は、有効に成立、追加工事金額の合意については不明である。

　竣工検査されていないが引渡され予定の営業活動に使用されており、被申請人の建物未完成、請負代金履行期未到来の主張には理由がない。

② 4階から3階への漏水には設計者に責任があるが、その設計に異議

を唱えず施工し、給湯管破裂後も見直さなかった施工ミスがあった申請人は責任を免れない。空調設備瑕疵についても、元請負人である申請人は、相当の責任を負う。
③　その他の瑕疵は、四会連合協定契約約款22条によると、コンクリート建物の瑕疵担保責任期間は引渡し日から２年であり、瑕疵担保責任期間経過後の主張でありその修補請求権は消滅している。

6　本件仲裁の意義

施工困難な設計・仕様に異議を唱えず施工した請負人は、工事瑕疵についてそのことをもって、その責任を免れることはできないとした。

7−22 マンション新築工事に関する破産請負人の工事残代金支払請求事件

1 事件内容

発注者の工事の変更等による不当利得返還請求権及び工事瑕疵による損害賠償請求権と工事残代金等との相殺の主張に対し、減額した上で請負残代金支払いが命じられた事例

2 申請人、被申請人等

申請人	請負人破産管財人
被申請人	発注者
事件番号	昭和62年(仲)第5号事件
仲裁年月日	平2・10・2
仲裁合意の根拠	独自契約書の仲裁条項

3 仲裁判断主文の骨子

被申請人は、申請人に対し736万円と年6％の金員を支払え。

4 事案概要

(1) 申請人の請求要旨

破産会社（請負人）は、マンション建設工事を2億1,500万円で請負い、建設後引き渡し、請負代金として1億9,776万円を受領した。残代金1,723万円を請求する。

(2) 被申請人の主張要旨

被申請人は受水槽、廊下、ベランダクラック等により不当利得返還請

求権、工事瑕疵に基づく損害賠償請求権、満室保証契約に基づく保証債務履行請求権等を有するので、工事残代金と対等額で相殺する。

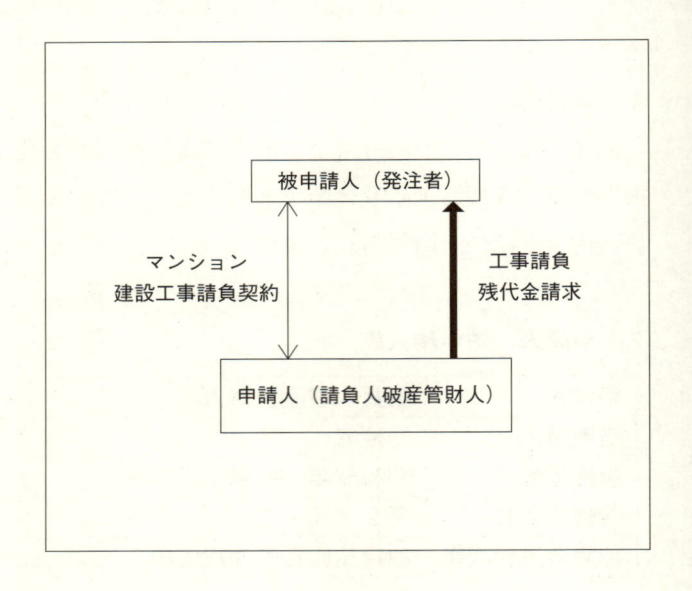

```
                    被申請人（発注者）
                      ↑        ↑
            マンション          工事請負
          建設工事請負契約      残代金請求
                      ↓        │
                   申請人（請負人破産管財人）
```

5　審査会の判断

① 　工事残代金は、1,165万円で合意されている。
② 　受水槽設置場所の変更は、被申請人了解又は黙認のもとに行われた。変更に伴う減縮費用は446万円で、双方折半で帰属させるのが衡平の原則にかなう。
③ 　工事瑕疵に基づく請求額は、1件ずつ判断し合計429万円とした。
④ 　満室保証契約は工事請負契約とは別個の契約であり、満室保証契約には本件仲裁合意が及んでいるとはいえない。

6　本件仲裁の意義

請負人が、破産宣告を受けたため、その破産管財人が発注者に対し、

請負残代金の支払請求を行った。発注者は、工事の変更等による不当利得返還請求権及び工事瑕疵による損害賠償請求権と工事残代金等との相殺を主張した。審査会では、請負残代金を減額した上で、その支払を発注者に命じた。

7-23 コンクリート強度不足による補強工事費用請求事件

1 事件内容
工事瑕疵に基づく複数の請求事項の内、補強工事費用の支払が認められ、補強工事の実施、営業補償については請求が認められなかった事例

2 申請人、被申請人等

申請人	法人発注者
被申請人	請負人
事件番号	昭和57年(仲)第9号事件
仲裁年月日	平12・11・10
仲裁合意の根拠	四会連合協定契約約款（昭和41年版）第29条

3 仲裁判断主文の骨子
① 被申請人は、申請人に対し、1,848万円を支払え。
② 申請人のその余の請求は棄却する。

4 事案概要
(1) 申請人の請求要旨
申請人は、ビル新築工事請負契約に基づき引渡しを受けたが、その後床及び壁に、多数の亀裂が生じるなどの瑕疵が発生した。コンクリート強度の検査を行ったところ、契約で定めた設計強度に達していなかった。このため、被申請人に対し、補強工事費用の支払、補強工事の実施、営業補償を求める。

(2) 被申請人の主張要旨

コンクリートの瑕疵は、申請人が供給した材料の性質によって生じたものであり、申請人の指図により施工されたものであるから、責任がない。

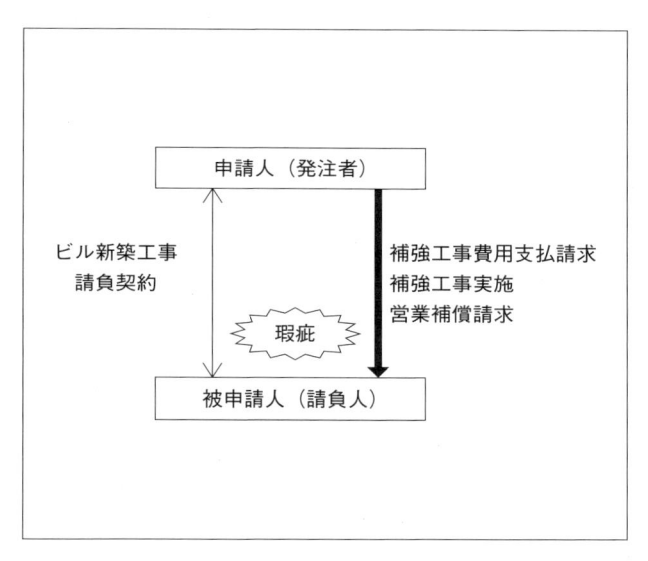

```
┌─────────────────────────────────────────┐
│                                         │
│              申請人（発注者）            │
│              ↑    │                     │
│              │    │                     │
│  ビル新築工事 │    │ 補強工事費用支払請求 │
│  請負契約    │    │ 補強工事実施         │
│              │ 瑕疵│ 営業補償請求         │
│              │    ↓                     │
│              被申請人（請負人）          │
│                                         │
└─────────────────────────────────────────┘
```

5　審査会の判断

審査会は、申請人の仲裁を求める事項の一部（補強工事費用の支払）に理由があるとした。その余の請求は、理由がないとした。

6　本件仲裁の意義

工事瑕疵に基づく複数の請求事項の内、補強工事費用の支払を認め、補強工事の実施、営業補償については請求を認めなかったものである。

また、補強工事費用についても、監理技士の関与、既に第三者に賃貸し使用収益していること、都市計画道路事業の対象範囲になっていることなどから、被申請人の負担割合は、20％とされた。

7−24　店舗建築工事に関する請負残代金請求事件

1　事件内容

建物の不具合が、経年劣化によるものか、工事に起因するものかを巡って争われ、請負業者の主張が認められた事例

2　申請人、被申請人等

申請人	第4号事件法人発注者、第5号事件請負人
被申請人	第4号事件請負人、第5号事件法人発注者
事件番号	平成7年(仲)第4号・第5号併合事件
仲裁年月日	平9・12・22
仲裁合意の根拠	四会連合協定契約約款（昭和56年版）第30条

3　仲裁判断主文の骨子

① 申請人の請求を棄却する。
② 申請人は、工事残代金として、3,645万円及び利子を支払え。

4　事案概要

(1)　申請人の請求要旨

被申請人との間で鉄骨2階建て店舗建築の請負契約を締結したが、工事に瑕疵等が存在しており、申請人は瑕疵修補に代わる損害賠請求権を有するので請負工事残代金と対等額で相殺し、さらにテナント保証の債務不履行による損害賠償を請求する。

(2)　被申請人の主張要旨

本件瑕疵は、経年劣化により通常起こるもので施工上の瑕疵ではな

く、テナント保証の約束は、仲介を申し入れただけである。請負工事残代金の支払を求める。

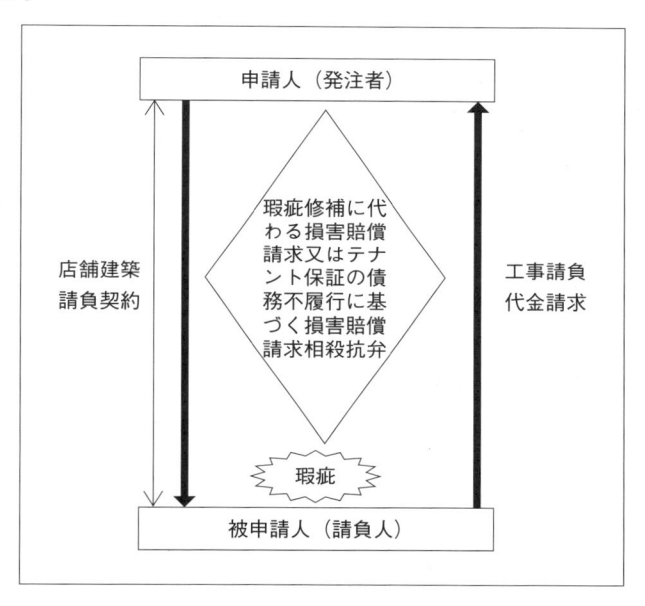

```
申請人（発注者）
  │  ▲
  │  │
店舗建築  瑕疵修補に代  工事請負
請負契約  わる損害賠償  代金請求
          請求又はテナ
          ント保証の債
          務不履行に基
          づく損害賠償
          請求相殺抗弁
            瑕疵
  ▼  │
被申請人（請負人）
```

5　審査会の判断

　審査会は、申請人の主張は失当として棄却した。

6　本件仲裁の意義

　建物の不具合が、経年劣化によるものか、工事に起因するものかを巡って争われ、請負業者の主張が認められたものである。テナント保証の約束は、法的拘束力を持つ賃料保証の合意とはとうてい認めることはできないとされた。

7-25 住宅建設工事請負契約に関する請負工事残代金請求事件

1 事件内容

瑕疵に基づく損害賠償請求と請負工事残代金請求との相殺が、認められた事例

2 申請人、被申請人等

申請人	請負人
被申請人	個人発注者・連帯保証人
事件番号	平成8年(仲)第5号事件
仲裁年月日	平10・6・30
仲裁合意の根拠	四会連合協定契約約款(昭和56年版)第30条

3 仲裁判断主文の骨子

被申請人は、申請人に対し、2,015万円及び利子を支払え。

4 事案概要

(1) 申請人の請求要旨

住宅建設工事請負契約に基づく請負工事残代金を請求する。

(2) 被申請人の主張要旨

工事施工上の瑕疵がありその損害賠償請求権に基づいて、請負工事残代金と対等額をもって相殺する。

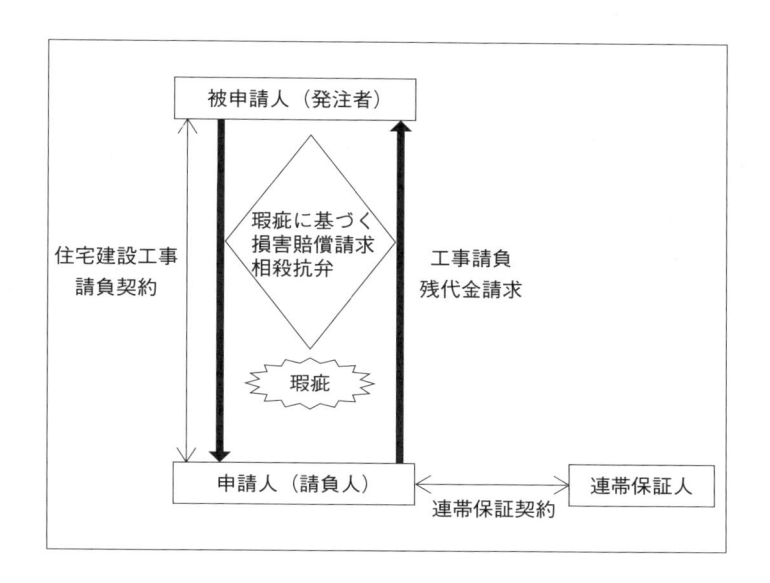

5　審査会の判断

① 施工上の瑕疵を、個別に認定した。
② 修補、やり直し、取替え、移設が必要と指摘する瑕疵について、損害賠償額を認定した。

6　本件仲裁の意義

　本件工事請負契約書には、監理者の表示があったが、工事監理業務は被申請人の意向により除外されていた。申請人が、本件工事において設計事務所を工事監理者と考えその指示のもとに工事を施工したと主張していることについては、被申請人にもその責任があるとされ、申請人と被申請人との瑕疵についての責任割合は7対3とされている。

7-26 住宅の基礎コンクリートの重大瑕疵に基づく建て替え請求事件

1 事件内容

建物の基礎に重大な瑕疵があるとして争われ、建物の建て替えをする必要があると認めることはできず、基礎のひび割れの補修工事をするのが相当であるとされた事例

2 申請人、被申請人等

申請人	個人発注者
被申請人	請負人
事件番号	平成9年(仲)第1号事件
仲裁年月日	平10・5・15
仲裁合意の根拠	独自契約書の仲裁条項

3 仲裁判断主文の骨子

① 建物の基礎及び外壁、基礎のひび割れにつき補修工事をせよ。ひび割れのある外壁板を取り替える工事をせよ。
② 申請人のその余の請求を棄却する。

4 事案概要

(1) 申請人の請求要旨

住宅の建築工事請負契約を締結し、建物の引渡しを受けた。建物の基礎が、コンクリート打設後の養生不足により強度を欠いており多数の亀裂が生じ、地盤沈下により外壁にも多数の亀裂が生じた。建物の安全性

が欠けているので、建物の建て直しを求める。
(2) 被申請人の主張要旨
　コンクリートの養生不足その他の工事ミスはなく、安全性に欠けるところはない。外壁等のひび割れは、外壁板取り付け時の釘打ちミスよって生じた端割れであるので、補修する用意がある。

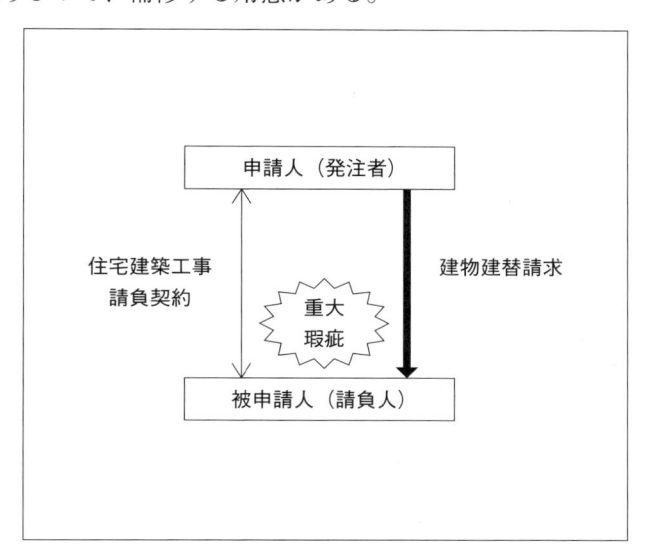

```
                    ┌─────────────────┐
                    │  申請人（発注者）  │
                    └─────────────────┘
                       ↑            │
           住宅建築工事  │   重大     │ 建物建替請求
           請負契約     │   瑕疵     │
                       ↓            ↓
                    ┌─────────────────┐
                    │ 被申請人（請負人）│
                    └─────────────────┘
```

5　審査会の判断

審査会は次のように判断した。
① 基礎のひび割れが、コンクリート打設後の養生不足又は強度不足であると認めるに足る証拠はない。
② 基礎のひび割れが、基礎の不同沈下したものと認定することはできない。
③ 建物の建て替えをする必要があると認めることはできない。
④ 基礎のひび割れは、補修工事をするのが相当である。

7 - 26

6 本件仲裁の意義

　建物の基礎に、重大な瑕疵があるとの主張が、個別の瑕疵についての審理の結果否定された事例である。

8　JV関係

8-1　公営住宅の建設工事請負契約に関しJVの構成員に対する売掛代金請求事件

1　事件内容

公営住宅の建設工事請負契約に関し、破産した構成員が負担すべき建設共同企業体の債務につき他の組合員に連帯責任を認めた事例

2　原告、被告等

原告	X商会㈱
被告	Y建設㈱
裁判所	東京地裁　平7(ワ)2728号
判決年月日	平9・2・27　民12部判決、一部認容（控訴）
関係条文	民法667条、675条、商法502条、511条

3　判決主文

被告は、原告に対し、129万円及び年6分の割合による金員を支払え。

4　事案概要

被告Y建設は、訴外A建設と建設共同企業体（出資割合A建設60％、Y建設40％）を結成し、公営住宅工事を受注した。原告X商会は本件建設共同企業体に建設資材を売り、売買代金残債権として141万円の債権を有していた。

その後、Aが破産宣告を受けたので、X商会は債権の届出をしたが、一部しか配当を受けられなかったので、Y建設に対し残代金の請求をした。

（原告の主張）

　X商会との間で売買契約を締結する行為は、本件建設共同企業体の商行為であり、本件代金債務は商法511条1項により、構成員たるY建設が連帯債務を負担する。

（被告の主張）

　本件建設共同企業体は民法上の組合であるから、Y建設は民法675条に基づき分割責任を負うにすぎない。

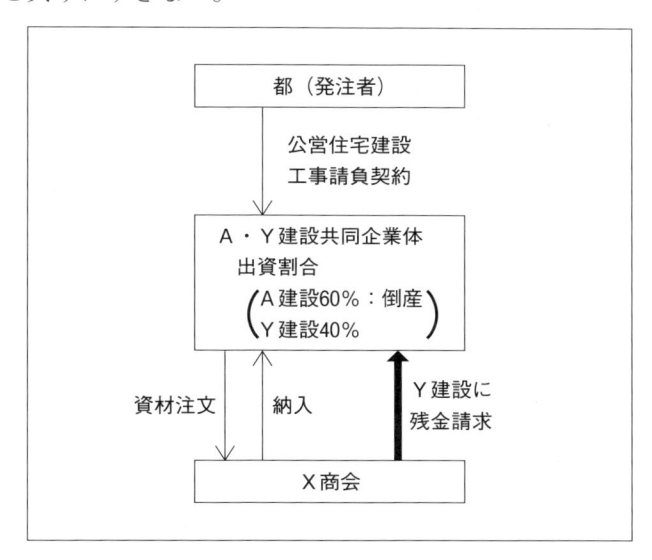

```
                都（発注者）
                    │
              公営住宅建設
              工事請負契約
                    ↓
            A・Y建設共同企業体
                出資割合
            ( A建設60%：倒産 )
            ( Y建設40%       )
            ↑   ↓        ↑
         資材注文 納入   Y建設に
                        残金請求
                    ↓
                  X商会
```

5　裁判所の判断

　本件建設共同企業体は、商法502条にいう「他人の為にする加工に関する行為」を営業として行うことを目的とし、両会社をその構成員として結成したものであるから、商行為を営業として行うことを目的とする民法上の組合であり、その組合員がいずれも商人資格を有することは明らかである。そして、本件建設共同企業体が原告との間で売買契約を締結して目的商品の納入を受ける行為は、同組合の営業のためにする附属

245

的商行為にほかならない。

　商行為を営業として行うことを目的とする組合が商行為によって債務を負担し、各組合員も商人の資格を有する本件のような場合には、商法511条1項の適用を肯定すべきであるから、Y建設及びA建設は、各自本件代金について連帯債務を負担したものというべきである。

6　本件判決の意義

　本判決は、建設業における建設共同企業体は、多くの場合、大規模な工事を共同連帯して施工するため複数の単独企業により結成されるものであり、このような建設共同企業体から発注を受け、その工事現場に建設資材を納入する販売業者としては、特段の事情がない限り、個々の構成員よりは建設共同企業体としての経済的信用をより重視し、これを前提として取引を行うのが通例であることからすれば、組合員に分割責任の原則を徹底することは取引の安全を害することになりかねないということを実質的な理由として挙げており、建設共同企業体の本質について判示しており有益である。

8 JV関係

8-2 建設共同企業体が金融機関に対し請負代金の代理受領権限を与えた後解散し、乙社単独の請負契約に変更した場合における工事代金受領債権等請求、供託金還付請求権帰属確認反訴請求事件

1 事件内容

建設共同企業体が金融機関に請負代金の代理受領権限を与えた後、構成員甲が倒産、乙が建設共同企業体を解散し単独請負契約に変えたことは、当該金融機関の権利を害するが違法とはいえないとされた事例

2 原告、被告等

原告（反訴被告）	X信用組合
被告	Y1建設（反訴原告）・Y2市
裁判所	大阪地裁 昭57(ワ)1670号・同58(ワ)7605号
判決年月日	昭59・6・29 民17部判決、一部容認一部棄却（控訴）
関係条文	民法415条、709条

3 判決主文

原告（反訴被告）X信用組合の請求をいずれも棄却する。

供託金の還付請求権は被告（反訴原告）Y1建設に帰属することを確認する。

4 事案概要

　被告Ｙ１建設（反訴原告）は、Ａ建設と建設共同企業体を結成し被告Ｙ２市の工事を受注した。原告Ｘ信用組合は、Ａ建設の連帯保証を得てその子会社であるＢに融資した。Ｙ１建設とＡ建設は、Ｘ信用組合に上記工事の代金の一部の代理受領権限を与える契約を締結し、Ｙ２市はＸ信用組合の代理受領を承認した。但し、この契約は、数ヶ月先にＡ建設がＸ信用組合から融資を受けるため代理受領権限を与える契約であるとＹ１建設は聞かされており、既にＢがＡ建設の保証を受けてＸ信用組合から融資を受けていることや、今後さらに融資を受ける手筈になっていることは知らなかった。

　Ａ建設はまもなく倒産したので、Ｙ１建設は建設共同企業体を解散し、改めてＹ２市と工事請負変更契約を締結し、工事を完成させた。Ｙ２市は、支払うべき工事請負代金の一部を債権者が確知できないとして供託した。

（原告の主張）
（主位的請求）
　Ｙ１建設に対して代理受領権限の確認。Ｙ２市に対して代金支払い。
（予備的請求）
① 　Ｘ信用組合に供託金還付請求権が帰属することの確認。
② 　請負変更契約の締結は義務違反で不法行為。損害賠償を請求。
（被告の主張）
　Ｙ２市からＹ１建設に支払われるべき請負代金は、Ｙ１建設が本件請負変更契約に基づき単独で工事を施工して完成させたことによって取得したのだから、代理受領委任契約の効力は本件債権に及ばない。

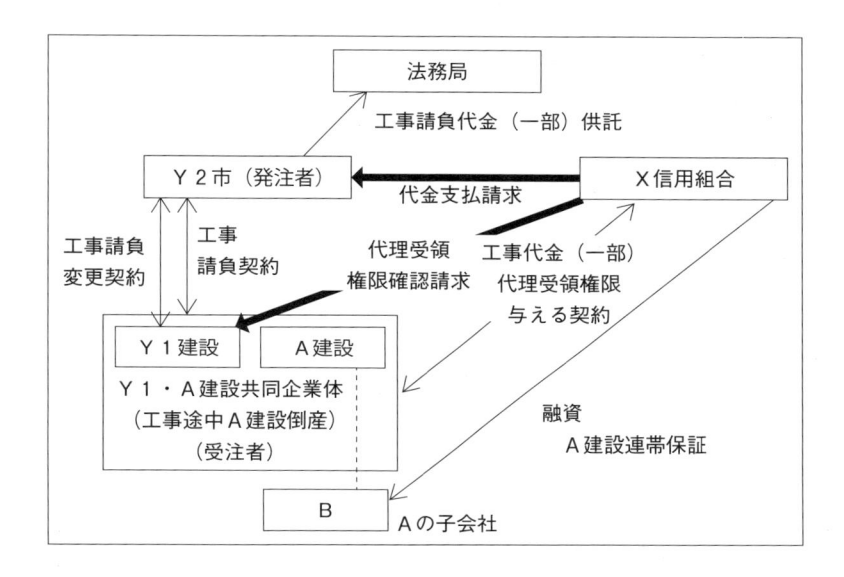

```
                    ┌──────────┐
                    │  法務局   │
                    └──────────┘
                         ↑
                    工事請負代金（一部）供託
┌──────────┐                          ┌──────────┐
│Y２市(発注者)│ ←──代金支払請求────── │ X信用組合 │
└──────────┘                          └──────────┘
  ↑↓    ↑↓       代理受領    工事代金（一部）
 工事請負 工事    権限確認請求 代理受領権限
 変更契約 請負契約              与える契約
         ↓
┌──────────────────┐                      ↑
│ Y１建設  │ A建設 │                      │
├──────────────────┤                   融資
│Y１・A建設共同企業体│              A建設連帯保証
│(工事途中A建設倒産)│                      │
│    (受注者)       │                      │
└──────────────────┘                      │
              ↓                            │
           ┌─────┐                         │
           │  B  │ ←──Aの子会社───────────┘
           └─────┘
```

5 裁判所の判断

（主位的請求及び予備的請求①について）

　Ｙ１建設は本件工事を続行することで、本件代理受領の関係で工事代金がＡ建設又はＸ信用組合に渡りＹ１建設に損害が及ぶこと等を考え、本件建設共同企業体の構成員の立場で工事をすることに難色を示した。そこで、Ｙ１建設とＹ２市が協議して、本件請負工事につき請負人をＹ１建設に変更する請負変更契約をＹ１建設とＹ２市とで締結した。請負変更契約では、Ｙ１建設は本件建設共同企業体の権利義務を包括して承継する約定となっているが、本件代理受領委任契約は承継されるべき建設共同企業体の権利義務には含まれない。したがって、先の請負契約と請負変更契約との間には同一性継続性はなく、代理受領契約の効力は変更契約に基づく請負代金債権には及ばない。

（予備的請求②について）

　Ｘ信用組合はＡ建設による工事代金を引き当てとして貸付を行ったこ

と、X信用組合は請負人が建設共同企業体であることよりは、融資先が現実に工事していることを重視していたこと、X信用組合とY1建設との間で代理受領の協議は行っておらず、被担保債権も不明瞭で、Y1建設と明確な合意となっていたか疑わしいなど、請負変更契約の締結は、X信用組合の代理受領の利益の侵害になることは認めるが、請負変更契約締結の経緯、貸付及び代理受領契約締結に関連する事情等諸般の事情を総合し、Y1建設がX信用組合の代理受領の主張を回避しようとしたことはやむをえない行為で違法性を欠く。

6　本件判決の意義

　本件は、非典型担保として代理受領契約が行われたものであり、このように債権担保として代理受領の方法をとった場合には、債務者（被告Y1建設）、第三債務者（被告Y2市）は、債権者（原告X信用組合）の持つ担保的利益を害さないようにする義務がある。ところが、代理受領に付きX信用組合とY1建設間では何らの協議も行っていないことが認められること、本件代理受領承認願において被担保債権の融資先B（A建設の融資受領の為の実質上のトンネル会社）との債権関係等が明記されておらず、不明確であり債権確保の手段としては、杜撰なものであったと認めざるを得ないことから、Y1建設、Y2市の変更契約締結によるX信用組合の利益に対する侵害行為については、具体的事実に即して違法性を欠くと説示しており、実務上の参考となる事例である。

8-3 公務員共済住宅建設に関し、建設共同企業体の下請業者からの請負代金請求事件

1 事件内容

建設共同企業体の代表者が締結した下請契約について、注文者は建設共同企業体であるとして、代表者以外の構成員についての連帯支払責任が認められた事例

2 原告、被告等

原告	X（株）（下請負人）
被告	（株）Y1工務店、Y2（元請負人・共同企業体構成員）
裁判所	函館地裁 平8（ワ）180号
判決年月日	平12・2・24 民事部判決、認容（控訴）
関係条文	民法94条、667条、商法504条、511条

3 判決主文

被告らは、原告に対し連帯して1,300万円及び年6分の割合による金員を支払え。

4 事案概要

H道は、A組、被告Y1工務店、Y2の3社を構成員とし、A組を代表者とするJVであるA組・Y1工務店・Y2経常建設共同企業体に対して、「地方公務員職員共済組合住宅新築工事」を発注した。Xは、その一部である外構工事を、代金1,339万円と約定して請負い、施工した。

A組は、Xに対し、平成7年3月、本件下請工事を発注した。Xは、

8 - 3

　同年10月までに工事を完成し引き渡した。
　その後A組は、和議申請をした。A組は、下請工事代金のうち残代金1,300万円を支払っていない。
（原告の主張）
　A組は、建設共同企業体を代表して、下請契約を締結する権限を有していた、仮に本件協定が通謀虚偽表示であるとしても、善意の第三者であるXに対抗することは出来ない。本件下請契約の注文主は、建設共同企業体の代表者としてのA組である。
（被告の主張）
　本件建設共同企業体は、A組がAランクの工事を受注できるように、H道の指導で結成された実態のないペーパー・ジョイントであり、本件協定等の定めは、通謀虚偽表示として民法94条により無効である、A組は建設共同企業体を代表して本件下請契約を締結する権限を有していない、本件下請契約はA組のための契約である。

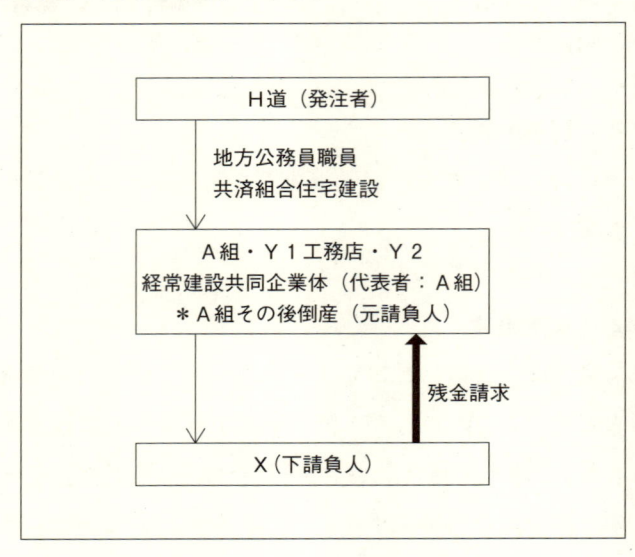

```
┌─────────────────────────────────────┐
│          H道（発注者）                │
└─────────────────────────────────────┘
              │ 地方公務員職員
              │ 共済組合住宅建設
              ▼
┌─────────────────────────────────────┐
│   A組・Y1工務店・Y2                   │
│   経常建設共同企業体（代表者：A組）    │
│  ＊A組その後倒産（元請負人）          │
└─────────────────────────────────────┘
                              ▲
                              │ 残金請求
┌─────────────────────────────────────┐
│          X（下請負人）                │
└─────────────────────────────────────┘
```

5 裁判所の判断

本件建設共同企業体は、民法上の組合としての実態を有するものとして結成され、運営されていたと認められるから、被告Ｙ１工務店・Ｙ２の言うペーパー・ジョイントの主張、通謀虚偽表示の主張は、採用することが出来ない。

本件建設共同企業体の運営委員会は、代表者であるＡ組に対し、本件工事について下請契約をするための代表権限を与える決定をしたものと推認でき、Ａ組は権限を有していないという主張は採用することが出来ない。

Ａ組がＸとの間で締結した本件下請契約は、建設共同企業体のためになされたのであり、注文主は、Ａ組ではなく、建設企業共同体であると認めるのが相当である。

建設共同企業体の締結する契約では、商法511条第１項により、構成員が連帯債務を負う。

6 本件判決の意義

建設共同企業体の法的性質については、民法上の組合であるとするのが通説・判例であり、本判決では、本件建設共同企業体が、民法上の組合かいわゆるペーパー・ジョイントなのかという点について、民法上の組合契約が締結されていること、現に出資行為もなされていること等の実態を詳細に検討した上で、組合であると判断している。

次に、建設共同企業体の構成員の責任について、構成員は、その損益分配の割合に応じて個人的な債務を負い、構成員が会社である場合には建設共同企業体がその事業のために第三者に対して負担した債務につき構成員が負う債務は、構成員である会社にとって自らの商行為により負担した債務というべきものであり、商法511条の適用によって各構成員

は連帯債務を負う（最判 平10・4・14）とされている。この最高裁の見解に従い、本件判決は構成員会社の連帯債務を肯定している。通説・判例の立場の事例として参考になる。

8　JV関係

8－4　物流センター建設工事建設共同企業体に関する下請業者からの請負工事代金請求事件

1　事件内容

建設共同企業体の代表者でない構成員が下請契約を締結した場合において、建設共同企業体にも下請代金の支払義務が認められた事例

2　原告、被告等

原告	Ｘ１（株）、Ｘ２（株）（下請企業）
被告	Ｙ１物流センター建設工事建設共同企業体（JV）Ｙ２、Ｙ３建設
裁判所	東京地裁　平12(ワ)14336号
判決年月日	平14・2・13　民26部判決、認容（控訴）
関係条文	民法670条、675条、商法511条

3　判決主文

被告ら（Ｙ１建設共同企業体・Ｙ２・Ｙ３建設）は、原告（Ｘ１）に対し、連帯して１億1,627万円及び利息を支払え。

被告ら（Ｙ１建設共同企業体・Ｙ２・Ｙ３建設）は、原告（Ｘ２）に対し、連帯して2,204万円及び利息を支払え。

4　事案概要

国から請け負った建設工事の一部を、外国企業である被告Ｙ２及び同Ｙ３建設並びに日本企業であるＡ建設の３社を構成員とする被告Ｙ１物流センター建設工事建設共同企業体（JV）より請け負ったとする原告Ｘ１、同Ｘ２が、Ｙ１建設共同企業体、Ｙ２及びＹ３建設に対して、下請工事に

係る請負代金の支払を請求した。A建設は、本件工事の完成前に倒産（和議申請、のちに民事再生手続申立）した。

（原告、被告の主張）

X1、X2らに対する工事の注文書は、A建設の単独名義で発行されており、かつ従前の下請代金の支払もA建設が行っていたことから、原告らが行った下請工事の注文者が、Y1建設企業共同体であるか、A建設であるかが争われた。

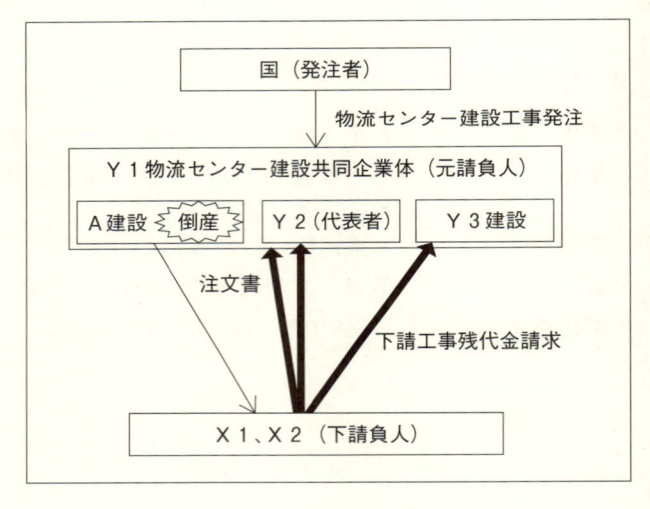

```
                    ┌──────────────┐
                    │  国（発注者）  │
                    └──────┬───────┘
                           │ 物流センター建設工事発注
                           ▼
        ┌─────────────────────────────────────┐
        │ Y1物流センター建設共同企業体（元請負人） │
        │  ┌─────┐  ┌──────────┐  ┌────────┐  │
        │  │A建設 倒産│  │Y2（代表者）│  │Y3建設 │  │
        │  └──┬──┘  └──────────┘  └────────┘  │
        │     │注文書    ▲    ▲    ▲           │
        │     │          │    │    │           │
        │     ▼          │ 下請工事残代金請求    │
        │  ┌─────────────────────────┐        │
        │  │  X1、X2（下請負人）       │        │
        │  └─────────────────────────┘        │
        └─────────────────────────────────────┘
```

5　裁判所の判断

被告Y2及び被告Y3建設が外国企業であり、日本で建設工事を行う物的設備、人的能力がほとんどなかったから、下請業者の選定、下請契約の締結、下請代金の支払等の業務をほぼ全面的にA建設にゆだねていた。建設共同企業体による工事の場合、下請業者に発行される注文書、請求書は、建設共同企業体の内の1社（通常は代表者）の名義によるものがほとんどである。原告X2が提出した見積書は、いずれも建設共同企業体宛てに提出されている。原告X1に対する工事指示文書には被告

Ｙ１建設共同企業体の名前が記載されていること等から、Ａ建設は、被告Ｙ１建設共同企業体内部の合意によって与えられた権限に基づいて、建設共同企業体のために原告らと本件下請契約を締結したものと認め、原告らの行った本件工事の注文者は、被告Ｙ１建設共同企業体である。

建設共同企業体は、民法上の組合の性質を有し、建設共同企業体の構成員が会社である場合には、会社が建設共同企業体を結成してその構成員として建設共同企業体の事業を行う行為は、会社の営業のためにする附属的商行為として、商法511条により、各構成員は建設共同企業体がその事業のため第三者に負担した債務について、連帯債務を負う。被告Ｙ２及び被告Ｙ３建設は、請負代金を連帯して支払うべき義務がある。

6　本件判決の意義

建設共同企業体は、民法上の組合の性質を有するものであり、建設共同企業体の債務については、建設共同企業体の財産がその引き当てになるとともに、各構成員がその固有の財産をもって弁済すべき責任を負い、建設共同企業体の構成員が会社である場合には、会社が建設共同企業体を結成してその構成員として建設共同企業体の事業を行う行為は、会社の営業のためにする附属的商行為として、商法511条１項により、各構成員は建設共同企業体がその事業のために第三者に対して負担した債務につき、連帯債務を負うと解される（最判　平10・４・14）。

本判決は、上記の通説・判例の立場を前提としつつ、建設共同企業体の代表者ではない構成員が、単独名義で注文書を発行し請負代金も支払っている場合において、当該構成員の会社に対し、下請契約の締結及び履行についての権限（代理権）を授与する旨の建設共同企業体内部における合意を認め、建設共同企業体にもその責任があるとしたものである。

9 契 約

9-1 軟弱地盤に関する基礎工事費の増加に伴う工事代金増額請求事件

1 事件内容

定額請負における基礎工事費が軟弱地盤のため当初見積より増加したことを理由とするその増加費用の代金支払義務が否定された事例

2 控訴人、被控訴人等

控訴人	X（個人・発注者）
被控訴人	Y建設㈱（請負人）
裁判所	東京高裁 昭57(ネ)1968号
判決年月日	昭59・3・29 民2部判決、一部変更（確定）
関係条文	民法632条

3 判決主文

原判決中控訴人敗訴部分を次のとおり変更する。
① 控訴人は、被控訴人に23万円及び年5分の割合による金員を支払え。
② 被控訴人の請求を棄却する。

4 事案概要

控訴人Xは、建物の建築を計画し、被控訴人Y建設に、見積りを依頼した。Y建設は、A設計に設計を依頼した。Xは総額4,500万円以内とするよう要望していた。

基礎工事費についてA設計は、ボーリング調査を行わず、当初N値

50、くい8本を使用することで見積書を作成した。その後隣地の柱状図から、基礎工事費を369万円と見積もって請負代金総額5,233万円の見積書を提出したが、Xは値引き交渉を行い、一切を含めて4,900万円で合意し8月20日同金額で契約した。

建築確認の通知後、A設計は区役所の係官と相談し意見を聞いた結果、N値を30として、杭を10本とすることに設計を変更して図面を作り直した。Y建設では、新たな図面に基づいて工事を施工するB原動機に再度基礎工事費の見積りを取ったところ、397万円であった。Y建設は、基礎工事の仕様変更と費用の増加についてXに説明しないまま工事に着手し、建物を完成した。Y建設が追加工事代金をXに求め、Xがこれを争ったところ、第一審はY建設の請求を認めたためXが控訴した。

（控訴人の主張）

基礎工事について変更があったことも費用が余分にかかったことも知らされなかった。本件契約は定額請負であり、契約当事者間の信義公平の原則に反すると認められるような著しい事情の変更があったときをのぞいては、その出費は請負人の負担に属し、追加工事費用の請求は許されない。

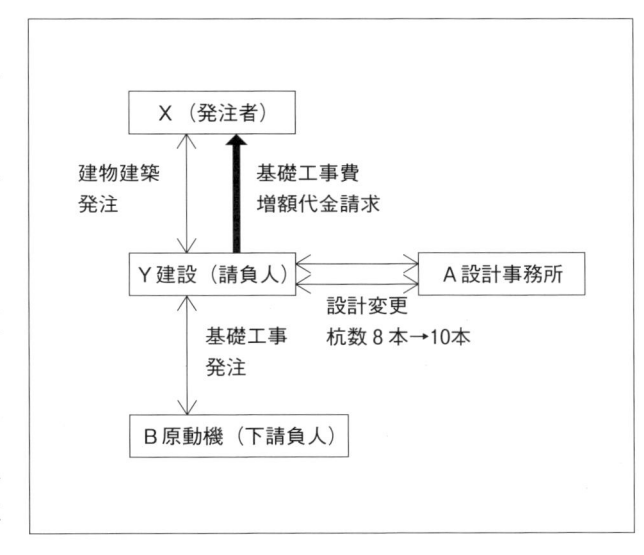

5　裁判所の判断

本件請負契約は、いわゆる定額請負である。定額請負にあっては、仕事の完成につき請負人が契約時に予定した以上に費用を要した場合においても、契約締結後の注文者の新たな注文に起因するとき又は契約締結時に当事者が予測できず請負人の責めに帰すことができない事情に起因するものであって、契約で定められた請負代金の支払いのみに限ったのでは契約当事者間の信義公平の原則に反すると認められるような著しい事情の変更があったときを除いては、その出費は請負人の負担に帰し、請負人は注文者に対し追加工事の費用を請求することは許されない。

専門知識を有する建築業者である被控訴人Y建設は、本件請負契約締結時において、基礎杭の本数の増加を予想することが不可能であったとはいえない。また、被控訴人Y建設は、費用の増加を知った時点で控訴人Xに告げ、工事を続行するかどうか選択の機会を与え、その了解を求めた上で工事に着手するのが当然と考えられるが、被控訴人Y建設は控訴人Xに告げず工事を続行した。完成後請負代金残額を受け取る際にもその旨を告げず、その後に至って追加工事費用としてこれを請求することは、請負人として信義誠実の原則に反する。

基礎工事の仕様変更に伴い生じた費用の増加分は、定額請負の場合における注文者の負担すべき著しい事情変更に基づく出費に当たらないので、被控訴人Y建設は、控訴人Xに対し、増加費用の追加代金として請求することは許されない。

6　本件判決の意義

いわゆる定額請負では、仕事の完成につき請負人が契約時に予定した以上に費用を要した場合においても、その出費は請負人の負担に帰し、請負人は注文者に対し追加工事があったものとしてその費用を請求する

ことは許されない。しかし、例外的に実際の費用と見込み額の食い違いが契約締結時に当事者が予測することができずかつ請負人の責に帰することのできない事情の発生に起因するものであって、契約に定められた請負代金の支払いに限ったのでは契約当事者間の信義公平の原則に反すると認められるような著しい事情がある場合には、費用の負担について協議し、設計変更するのが一般的な方法である。

本件は、請負人が、基礎工事の仕様変更が明らかになり基礎工事の費用が増加することを知った後も注文者に告げずに工事を続行し完成させたということ等から、報酬額の増額を請求できる例外的な場合に当たらないとして、請負人のこの点に関する請求を棄却したものであり、実務上参考になる。

9-2 所長印等を冒用してなされた偽造の裏書行為に関する使用者責任に基づく損害賠償請求上告事件

1 事件内容

手形の振出・裏書など手形行為をする権限を与えられていなかった営業所長の依頼に基づき、雇用関係はないが所長代理の肩書で営業所に常駐し営業所長の権限に属する業務を行っていた者が、所長印等を冒用してなした偽造の手形裏書行為につき、民法715条1項にいう「事業ノ執行ニ付キ」なされたものと認められた事例

2 上告人、被上告人等

上告人	Y工業㈱
被上告人	㈱X工務店
裁判所	最高裁 昭60(オ)364号
判決年月日	昭61・11・18 第3小法廷判決、棄却
関係条文	民法709条、715条、手形法8条

3 判決主文

本件上告を棄却する。

4 事案概要

上告人Y工業のF営業所所長Aは、C舗道の経営実権を有する訴外Bに本件営業所の所長代理という肩書きを与え、営業所長権限に属する業務に従事させていた。BはC舗道の資金繰りのため、C舗道の約束手形

9 契 約

にA名義の裏書を偽造し、C舗道名義で第二裏書をした本手形を、D建設に割引のため交付したものである。手形は被上告人X工務店に、さらにEに裏書され満期日に支払拒絶となった。この手形の担保責任をめぐり、雇用関係がなく所長代理の肩書きを付されたにとどまる者の行為が、表見代理として容認されるかどうか、予備的請求として手形偽造行為が使用者責任を認めるかどうかを争った。

（上告人の主張）

本件営業所は唯単に請負契約締結権のみを特別に与えられた巷間所謂「営業所」であるに過ぎず、商法上の営業所に当たるような組織規模を具えてはいなかつたものである。本店又は支店等に当たるとしたことは理由不備又は法律の解釈を誤った違法がある。

「手形の振出裏書等手形行為」は、営業所長に取引手段として当然的に手形行為の授権があつたと認定していることは、本店又は支店の営業主任者の権限に関する商法第42条（注：現商法24条表見支配人）の解釈適用を誤ったか、又は不当に拡張解釈した違法がある。

本件営業所長としての権限を包括的に委任されたBが本件営業所長名義でなした手形行為について、X工務店には、上告人Y工業営業所長に手形行為の代理権があること、並びにBにも営業所長から手形行為の代理権が授与されていることを、X工務店の主張立証を待たず一足飛びに表見代理責任を認定したことは、民法第110条の解釈を誤まり、又理由不備乃至理由齟齬の違法があるものと云わねばならない。

本件手形裏書行為はBが上告人Y工業福岡営業所所長の印鑑を盗用して偽造した裏書をなし、D建設の善意取得を否定し承継取得者たるX工務店は表見代理を主張するに由なきものと言わねばならない。

然るにこれ等の点を無視した原判決は、最高裁判所の判例に違反するのみならず、本件手形裏書の表見代理について民法第110条に関してそ

265

の立証責任に関する法令の解釈を誤まり、かつ権限を信ずるにつき正当事由の存否に関する判断について理由不備の違法があるものと言わねばならない。

（原審の判断）

第一審　原告Ｘ工務店の請求を棄却、控訴。

第二審　権限の与えられていない営業所長名で為されたこと、営業所長権限を包括的に代理していたと看做されるＢが行った行為についても、善意の第三者に対抗できないとして請求を容認した。Ｙ工業が上告

上告審　主位的請求についての控訴を棄却、予備的請求については高裁に差し戻した。

差し戻し審　Ｂが行った手形行為は民法715条1項にいう「事業ノ執行ニ付キ」なされたものであり、Ｙ工業は使用者責任に基づく損害賠償責任があると判断した。これに対し、Ｙ工業が再上告した。

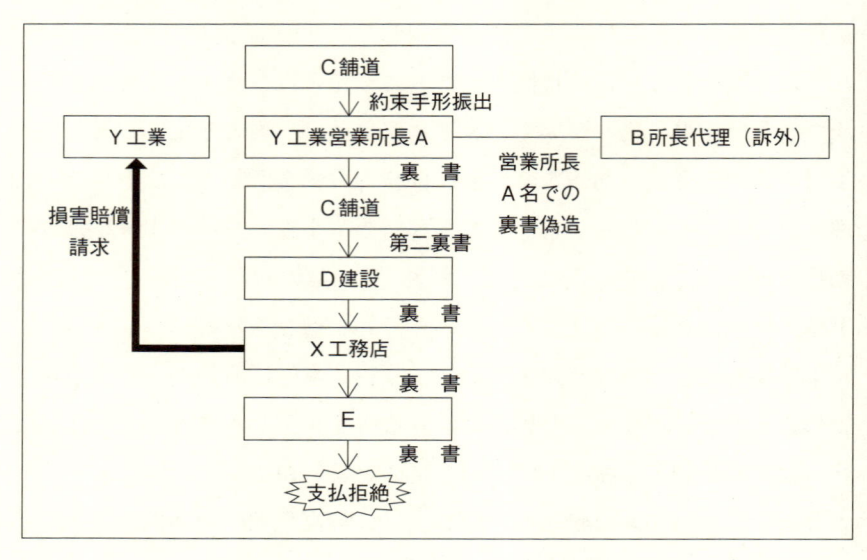

```
          C舗道
            │ 約束手形振出
            ▼
Y工業 ← Y工業営業所長A ──── B所長代理（訴外）
  ↑        │ 裏書    営業所長
損害賠償    ▼        A名での
  請求     C舗道      裏書偽造
            │ 第二裏書
            ▼
          D建設
            │ 裏書
            ▼
          X工務店
            │ 裏書
            ▼
            E
            │ 裏書
            ▼
         支払拒絶
```

5　裁判所の判断

　Y工業の内部規程上は本件営業所長に手形行為の権限が与えられていなかつたとはいえ、手形の振出、裏書等の手形行為は、一般的な取引手段として、本件営業所の営業の範囲内の行為と解される。Bは、本件営業所に所長代理の肩書で常駐し本件営業所長の権限に属する業務を行つており、工事代金の回収等のための約束手形の授受をもその職務としていたものであり、本件裏書に使用された営業所長印等をBが使用することは極めて容易な状況であつたことからすると、Bが本件営業所長印等を冒用して行った本件裏書の偽造行為は、外形から客観的に観察すると同人の職務の範囲内の行為というべきであり、民法715条にいう「事業ノ執行ニ付キ」なされたものと認められ、X工務店において本件裏書が偽造のものであることを知らなかつたことにつき重大な過失があるとは認められないから、損害賠償請求が認められる。

6　本件判決の意義

　本件は従来の判例にはみられない事案であり、いわゆる外形理論により被用者の手形偽造行為につき使用者責任を認めたもので、理論上実務上の参考になる。

9－3　請負契約工事代金を実費精算する旨の約定がなされた場合における工事代金請求事件

1　事件内容

請負契約工事代金を実費精算する旨の約定を、特別の関係がある者との間で建築費用を低廉にするため実費（実際にかかる費用に会社の経費を加えた金額）を請負代金とするもので、通常の請負代金よりかなり低額となるべきものであると認定した事例

2　原告、被告等

原告	X（請負人）
被告	Y（注文者）
裁判所	東京地裁　昭53（ワ）9647号
判決年月日	昭56・6・23 民6部判決、棄却（控訴）
関係条文	民法632条

3　判決主文

原告の請求を棄却する。

4　事案概要

原告Xと被告Yは昭和50年6月頃本件地上に鉄骨耐火構造の工場・住宅の新築工事及び同所所在の木造二階建居宅改築工事の各請負契約を締結した。

Yは請負契約に先立ち、A設計事務所に建築の設計、構造計算等を依頼した。Yは、更に、この設計図面及び構造計算書に基づき、B建設に

工事代金の見積を依頼した。B建設は、2,380万円とする見積書を提出するとともに、この額から一割を減額した金額で工事を請け負ってもよい旨提案した。

その後、Yは、かねてゴルフ仲間として親しくしていたXの工事部長Cにも見積書の検討を依頼した。Cは、口頭で、社長も入院中で仕事も少ないから、是非Xに2,100万円で請け負わせて欲しい旨を申し入れ、Yもこれを承諾した。

基礎工事の最中、取り壊した工場に隣接していた二階建て住居を改修する等の追加工事を行うこととし、その追加工事代金を100万円とし、Yは昭和50年10月15日にこれを支払った。

昭和50年12月頃本件工事はほぼ完成し、引越しも完了した。請負代金も、追加工事代金の他に3回に分割し、総額2,100万円が支払われた。

Xは、その後、昭和53年6月30日に至り、予想外の金額がかかったとして、Yに対し総額3,213万円、未払代金1,013万円とする請求書を送付した。

（原告の主張）

本件工事金額は、当初YがXに提出した簡単な平面図により概算で算出したものであり、後日、現実に要する費用とXの経費の合計額について実費精算のうえ正式見積請求をする旨の合意が成立していた。追加工事についても、実費精算する旨の合意が成立していた。最終見積金額は、3,316万円であった。

（被告の主張）

本工事の請負代金は2,100万円、追加工事の請負代金は100万円であり、X主張のような実費精算の合意はない。

9 - 3

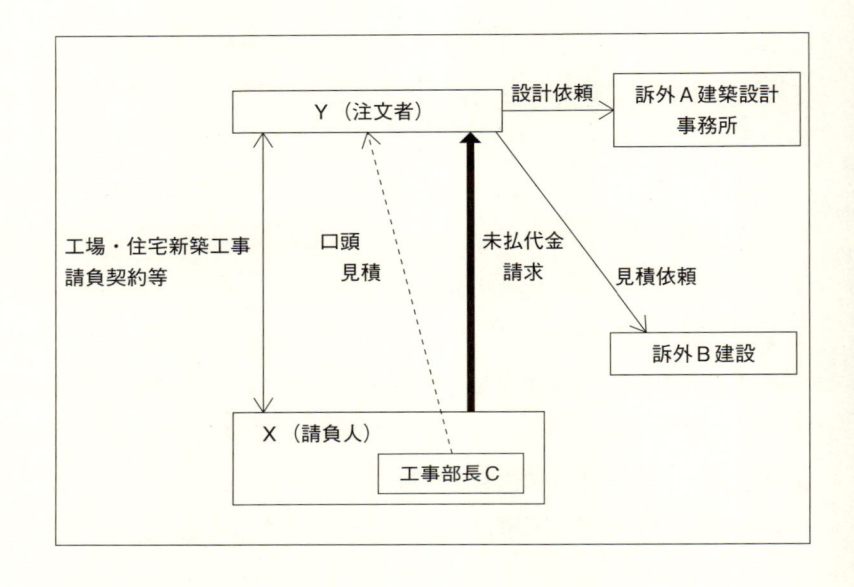

```
            設計依頼    ┌──────────┐
     ┌─ Y（注文者）─────→│訴外A建築設計│
     │         ↑        │  事務所   │
     │         │        └──────────┘
工場・住宅新築工事  口頭  未払代金
 請負契約等    見積   請求   見積依頼
     │         │        ┌──────────┐
     │         │        │ 訴外B建設 │
     ↓         │        └──────────┘
   X（請負人）
       └─工事部長C
```

5　裁判所の判断

　本工事の請負代金は2,100万円であり、また、追加工事の請負契約は請負代金を100万円として成立した。

　当初の契約額2,100万円は、A設計の設計図に基づいて見積をしたB建設の見積金額（見積書金額から1割減額した金額）とほぼ同一の金額であり、このことから双方が合意した金額は、A設計の設計図に基づいて見積りをした上で約束された金額と認めても不合理ではない。

　実費精算とは、本来、特別の関係がある者との間で建築費用を低廉にするため実費（実際にかかる費用に会社の経費を加えた金額）を請負代金とするもので、通常の請負代金よりかなり低額となるべきものである。

　Yとしては、本件工事について一定限度の予算額があったものと認められ、一定の限度を定めず、費用構わず要した費用に会社の費用を加えた金額をもって精算するという意味での実費精算の申し入れにYが同意

したとは到底考えられない。

6　本件判決の意義

　建築請負契約の請負代金を実費精算すると合意した場合における実費精算の解釈が問題とされた事案である。請負人は、一定の限度を定めず要しただけの費用は支払うという意味であったと主張したのに対し、本判決は、特別の関係がある者との間で建築費用を低廉にするため実費（実際にかかる費用に会社の経費を加えた金額）を請負代金とするもので、通常の請負代金よりかなり低額となるべきものであると判示した。「実費精算」の解釈例を示した意味がある。

9－4　工事の一部を追加した場合における工事代金請求控訴事件

1　事件内容

工事の一部が別途請負契約に基づく追加工事と認定され、その報酬額は工事内容に照応する合理的金額であるとされた事例

2　控訴人、被控訴人等

控訴人	X㈱発注者（一審被告）
被控訴人	㈱Y工務店（一審原告）
裁判所	東京高裁　昭54（ネ）783号
裁判年月日	昭56・1・29 判決、棄却
関係条文	民法632条

3　判決注文

本件控訴を棄却する。

4　事案概要

被控訴人Y工務店が行った追加工事（脱衣室及び廊下の床面及び建具等の美装並びに洗面所及び便所の壁塗替工事、犬小屋を置くためのポーター・ブロック積み工事等）の一部が、当初の請負工事（建物の各種補修工事）に含まれるか、別途の報酬額の定めのない請負契約に基づく追加工事であるかが争われ、仕事の内容、慣行から別の請負契約に基づく工事と認定し、その報酬額も工事内容からして合理的な金額を支払うことが契約者の意思に合致すると判断した事案。

（控訴人の主張）

　Y工務店が行った本件追加工事は、そもそも本工事に含まれる。また、本工事に含まれないとしても、Y工務店は本件追加工事を無償で引受けた。

（被控訴人の主張）

　Xの申出により、追加工事契約として承諾を得たものであり、別途請負契約が成立する。

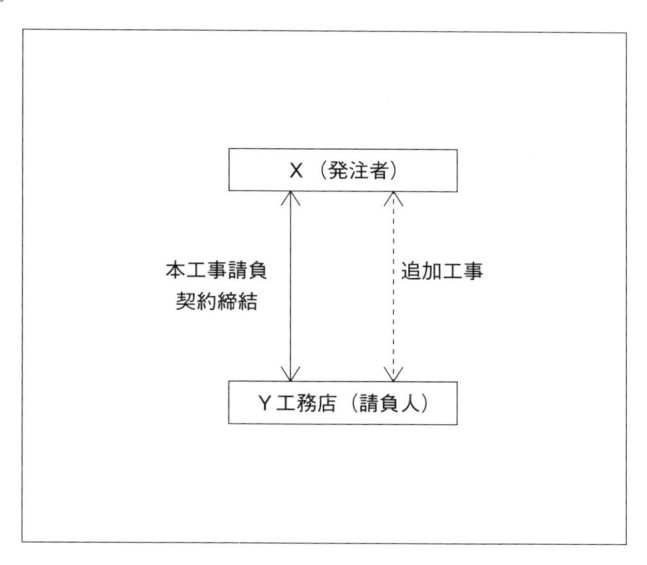

```
                  ┌──────────────┐
                  │  X（発注者）  │
                  └──────────────┘
                      ↑↓      ↑
              本工事請負       追加工事
              契約締結         
                      ↑↓      ↓
                  ┌──────────────┐
                  │ Y工務店（請負人）│
                  └──────────────┘
```

5　裁判所の判断

　本件請負契約は、被控訴人Y工務店があらかじめ工事内容の明細を記載した見積書を控訴人秘書Kに交付し、同人に右見積書の内容を説明するという手順をふんだうえ、控訴人の代理人Mが被控訴人に注文書を差し入れることにより、締結されたものであり、本件追加工事は右見積書記載の工事範囲に含まれていないことが認められる。

　控訴人は、被控訴人が控訴人申出の工事を無償で引き受けたものであ

り、犬小屋関係工事も被控訴人がサービス工事として無償でしたものである旨主張する。なるほど、被控訴人は本件建物の建築を請け負って施工した業者であり、本件請負契約の直前にも本件建物附属の駐車場の建築工事を請け負い、施工しており、被控訴人にとって控訴人ないしその会長として会社経営の実権を握っているMは有力な得意先であること、本件請負契約に基づく廊下の美装工事、外部塀のリシン塗替工事施工の結果、当該廊下や外部塀の施工外の部分の汚れがかえって目立つ状態となり、これについてMが本件請負契約の履行は中途半端であるとして、被控訴人の工事課長訴外Nを難詰するという一幕もあって、前記施工外の部分の美装、塗替を行うための本件追加工事の運びとなったことが認められるが、叙上のような事情があったからといって被控訴人が本件追加工事を無償で引き受けたと認めることは無理である。

　本件のように報酬額の定めのない請負契約においては、当該請負工事の内容に照応する合理的な金額を報酬として支払うというのが契約当事者の通常の意思に適合すると解される。

6　本件判決の意義

　建設工事請負契約は有償契約であり、予め請負金額を定めて契約を行うことが要請されている（建設業法19条）。しかしながら、本件は、一定額の報酬を約定する請負工事契約がなされていたが、その他に報酬額を定めないで行われた部分があり、この場合にも当該請負工事の内容に照応する合理的な金額を報酬として支払うというのが契約当事者の通常の意思であると判示されたものである。

10　残代金請求

10−1 医院の増築工事に関し工事着手金に充てた手形が不渡りになったため、請負人が工事を中断し出来高精算を求めた事件

1 事件内容

増築工事請負契約及び仲裁合意が不成立ないし無効であるとの主張に対し、請負契約及び仲裁合意が存在することが認められた事例

2 申請人、被申請人等

申請人	請負人
被申請人	個人発注者
事件番号	昭和60年(仲)第1号事件
仲裁年月日	昭63・11・30
仲裁合意の根拠	四会連合協定契約約款(昭和50年版)第30条

3 仲裁判断主文の骨子

被申請人は、申請人に対し、3,500万円及び年5％の金員を支払え。

4 事案概要

(1) 申請人の請求要旨

① 増築工事を1億1,510万円で請負い、工事着手金500万円の約束手形を受領したが、不渡りになった。

② このため、申請人は工事を中止し、工事出来高4,294万円を支払請求した。

(2) 被申請人の主張要旨

　被申請人は、地下1階・地上2階の建物で医院を開設していたところ、申請外Fが現れ増築して医療法人とし、被申請人は院長として医療活動に専念し、医院増築の工事代金はFが負担するからというので、建物所有名義人が被申請人であることをもって契約書発注者欄に押捺した。したがって被申請人は、契約書に押捺したが、これをもって契約締結の意思があったとはいえない。

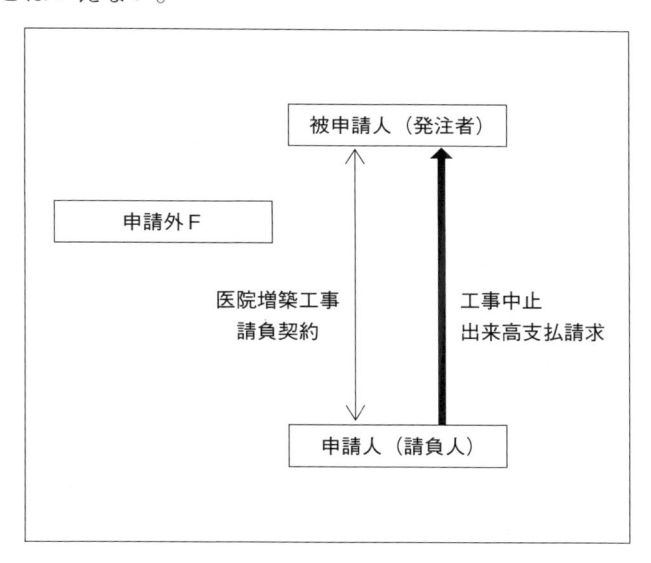

```
                    被申請人（発注者）
                      ↑    ↑
         申請外F       │    │
                 医院増築工事  工事中止
                  請負契約   出来高支払請求
                      ↓    │
                    申請人（請負人）
```

5　審査会の判断

① 被申請人は、本件増築工事契約を締結したといわざるを得ない。
② 申請人は、着手金として受領した約束手形が不渡りになったためやむなく工事中止した。
③ 出来高は、4,294万円を請求したが、現場立入り検査の結果等諸般の事情を総合し、本件増築工事の代金は3,500万円と認めるのが公平の趣旨に添う。

6　本件仲裁の意義

被申請人は、増築工事請負契約及び仲裁合意が不成立ないし無効であると主張したのに対し、審査会では、請負契約及び仲裁合意の存在を認めた。

10－2　ビル新築工事に関する工事残代金支払請求事件

1　事件内容

工事残代金請求と工事遅延等に基づく損害賠償請求について、発注者に差額の支払が命じられた事例

2　申請人、被申請人等

申請人	請負人
被申請人	法人発注者
事件番号	平成元年(仲)第5号事件
仲裁年月日	平3・11・19
仲裁合意の根拠	独自契約書の仲裁条項

3　仲裁判断主文の骨子

被申請人は、申請人に対し、3,900万円及び年15％の金員を支払え。

4　事案概要

(1)　申請人の請求要旨

申請人は、請負代金1億円でビル新築工事を請け負い、完成、引渡した。

別途追加工事契約分を含め、工事残代金5,060万円の支払を請求する。

(2)　被申請人の主張要旨

①　追加工事は、契約外で5階に浴室と居室を設けることとしていたが3階にやむなく変更したもので、当初契約に含まれている。

② 工事遅延（2月）に基づく店舗賃貸利益等の損失及び工事の瑕疵に基づく損害賠償請求権を有するので、工事残代金と相殺する。

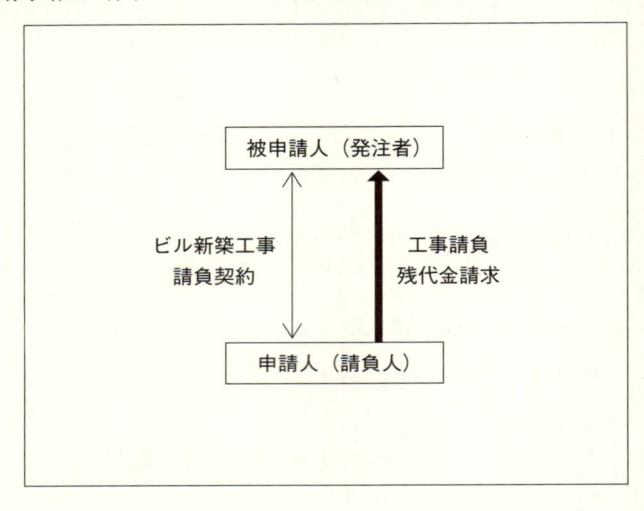

```
          被申請人（発注者）
            ↑        ↑
            │        ┃
    ビル新築工事    工事請負
     請負契約    残代金請求
            │        ┃
            ↓        ┃
          申請人（請負人）
```

5 審査会の判断

① 5階屋上部分に木造で住宅を建てることは違法であり、契約外の合意があったとは認められない。追加工事は、新たな設計変更に基づくものであり、その代金額は、申請人の主張する610万円ではなく600万円である。
② 工事遅延損害金は、2月の遅延の内申請人の責めに帰すべきものは30日、その額を300万円とした。
③ 争われた工事の瑕疵については、1件ずつ判断して850万円とし、損害金の合計は1,150万円とした。

6 本件仲裁の意義

請負人の請負残代金請求と発注者の工事遅延及び工事瑕疵に基づく損害賠償請求について各々の額を認定し、発注者に差額の支払を命じた。

10-3 医院等建築工事に関する工事残代金・追加工事代金請求事件

1 事件内容

発注者が建物引渡し後死亡した場合において、本件建物の債権債務関係は妻が一切を承継するとの遺産分割調停の決定は第三者には対抗できないとして、法定相続人8人全員が工事残代金を負担する義務があるとされた事例

2 申請人、被申請人等

申請人	6号事件請負人、7号事件個人発注者（相続人）
被申請人	6号事件個人発注者（相続人）、7号事件請負人
事件番号	昭和62年（仲）第6号・第7号併合事件
仲裁年月日	平5・8・24
仲裁合意の根拠	四会連合協定契約約款（昭和50年版）第30条

3 仲裁判断主文の骨子

被申請人ら8名は、申請人に対し、3,905万円及び一日当たり1／1000の割合による金員を支払え。

4 事案概要

(1) 申請人の請求要旨

① 申請人（請負人）は、医院等建築工事を9,500万円で、追加変更工事を3,808万円で請負い、工事を完成し引渡し、残工事代金及び追加工事代金として、5,988万円を支払請求した。

② 被申請人は、建物引渡し後死亡したため法定相続人に、支払を請求した。
(2) 被申請人の主張要旨

工事遅延による代替建物費用等1,947万円、水漏れ等の瑕疵補修費用6,714万円等合計1億980万円を請求する。工事残代金と相殺し、損害賠償額として8,041万円を請求する。

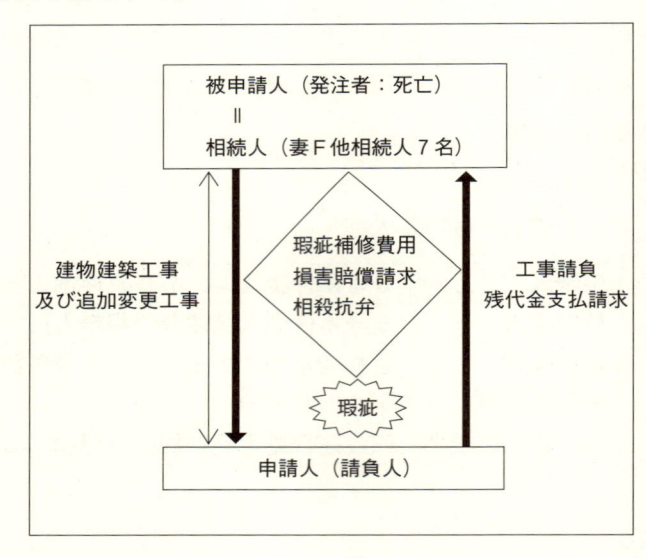

```
                    ┌─────────────────────────┐
                    │ 被申請人（発注者：死亡） │
                    │           ‖             │
                    │ 相続人（妻F他相続人7名）│
                    └─────────────────────────┘
                       ↑    ◇ 瑕疵補修費用 ◇    ↑
    建物建築工事       │    損害賠償請求         │   工事請負
   及び追加変更工事    │    相殺抗弁             │  残代金支払請求
                       ↓       ☆ 瑕疵 ☆        │
                    ┌─────────────────────────┐
                    │      申請人（請負人）      │
                    └─────────────────────────┘
```

5　審査会の判断

① 施主Aの遺産相続に関し、本件建物及び工事に関する債権債務一切を妻Fが相続する旨の遺産分割協議が家庭裁判所の調停により成立しているが、この遺産分割協議は第三者である債権者（請負人）には対抗できないから、妻F他7名の相続人が、法定相続分により代金残額の支払い義務を負う。

② 本工事代金残額は2,180万円であり、追加工事代金額は、X建築設計事務所の査定による2,831万円を適正額と認める。工事遅延による

違約金は280万円となる。工事瑕疵損害額は、瑕疵毎に個別判断し、774万円の限度で理由がある。

6 本件仲裁の意義

① 発注者は建物引渡し後死亡し、遺産相続人として、妻、子供7人がおり、本件建物の債権債務関係については遺産分割調停で妻が一切を承継するとされていたが、その決定は第三者には対抗できないとして、法定相続人8人全員に工事残代金を負担する義務があるとした。

② 請負人の工事残代金等請求と発注者（相続人）の瑕疵等を理由とする損害賠償請求について、各々適正額を認定、発注者に工事残代金の支払を命じた。

10-4　工場・共同住宅（建築基準法違反建築物）の工事残代金請求事件

1　事件内容

建築基準法違反の契約を部分的に無効として当事者双方が請求する債権額が精算された事例

2　申請人、被申請人等

申請人	請負人
被申請人	法人発注者
事件番号	平成5年(仲)第3号事件
仲裁年月日	平7・4・6
仲裁合意の根拠	独自契約書の仲裁合意書

3　仲裁判断主文の骨子

被申請人は、申請人に対し、1,655万円及び日1,000分の1の割合による金員を支払え。

4　事案概要

(1) 事件の概要
① 申請人と被申請人は、中2階付き5階建て工場兼共同住宅建設の請負契約を締結し工事を完了した。
② 本物件の内当該工場等は、建築基準法違反であり、被申請人の希望で申請外設計者が設計したもので、検査済証がおりず工場は営業不能となり、中2階は使用不可となった。

(2) 申請人の請求要旨

　工事代金1億450万円の内支払い済みの8,000万円以外の額及び追加工事代金1,236万円及び遅延損害賠償金の金員を支払え。

(3) 被申請人の主張要旨

　追加工事費を争う。工事遅延損害金、瑕疵補修等費用のほか従来どおり塗装工場を営めない損害金が2億4,847万円に及ぶ。申請人請求の棄却を求める。

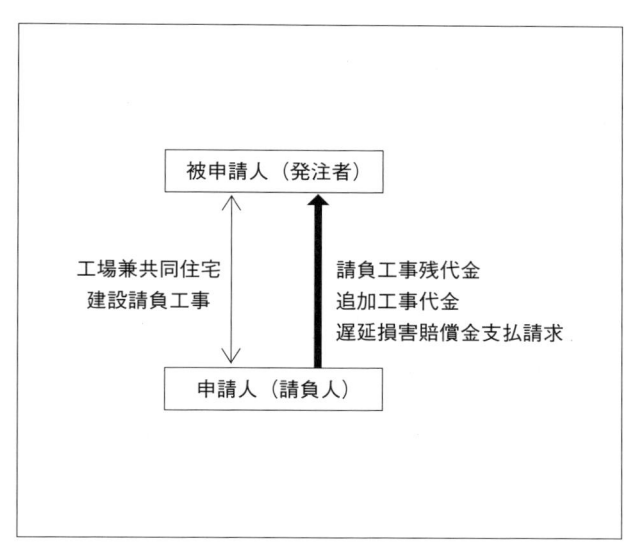

```
          被申請人（発注者）
            ↑  ↑
            │  │
   工場兼共同住宅    請負工事残代金
   建設請負工事     追加工事代金
            │  │  遅延損害賠償金支払請求
            ↓  │
          申請人（請負人）
```

5　審査会の判断

① 建築物の違反部分は、公序良俗に違反し無効である。違反部分の工事費は、388万円と認められ、この額は請求できない。引き渡された建物の価値は、当初予定より相当程度低く、その額は、請負代金及び追加工事費の5％に当たる800万円と認める。

② 追加工事費は、個別に判断し871万円である。マンション賃貸の遅れによる損害3か月分250万円は工事代金と相殺されるべきである。

③　塗装工場が営めないことによる損害は、法違反の操業による損害であり、法的保護に値する損害とはいえない。

6　本件仲裁の意義

　建築基準法違反の請負契約の効力について、同法の目的に照らせば、違反部分は公序良俗に違反し、無効というべきである（民法90条）。法違反の建築物の建築が、被申請人の要望であったとしても、信義誠実あるいは衡平の観点からして、国土交通大臣の許可を受けてこの種建築物を建築することを業としている申請人が負担するのが相当であるとしている。

10-5　ゴルフ場改修に関する工事残代金請求事件

1　事件内容

契約が被申請人代表者の意思に基づいて押捺されたことは、当事者間で争いが無いことが認定され、請負人の主張が全面的に認められた事例

2　申請人、被申請人等

申請人	請負人
被申請人	法人発注者
事件番号	平成7年(仲)第3号事件
仲裁年月日	平9・6・2
仲裁合意の根拠	四会連合協定契約約款（昭和56年版）第30条

3　仲裁判断主文の骨子

被申請人は、申請人に対し6億8,314万円及び一定の期間の利子を支払え。

4　事案概要

(1)　申請人の請求要旨

被申請人は、ゴルフ場改修に関し、コース改修工事2件①②、災害復旧工事③の3件の請負契約を締結したが、工事請負代金の内、①の請負代金の一部しか支払わないため工事請負残代金請求を行う。

(2)　被申請人の主張要旨

被申請人は、①の契約の成立は認めるが、完成、引渡しは、受けていない。②③の契約は、申請人の要請により便宜的に作成されたものであ

るため、請求には理由がない。

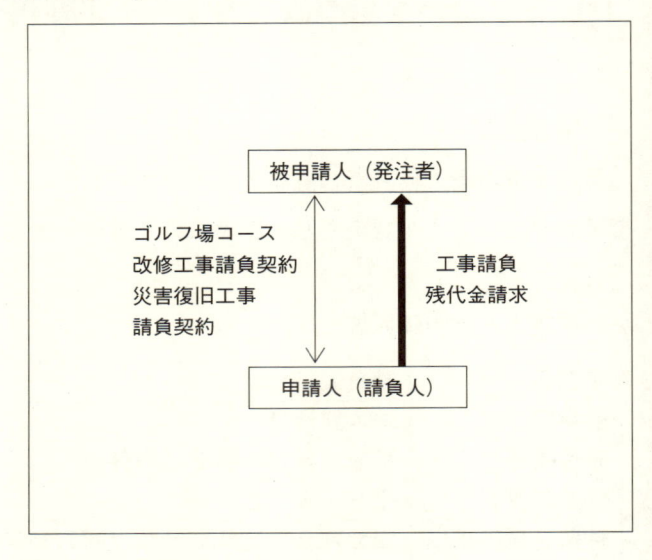

```
                    ┌─────────────────┐
                    │ 被申請人（発注者） │
                    └─────────────────┘
                       ↕         ↑
         ゴルフ場コース            │
         改修工事請負契約          工事請負
         災害復旧工事             残代金請求
         請負契約                │
                       ↕         │
                    ┌─────────────────┐
                    │  申請人（請負人）  │
                    └─────────────────┘
```

5　審査会の判断

① 　本件契約①②③が、被申請人代表者の意思に基づいて押捺されたことは、当事者間に争いがない。

② 　本件契約②③に関する申請人の請求は、理由がある。

6　本件仲裁の意義

　申請人の主張が、全面的に認められた。

　被申請人は、契約書における被申請人欄の記名捺印の印影等が真正であること、これが被申請人代表者の指示又は承認に基づいて押捺されたことを認めており、これを踏まえて、真正に成立したと認められる契約書については、特段の事情のない限り、同書面に表示された内容のとおりの契約が成立したものと推認されるとしている。

10-6　ビル新築工事請負契約に関する追加工事代金請求事件

1　事件内容
　通常起こりうる予想可能な変更は追加工事として認めるべきでないとの主張に対し、1件ごとに追加工事であるかどうかが判断された事例

2　申請人、被申請人等

申請人	請負人
被申請人	法人発注者
事件番号	平成9年(仲)第6号事件
仲裁年月日	平12・9・22
仲裁合意の根拠	四会連合協定契約約款（昭和56年版）第30条

3　仲裁判断主文の骨子
①　被申請人は、申請人に対し、1,086万円支払え。
②　申請人のその余の請求を棄却する。

4　事案概要
(1)　申請人の請求要旨
　ビル新築工事請負契約に基づき工事を施工したが、追加工事があったので、被申請人に追加工事代金の支払を求める。
(2)　被申請人の主張要旨
　仲裁合意は存在しない。存在するとしても錯誤により無効である。
　また、通常起こりうる予想可能な変更は、追加工事として認めるべき

でなく、払い過ぎなので、その既払請負代金の返還をすべきである。

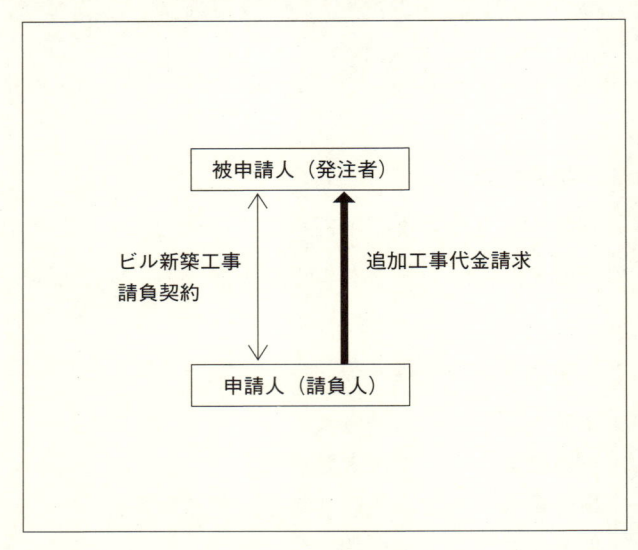

```
被申請人（発注者）
    ↑↓            ↑
ビル新築工事    追加工事代金請求
請負契約
    ↓
申請人（請負人）
```

5　審査会の判断
① 仲裁合意は有効に成立している。
② 追加工事は、1件ごとに追加工事であるかどうかを判断し、合計額1,086万円を認めた。

6　本件仲裁の意義
　申請人が、追加工事代金1,565万円の支払を求めたのを受け、個別に追加工事に当たるかどうかを審査し、支払金額が確定されたもの。

11　建設業法関係

11-1　両罰規定適用に関する建設業法違反被告事件

1　事件内容

業務に関し建設業法45条（現47条）1項3号の違反行為をした会社の代表者の処罰に同法48条（現53条・両罰規定）が適用された事例

2　上告人、被上告人等

上告人（被告人・控訴人）	Y
被上告人（原告・被控訴人）	国
裁判所	最高裁　平4（あ）129号
判決年月日	平7・7・19 第2小法廷決定、上告棄却
関係条文	建設業法3条1項、45条（現47条）1項3号、48条（現53条）

3　判決主文

本件上告を棄却する。

4　事案概要

Yは、㈲A塗装の代表者として、建設業の許可の取得に必要な専任の技術者が同社にいると偽って、知事の許可を取得した。

（原審の判断）

(1)　一審　山口地裁　平元(ワ)221号　平3.3.26 判決（懲役6月）

「法令の適用」において、いわゆる本条である建設業法45条1項3号のほか、両罰規定である同条48条を示した。

(2) 二審　広島高裁　平3（ウ）99号　平3.12.24 判決（控訴棄却）

同法48条は、「行為者とともに法人を処罰するときの規定であるから、本件に適用すべきものではない」と指摘した。

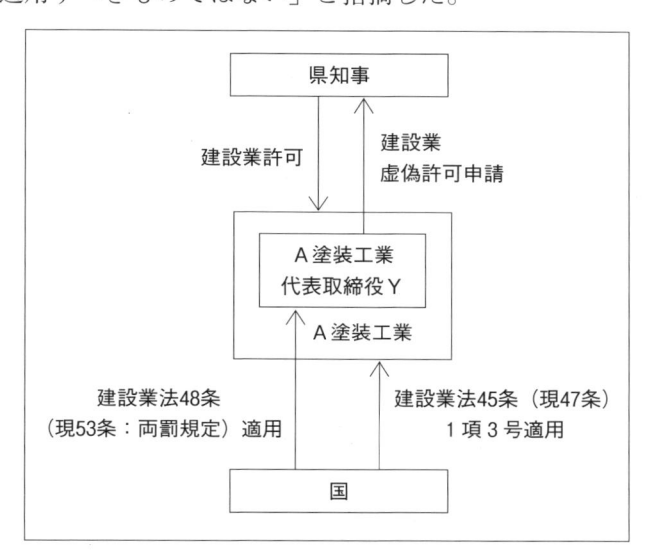

```
                    ┌──────────┐
                    │  県知事   │
                    └──────────┘
              建設業許可 ↓    ↑ 建設業
                              虚偽許可申請
                    ┌──────────┐
                    │ Ａ塗装工業 │
                    │代表取締役Y│
                    └──────────┘
                         ↑ Ａ塗装工業
        建設業法48条          建設業法45条（現47条）
        （現53条：両罰規定）適用    1項3号適用
                    ┌──────────┐
                    │    国    │
                    └──────────┘
```

5　裁判所の判断

本件において、虚偽の事実に基づいて建設業法3条1項の許可を受けた者はＡ塗装であり、被告人Ｙは同社の代表者として同社の業務に関し右違反行為をしたのであるから、建設業法48条（現53条）に「その行為者を罰するほか」とあることにより、同法45条（現47条）1項3号の罪の行為者として処罰されるものと解すべきである。

6　本件判決の意義

一審が「法令の適用」において、いわゆる本条である建設業法45条1項3号のほか、両罰規定である同条48条を示したのに対し、二審は、同法48条は「行為者とともに法人を処罰するときの規定であるから、本件

11−1

に適用すべきものではない」とした。本判決は、一審のとおり同法48条（両罰規定）を適用するのが正しいと判断した。

11-2 請負契約に仲裁条項がある場合における監理技師に対する損害賠償請求控訴事件

1　事件内容

注文者と監理技師との間の紛争について建築請負契約上の仲裁約款の適用がないとされた事例

2　控訴人、被控訴人等

控訴人（原告）	X（発注者）
被控訴人（被告）	Y（監理技師）
裁判所	大阪高裁　昭50(ネ)1362号
判決年月日	昭51・3・10 判決、原判決取消差戻
関係条文	旧民訴法786条（現仲裁法13条）、建設業法25条

3　判決主文

原判決（被控訴人の妨訴抗弁を認め、控訴人の訴却下）を取り消す。本件を大阪地裁に差し戻す。

4　事案概要

控訴人Xは、A建設にビルの建築を注文し、その設計監理を被控訴人Yが監理技師として担当した。

XとA建設の請負契約は、四会連合協定契約約款により為されたが、同約款には仲裁約款が存し、当該請負契約書にXとA建設の署名押印があるほか、Yも「監理技師としての責任を負うため」と明記して署名押印している。

11-2

　後日、Xは、Yが設計過程において担当した冷暖房器具設置等に適合したカロリー計算に誤りがあり損害を被ったとして、その損害賠償を請求した。

（控訴人の主張）

　仲裁約款の適用があるのは、請負契約の当事者（XとA建設）の間の紛争についてだけであり、監理技師としての債務不履行責任には適用されない。

（被控訴人の主張）

　本件のような紛争については、XとYの間に仲裁契約が存する旨の妨訴の抗弁を主張した。

（原審の判断）

一審　大阪地裁　昭49(ワ)4249号　昭50．7．7　判決

　本件のような紛争については、XとYの間に仲裁契約が存する旨の被告の妨訴の抗弁を認め、Xの訴を却下した。

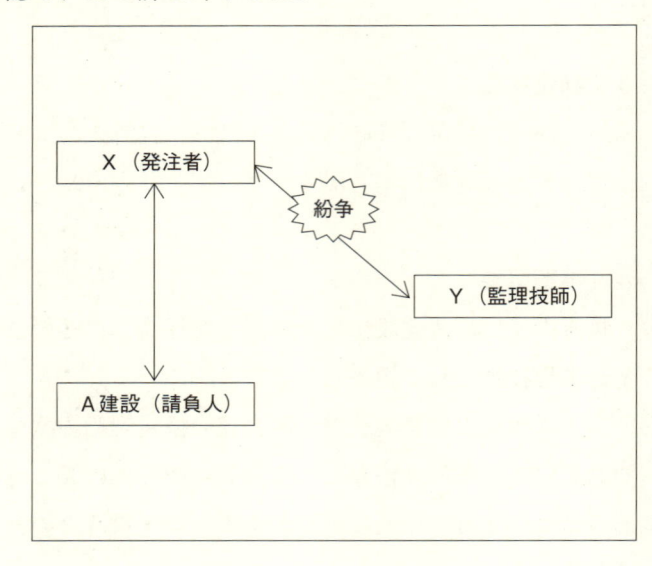

5 裁判所の判断

① 本件約款中「当事者」なる文言は控訴人Ｘ（注文者）とＡ建設（請負人）をさし、三者を一括挙示するときは「甲（注文者）、乙（請負人）、丙（監理技師）」と明示している。

② 約款の由来である建設業法19条1項についても、もっぱら建設工事請負の適正化を図ることを目的としたもので、監理技師は同法の規制の対象として予想していない。

③ 本約款は仲裁人として建設工事紛争審査会を指定しているが、審査会が仲裁調停等の権能を与えられた当事者は注文者と請負人であって、監理技師は予想していないと解される。

以上のこと等より、監理技師は、本件請負契約約款の仲裁約定の適用を受けないと解するのが相当である。

6 本件判決の意義

建設工事請負契約では、民間工事標準請負契約約款、民間（旧四会）連合協定工事請負契約約款等によっているものが多く、建設工事請負契約を巡る紛争では、約款中の仲裁条項がしばしば妨訴抗弁として主張されており、仲裁の合意が認められて訴が却下される例もある。

なお、現行の民間工事標準請負契約約款の工事請負契約書では、監理者の立場を明確にするために、監理者の記名押印欄の記載を「発注者との間の契約に基づいて発注者から監理業務（建築士法（昭和25年法律第202号）第2条第7項で定める工事監理並びに同法第18条第3項及び第20条第3項で定める工事監理者の業務を含む。）を委託されていることを証するためにここに記名押印する。」とされている。（民間（旧四会）連合協定工事請負契約約款も同様の記載あり。また、昭和56年改正前の同約款では、「監理者」を「監理技師」と表記していた。）

11-3　請負契約に仲裁条項がある場合における約束手形金請求事件

1　事件内容

建築請負代金支払のため裏書譲渡された約束手形の手形金請求が、手形の振出人については認められ、裏書人については請負契約に仲裁条項があることを理由に却下された事例

2　原告、被告等

原告	X建設㈱（請負人）
被告	Y1電機㈱（手形振出人）、Y2（注文者）
裁判所	東京地裁　昭51(手ワ)3670号
判決年月日	昭52・5・18 民七部判決、一部認容一部却下（一部異議申立、一部確定）
関係条文	手形法11条等、旧民事訴訟法786条、800条（現仲裁法13条、45条）、建設業法25条

3　判決主文

被告Y1電機は原告X建設に200万円及び年6分の割合による金員を支払え。

原告X建設の被告Y2に対する本件訴を却下する。

4　事案概要

被告Y2は他三名と共同して原告X建設にマンション建設工事を請け負わせたが、その請負契約には仲裁条項が存在した。

被告Y1電機はY2に約束手形一通を振り出し、Y2は上記工事の請

負代金の一部の支払としてその手形をＸ建設に裏書譲渡した。Ｘ建設はその手形を支払呈示期間内に支払場所に呈示したが、支払を拒絶された。

（原告の主張）

被告らに、手形金とその利息金の支払義務がある。

（被告の主張）

手形は工事請負代金の一部の支払いとして裏書譲渡されたものであるが、本件工事には多数の瑕疵があり、Ｙ２（注文者）は瑕疵修補請求権を有するため本件手形金の支払を拒絶している。本件は請負契約についての紛争であるから仲裁契約に反し不適法であり、却下されるべきである。

仮にそうでないとしても、Ｙ２は瑕疵修補請求権を有し、それと手形金の相殺の意思表示をしたので、手形金債務は消滅している。

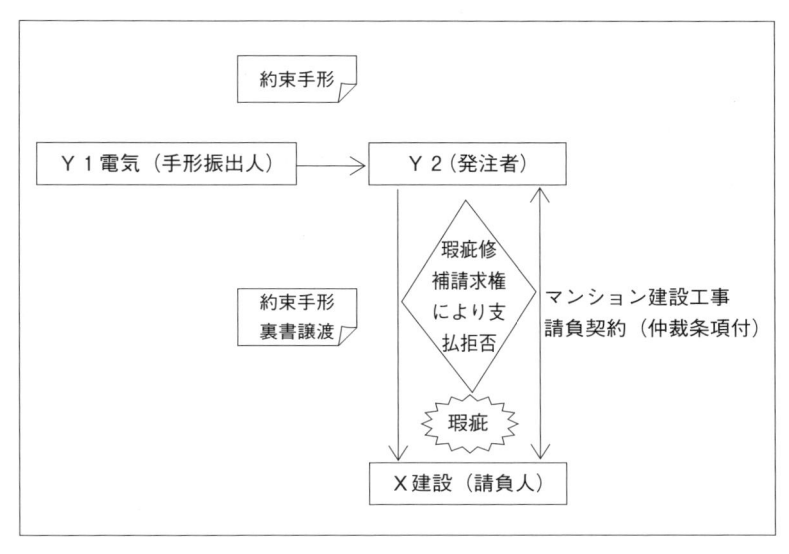

5　裁判所の判断

　本件手形金請求はその工事の瑕疵の存在を理由に支払を拒絶されているのであるから、請負契約についての紛争にあたり、X建設とY2はその仲裁契約に拘束され、本件手形金請求は仲裁により解決されるべきである。

　Y1電機は、Y2がX建設に対し瑕疵修補請求権を有する旨主張しているが、提示された証拠のみではその程度、費用などを立証するに足りず、抗弁は理由がない。

6　本件判決の意義

　本件は、原告である請負人が手形の振出人及び裏書人（注文者）に対して手形金を請求したものであるが、裏書人（注文者）については「手形は建築請負契約の代金支払のため裏書譲渡されたもので、契約中の仲裁条項により本件訴は却下されるべき」という本案前の抗弁が認められ、振出人については請求が認容された事案である。

　裏書人である注文者が、工事瑕疵を理由に支払いを拒絶していることを踏まえ、請負代金の支払のため裏書譲渡された手形金請求が「請負契約についての紛争」に該当すると判示したものであり、前例として参考になる。

　本件においては、仲裁契約の存在について当事者間に争いがないので、仲裁条項が存在することをもって仲裁契約が成立したといえるかどうかという点に触れることもなく、仲裁契約の成立を前提に判断している。

　四会連合協定工事請負契約約款は、その後昭和56年の改正により「当事者は仲裁合意書に基づいて審査会の仲裁に付すことができる」として、別途仲裁合意書を締結することにしている。

なお、仲裁事例であるが、平成5年(仲)第5号事件（中央建設工事紛争審査会　平6・8・3）は、申請人（請負人）は、四会連合協定工事請負契約約款（昭和56年版）第30条(2)は、別途仲裁合意書を作成しない場合でも同条の規定を仲裁の合意であると解することもできると主張したが、仲裁契約の成立を認めず、仲裁申請を不適当として却下した事例である。

11-4 管轄合意がある場合における瑕疵の補修工事費に相当する損害賠償額請求事件

1 事件内容
「紛争について、仲裁をすべき紛争審査会を〇〇県建設工事紛争審査会とすることに合意する」との記載は、法定管轄に付加して競合的に〇〇県建設工事紛争審査会とすることとした合意であるとして、法定管轄である中央建設工事紛争審査会で判断がなされた事例

2 申請人、被申請人等

申請人	個人発注者
被申請人	請負人
事件番号	昭和53年(仲)第4号事件
仲裁年月日	昭61・8・13
仲裁合意の根拠	四会連合協定契約約款(昭和41年版)第29条

3 仲裁判断主文の骨子
申請人の申請を棄却する。

4 事案概要
(1) 申請人の請求要旨
① 契約書でG県建設工事紛争審査会とすることに合意が成立しているから、本申請は管轄違いで却下されるべきである。
② 引渡しを受けた建物について、柱を台直しの工法で工事したため曲折しており、垂直に補修するよう求めたが、被申請人は補修に応じな

かった。そこで、補修に要する費用1億1,000万円を、損害賠償として求める。
(2) 被申請人の主張要旨

H地方裁判所において和解が成立しており、申請人の被申請人に対する権利は存在しない。

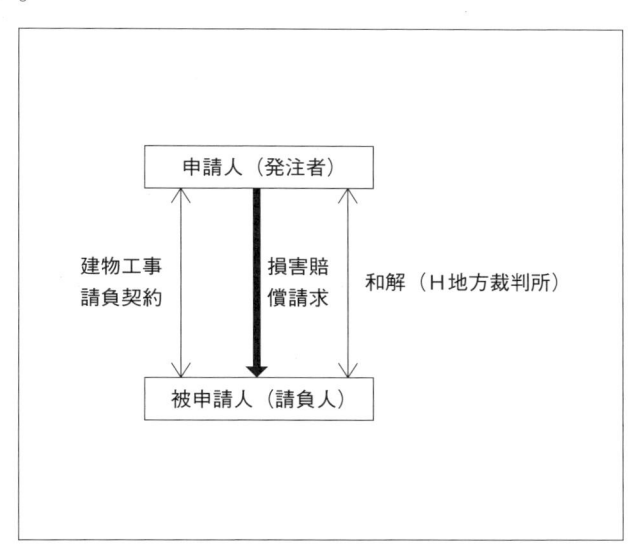

```
申請人（発注者）
  ↕         ↓         ↕
建物工事   損害賠    和解（H地方裁判所）
請負契約   償請求
  ↕         ↓         ↕
被申請人（請負人）
```

5 審査会の判断

① 本件管轄合意書の記載は、法定管轄に付加して、G県工事紛争審査会を管轄紛争審査会としていると認められるから、中央建設工事紛争審査会の管轄にも属する。

② 本件紛争は、裁判所の和解によって終了しており申請人の請求を棄却する。

6　本件仲裁の意義

「紛争について、仲裁をすべき紛争審査会を〇〇県建設工事審査会とすることに合意する」との記載は、法定管轄に付加して競合的に〇〇県建設工事紛争審査会とすることとした合意であるとして、法定管轄である中央建設工事紛争審査会で判断がなされた。

なお、昭和59年(仲)第5号事件（中央建設工事紛争審査会　昭61・3・18）は、契約書の建設工事紛争審査会欄が、空欄になっているため仲裁に付する合意はないとの被申請人（発注者）の主張に対して、仲裁契約の成立を認めた事例である。

11－5 仲裁合意がある場合における追加工事代金支払請求事件

1 事件内容
　追加工事には、仲裁合意は及ばないという主張に対し、仲裁合意は成立するとされた事例

2 申請人、被申請人等

申請人	請負人
被申請人	個人発注者
事件番号	昭和59年（仲）第6号事件
仲裁年月日	昭63・2・26
仲裁合意の根拠	独自契約書の仲裁条項

3 仲裁判断主文の骨子
　被申請人は、申請人に対し、226万円と年6分の利息を支払わなければならない。

4 事案概要
(1) 申請人の請求要旨
　申請人は、医院増築工事を1億800万円で請負った。追加工事を請負、施工したが、施工段階では金額は決めていなかった。後から609万円（他に妻からの追加注文分130万円）の見積書を持参したが高いといわれ、値引きし300万円にした見積書を提出したが、被申請人が支払わない。

(2) 被申請人の主張要旨
① 本件は追加工事であるから、仲裁する旨の合意の適用はない。
② 追加工事は、200万円の工事費の減額が生じたことに伴うものであり、振替工事、基本工事、設計変更、サービス工事等であり、申請人は請求できない。また、完全な建物とするための補修のための損害賠償債権と相殺する。

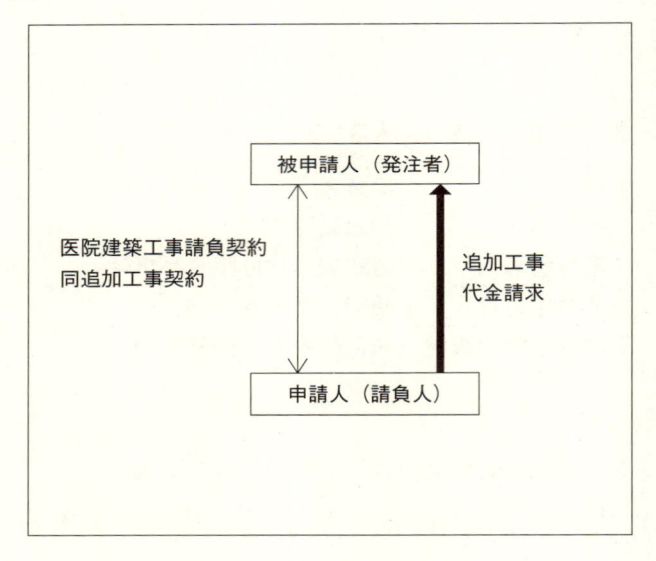

```
┌─────────────────────────────────────────┐
│                    ┌──────────────┐     │
│                    │被申請人（発注者）│     │
│                    └──────────────┘     │
│                        ↑    ↑           │
│   医院建築工事請負契約   │    │ 追加工事   │
│   同追加工事契約         │    │ 代金請求   │
│                        ↓    │           │
│                    ┌──────────────┐     │
│                    │申請人（請負人）│     │
│                    └──────────────┘     │
└─────────────────────────────────────────┘
```

5 審査会の判断

① 追加工事は、契約にいう審査会の仲裁判断の対象となる。
② 追加工事の内容をチェックし、温水器、湯沸器は、持ち去った又は設置していないので、被申請人は、それらの金額47万5,000円を差し引いた額226万円と利息年6分を支払わなければならない。

6　本件仲裁の意義

　請負人が発注者に追加工事代金の支払を求めた。請負人の二重請求、工事未施工部分等を差し引き、その差額の支払を命じた。

　追加工事に仲裁合意は及ばないとの主張に対し、仲裁合意は成立するとした。

11-6　ビル内装工事に関する工事残代金請求事件

1　事件内容

被申請人が審理期日に出頭せず答弁書及び証拠の提出もしなかったため、申請人提出の証拠等により申請人の主張が認められた事例

2　申請人、被申請人等

申請人	請負人
被申請人	個人発注者、個人保証人
事件番号	平成3年(仲)第10号事件
仲裁年月日	平5・1・29
仲裁合意の根拠	四会連合協定契約約款（昭和56年版）第30条

3　仲裁判断主文の骨子

被申請人らは、申請人に対し、2,565万円及び年36.5％の金員を支払え。

4　事案概要

(1)　申請人の請求要旨

①　申請外G（被申請人Fが代表取締役、同Dが取締役）所有に係る建物の内装工事の施工に関し、Dと申請人の間で、追加工事の施工を含め総額9,065万円で、請負契約が締結された。Fは、保証人となることを約定した。

②　申請人は、全工事を完成し引渡しを完了した。

③　Dは、6,500万円を支払ったが、残代金2,565万円の支払を遅滞して

いるので、残金の支払を請求する。
(2) 被申請人の主張要旨
　被申請人は、審理期日に出頭せず、答弁書等の提出もしなかった。

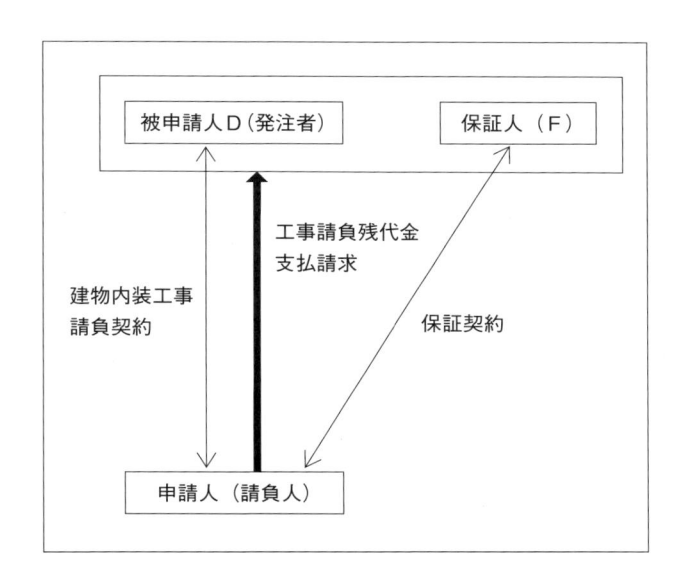

```
┌─────────────────────────────────────────┐
│  被申請人Ｄ（発注者）      保証人（Ｆ）   │
│       ↑   ↑                ↑             │
│       │   │ 工事請負残代金   │            │
│       │   │ 支払請求         │            │
│  建物内装工事               保証契約      │
│  請負契約                                │
│       ↓   │                ↓             │
│      申請人（請負人）                    │
└─────────────────────────────────────────┘
```

5　審査会の判断

　申請人提出の証拠資料により、申請人主張の事実を認めることができるので、申請人の請求は理由がある。

6　本件仲裁の意義

① 工事代金の残金を、発注者及び保証人に支払を命じた。
② 被申請人側は、審理期日に出頭せず、答弁書及び証拠の提出もしなかった。
③ 審査会は、申請人提出の証拠等により、申請人の主張を認めた。

11-7 マンション新築工事に関する工事残代金支払請求事件

1 事件内容

マンション建築工事請負契約の無効について争われたが、被申請人（発注者）は、答弁書において契約の無効を主張した後の審理に出席せず、書面及び証拠の提出もしなかったため、請負人の主張が認められた事例

2 申請人、被申請人等

申請人	請負人
被申請人	法人発注者
事件番号	平成11年(仲)第15号事件
仲裁年月日	平12・8・23
仲裁合意の根拠	四会連合協定契約約款（昭和56年版）第30条

3 仲裁判断主文の骨子

被申請人は、申請人に対し、4,765万円及び年14.6％の割合による金員を支払え。

4 事案概要

(1) 申請人の請求要旨

マンション新築工事を施工したので、被申請人に対し工事残代金の支払を求める。

(2) 被申請人の主張要旨

被申請人は、答弁書において契約の無効を主張。その後の審理に出席せず、書面及び証拠の提出もしなかった。

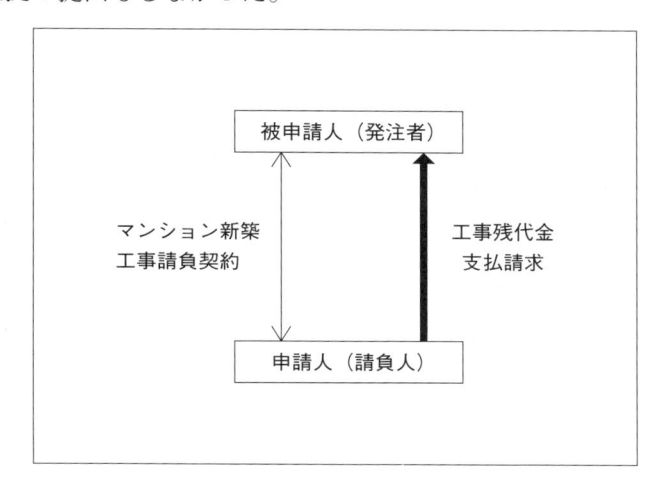

```
被申請人（発注者）
 ↑↓              ↑
マンション新築    工事残代金
工事請負契約      支払請求
 ↑↓              ↑
申請人（請負人）
```

5　審査会の判断

申請人の請求を認める。

6　本件仲裁の意義

　申請人は、被申請人及び申請外G社を共同発注者として、マンション建築工事請負契約を締結したものである。被申請人は、契約書に形式的に記名押印したものであり、申請人と被申請人の本件契約は通謀虚偽表示であり無効であると主張した。

　なお、平成11年(仲)第4号事件（中央建設工事紛争審査会平12・1・18）は、一方当事者が審理に全く出席しなかった点において本件と類似の事例であり、申請人がビル改修工事に係る請負工事残代金の支払を停滞している被申請人に工事残代金の支払を求める仲裁を申請したが、被申請人は審理に全く出席せず、答弁書、証拠を提出しなかったため申請人提出の証拠等により、申請人の主張が認められた。

11-8 官製談合に係る共同企業体構成員の損失分担金請求事件

1 事件内容

談合によって工事を受注した建設共同企業体が、赤字を計上した場合において、建設共同企業体の構成員の損失負担義務が認められた事例

2 原告、被告等

原告	X建設㈱（JV構成員）
被告	Y建設㈱（JV構成員）
裁判所	東京地裁 平18(ワ)22476号
判決年月日	平21・1・20 民45部判決、認容（確定）
関係条文	民法667条、674条

3 判決主文

被告は原告に対し、4,476万円及び年6分の割合による金員を支払え。

4 事案概要

原告X建設と被告Y建設は、平成14年11月、X建設が70％、Y建設が30％の出資割合で、B庁発注の米軍体育館の新築工事を共同連帯して施工するために建設共同企業体契約を締結し、同共同企業体が請け負って完成させたが、費用が嵩み損失を蒙った。

このため、X建設は、Y建設に対し、上記契約に従って損失の3割に相当する4,476万円の損失分担金の支払を求めた。

（原告の主張）

　本件建設共同企業体契約及び本件建設共同企業体がＢ庁を発注者とする工事の請負契約は、官製談合を契機として締結され、受注過程における官製談合の合意が公序良俗に反するとしても、本件契約とは別個に評価されるべきであり、本件契約には受注価格や内容に関して公序良俗に反するような事情はなく同契約は有効である。

（被告の主張）

　本件建設共同企業体契約等は、いわゆる官製談合を契機として締結したものであるが、独占禁止法に違反し公序良俗にするものであることから無効であり、本件建設共同企業体契約に基づく損失負担の合意の効力もないこと、Ｘ建設は、本件契約が談合を契機として行われたという重大な情報をＹ建設に提供する義務があったにもかかわらずこれを怠ってＹ建設に誤った意思決定をさせたものであり、Ｙ建設に損失分担金を請求することは許されない。

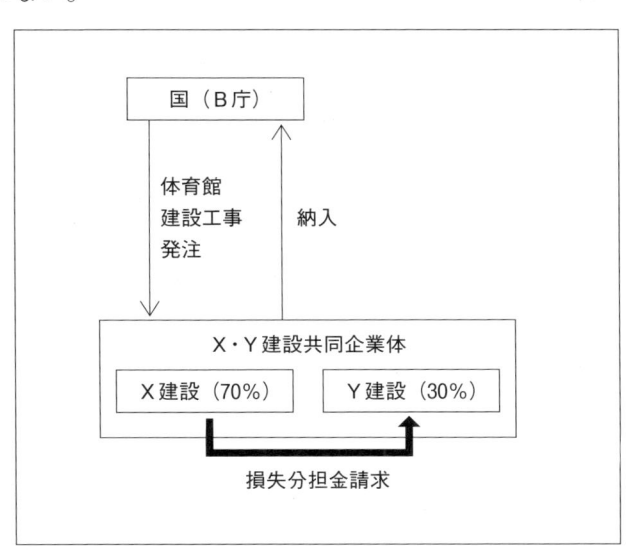

```
            ┌─────────────┐
            │  国（Ｂ庁）  │
            └─────────────┘
         体育館        ↑
         建設工事  納入
         発注          │
            ↓          │
      ┌───────────────────────────┐
      │   Ｘ・Ｙ建設共同企業体      │
      │ ┌──────────┐ ┌──────────┐ │
      │ │Ｘ建設(70%)│ │Ｙ建設(30%)│ │
      │ └──────────┘ └──────────┘ │
      │       ───────►            │
      │      損失分担金請求         │
      └───────────────────────────┘
```

5　裁判所の判断

　本件契約が、いわゆる官製談合を契機として締結されたものであるとしても、そのことによって、本件契約の内容が公序良俗に反する内容を含んでいるとは評価できない。

　被告Y建設は、本件工事が官製談合を契機として、その収支が赤字になる可能性があることを十分認識していながら、契約を締結したものと認められることから、X建設に情報提供義務はない。

　被告Y建設が原告X建設の損失回避義務違反によって損害を負ったことは認められないし、信義則上、X建設がY建設に対して本件建設共同企業体契約に基づく損失分担を請求できないということはない。

6　本件判決の意義

　いわゆる官製談合を契機とする建設共同企業体契約であっても、同契約や損失分担契約は、直ちに公序良俗に反するとはいえないと判断された事例である。

12　元請下請関係

12-1　孫請負人の従業員の過失による事故に関し、元請負人に対する損害賠償請求事件

1　事件内容

共同住宅の工事現場における足場落下による事故に関し、孫請負人従業員の過失につき元請負人に使用者責任等が認められた事例

2　原告、被告等

原告	X（下請負人従業員）
被告	Y建設（元請負人）
裁判所	東京地裁　昭47(ワ)9760号
判決年月日	昭50・12・24　民13部判決、一部認容一部棄却（確定）
関係条文	民法709条、715条、722条

3　判決主文

被告は原告に対し、200万円及び年5分の割合による金員を支払え。

4　事案概要

昭和46年11月27日、Tハイツ工事現場（8階）において、孫請負人作業員Aの落下させた足場板が、その真下の4階の工事現場で配管工事をしていた下請負人の従業員である原告Xの左足に衝突し、骨折等の傷害を負わせた。

（原告の主張）

Xは下請負人（配管設備業者）の従業員であり、足場板を落下させたのは別の下請負人の孫請負人（型枠大工）の従業員Aであった。元請

負人である被告Y建設には、Aの元請使用者として民法715条による使用者責任があり、Aに対する危険物の落下防止設備等の安全管理義務を怠った債務不履行責任があるとし、XはY建設に対し、休業補償、逸失利益、慰謝料を請求した。

（被告の主張）

Y建設は、定期的な安全連絡会議の開催、危険箇所立入禁止措置等の安全管理義務は果たしており、8階で作業中にその真下で工事をしていたXに過失がある。

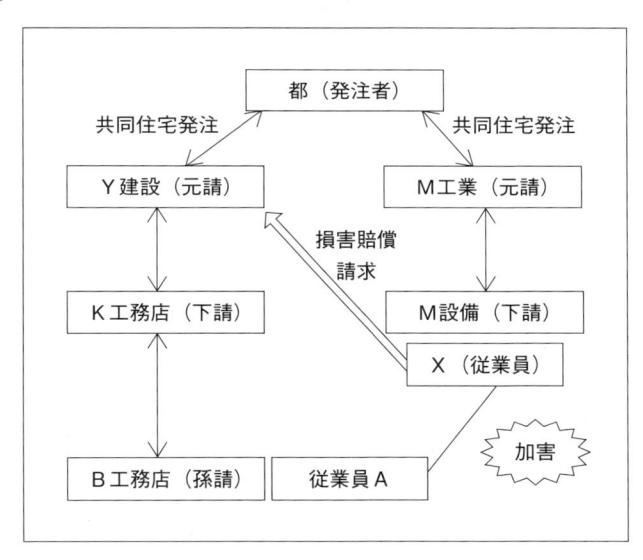

```
                        都（発注者）
          共同住宅発注  ↙        ↘  共同住宅発注
       Y建設（元請）              M工業（元請）
            ↕         損害賠償         ↕
                      請求
       K工務店（下請）              M設備（下請）
            ↑                      X（従業員）
                                        加害
       B工務店（孫請）   従業員A
```

5 裁判所の判断

8階の工事現場で、Aが足場板を落下させたことは、元来連結固定が不完全であったところ、Aが連結状態を確認することなく、不用意に足を乗せたためその一端が支点からはずれたものと推認できる。この点において、注意義務を怠ったAの過失は明白である。

被告Y建設は、各下請業者及びその従業員に対し、工事施工及び安全

保持の点について、具体的な指揮監督権を有し、本件工事現場において、躯体工事の下請業者、孫請業者は、被告Y建設の手足に等しく、被告Y建設と一体の関係にあった。してみれば、民法715条の適用に当たっては、被告の下請業者、孫請業者の従業員も、同条にいう「被用者」に当たるものと解するのが相当である。

原告Xが4階で配管作業をしていたこと自体を注意義務違反という意味での過失と見ることはできないが、上部階でコンクリート型枠解体作業が行われていることを承知しながら、原告Xは本件工事現場で自己の作業を進めていたのであるから、原告自身にも過失がある。原告Xの関与割合を2割とするのが適当である。

損害については、休業損害、慰謝料を認定した。逸失利益については、労働能力を回復しており、認定しなかった。過失2割を相殺した。

6　本件判決の意義

孫請会社従業員の過失につき、同従業員は元請の手足に等しく、元請と一体関係にあったとして、元請会社の使用者責任を認めた事例であり、実務的に参考になる。

被害者に注意義務違反はなかったが、その作業状況が事故発生に寄与したとして過失相殺を認めた。この過失は、注意義務違反とは異なり、単なる不注意の程度、事故発生への客観的加担行為である。

12-2 下請負人従業員が起こした交通事故に関し、元請負人に対する損害賠償請求控訴事件

1 事件内容
下請負人の被用者が起こした自動車事故に関し、元請負人の使用者責任が認められた事例

2 控訴人、被控訴人等

控訴人	X（交通事故被害者）
被控訴人	Y販売（元請負人）
裁判所	東京高裁 昭50（ネ）2737号
判決年月日	昭53・8・28 民3部判決、変更（上告）
関係条文	民法715条

3 判決主文
被控訴人は、控訴人に対し266万円及び年5分の割合による金員を支払え。

4 事案概要
A（下請負人）が従業員Bに自動車を運転させていたが、交通事故を起こした。被害者である控訴人Xが、元請会社被控訴人Y販売の民法715条の使用者責任を求めて訴えた。

Y販売（元請負人）の工事現場は東京、埼玉、茨城、神奈川、静岡などに及び、組立ハウスの内装工事に必要な道具を運搬し、3〜4人の大工を現場へ輸送するため、自動車の使用は必要不可欠であった。Y販売

は、Aに対し、自動車の使用を前提に、現場の移動、作業日程の指示を行っていた。本件事故は、現場移動中に起きた。

（原告の主張）

Xは、下請負人Aが、その従業員のBに自動車を運転させていた行為は、Y販売の指揮監督の下に行われていたものであり、Bの運転行為は、Y販売の直接又は間接の指揮監督権が及んでいたものというべきであり、Y販売は、損害賠償等の責任があるなどと主張した。

（被告の主張）

Y販売は、下請負人Aに一切を任せ、その被用者であるB等に対し、指揮監督は一切していない、本件交通事故は、元請負人の指揮監督関係が、下請負人の被用者に直接間接に及んでいる場合に発生したものではないから、Y販売が、使用者責任を負うべきいわれはないと主張した。

（原審の判断）

一審判決（東京地裁八王子支部 昭49(ワ)1146号、昭和50年11月18日判決）は、原告の請求を棄却する。本件自動車の運転行為は、被告の指揮監督のもとに運転業務に従事していたものと解することはできないとした。

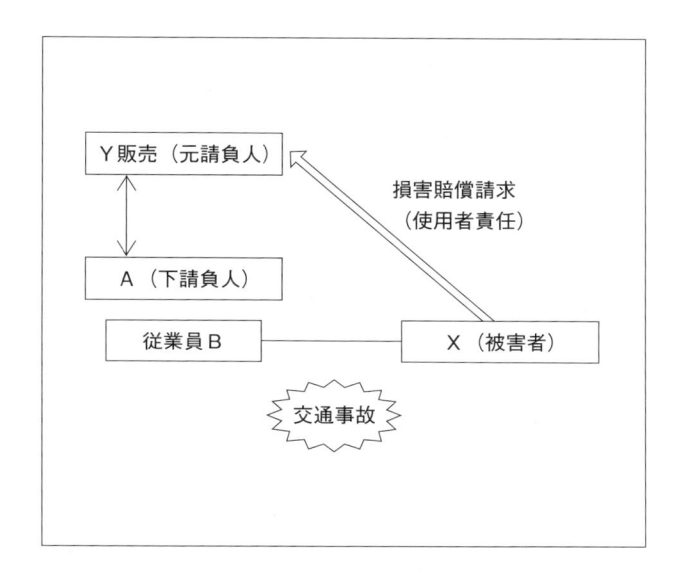

5 裁判所の判断

　本件事故当時の下請負の形態は、いわゆる手間請であったこと、被控訴人Ｙ販売は下請負人になるための条件の一つとして下請負人が自動車を使用することを求め、ガソリン代等を下請負人に支給していたこと、下請負工事の施工は、被控訴人Ｙ販売次長の指示に基づき行っていたこと、工事現場では下請負業者は、注文者に対しＹ販売の作業員として挨拶していたこと等によれば、被控訴人Ｙ販売と下請負人Ａの間には、実質的には使用者と被使用者の関係もしくはこれと同視すべき関係にあった。

　被控訴人Ｙ販売は、その事業の執行につき、下請負人Ａに指示を与えれば、同人を通じて同人の被用者に対し容易に指揮監督関係を及ぼすことができたといえる。下請業務の執行に当たっては、下請負人の被用者は、いわば下請負人の手足になり、同人と一体となって、元請負人から指揮監督を受ける関係に立つと見るのが相当である。

元請負人の使用者責任は、下請負業務の執行（組み立てハウスの内装工事の施工）についてはもとより、下請負業務に関連して元請負人から下請負人に対してなされた指示に基づく行為（自動車の運転行為）にも及ぶと解するのが相当である。

　そうだとすれば、被控訴人Y販売は、下請負人Aの被用者であるBが過失により起こした本件事故について使用者責任を負うものといわねばならない。

　控訴人Xが本件事故によって被った損害は、入院・通院費用、休業期間中の損害、後遺症により大工としての能力減退（喪失割合14％）、精神的苦痛、合計428万円となり、被控訴人Y販売は、すでに填補を受けた額241万円を控除した額に弁護士費用25万円を加えた額及び利息を支払う義務がある。

6　本件判決の意義

　下請負人又はその被用者に対し元請負人の指揮監督権が及び、その間に使用者と被用者と同視しうる関係がある場合には、元請負人は使用者責任を負うとされ（最判　昭37・12・14）本判決もこれに依ったものである。

12−3 下請負人従業員の起こした自転車事故に関し、元請負人に対する損害賠償請求事件

1 事件内容

下請負人の従業員が自己所有の原動機付き自転車を運転して帰宅途中に起こした交通事故について、元請負人の使用者責任、運行供用者責任が否定された事例

2 原告、被告等

原告	X（交通事故被害者）
被告	Y1（下請負人の従業員） ㈱Y2工務店（元請負人）
裁判所	大阪地裁 昭52(ワ)3710号
判決年月日	昭54・6・28 民15部判決、一部認容一部棄却（確定）
関係条文	民法715条、自動車損害賠償保障法3条

3 判決主文

被告Y1は、原告に対し、129万円及び年5分の割合による金員を支払え。

被告Y2工務店に対する請求は棄却する。

4 事案概要

被告Y2工務店は、建築請負業者であり、Aは同社の専属的な下請負人である。被告Y1はAに雇用されて、Y2工務店が元請する家屋の新築工事などの従事していた。

12-3

　A及びY1は、本件事故当時Y2工務店が元請しているM邸新築工事に継続して専属的に従事していた。

　通常は朝8時頃被告会社事務所に集まって同社所有の普通貨物自動車で現場に行き、午後5時頃作業が終わると同様に車で事務所に戻っていた。Y1は、事務所から自宅までは、自分の原動機付き自転車を使用していた。

　事故当日Y1は、寝過したため、自己所有の原付自転車で現場に行き、5時頃に作業が終了し、同車を運転して帰宅途中であった。事故現場は国道（幅6.35m）の横断歩道ではない場所で、Y1が衝突回避措置を取らなかったため、原告Xを横断中に跳ね飛ばして負傷させた。

（原告の主張）

　Y1は、前方不注意の過失により事故を発生させた。

　Y2工務店は、Y1を雇用し、同被告は同会社の業務に従事して車を運転中、過失により事故を発生させた。

（被告の主張）

　Xは、歩道から突然車道上に飛び出してきたのであり、Y1は事故の発生を避け得なかった。

　Y2工務店は、Y1との間には雇用関係はなかったので、間接にも直接にもY1を指揮監督していない。

　本件事故は帰宅途中に発生しており、Y2工務店の業務に従事していたものではない。また、同工事現場への往復については、作業員のマイカーの使用は認めていなかった。

12　元請下請関係

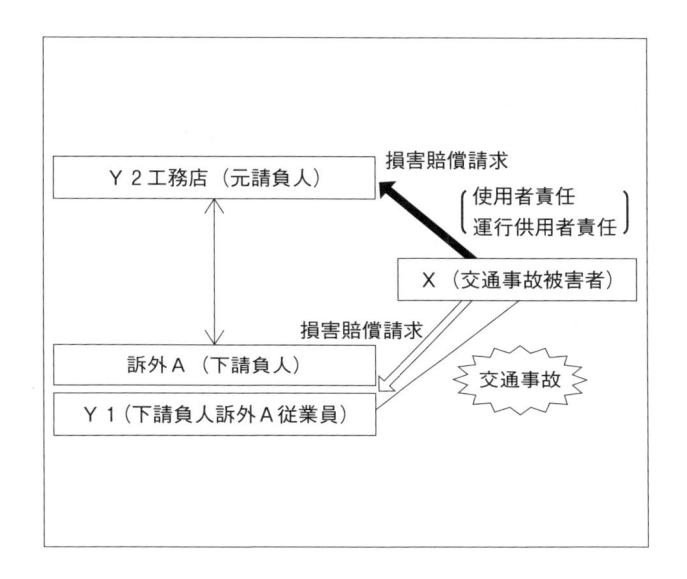

```
Y2工務店（元請負人） ← 損害賠償請求　(使用者責任／運行供用者責任)
                                  X（交通事故被害者）
訴外A（下請負人）      ← 損害賠償請求
Y1（下請負人訴外A従業員）          交通事故
```

5　裁判所の判断

　被告Y1は、原告Xの動静に注意を払い、場合によっては減速し、事故の発生を未然に防止する注意義務があるのに、怠った。原告Xも、横断歩道橋を利用しなかったばかりでなく、右前方に対する安全確認が不十分なまま車道を横断した不注意がある。過失の割合は、被告Y1が6、原告Xが4である。

　被告Y2工務店の責任については、被告Y1は被告Y2工務店雇用の従業員と同視できる地位にあったと一応認めることができるが、本件事故は被告Y1が業務を終えて通勤途中に発生したものであり、被告Y2工務店の業務の執行についての事故とはいえない。被告Y1が直接自分の車で往復したのは、寝過ごしたための個人的事情によるもので、被告Y2工務店は、同車について運行支配も運行利益も有しているとはいえない。したがって、被告Y2工務店は、民法715条による使用者責任も、自動車損害賠償保障法3条の運行供用者責任もなく、本訴請求は棄却を

12-3

免れない。

6 本件判決の意義

　下請負人の被用者の行為について、元請負人に民法715条1項の使用者責任を問うためには、下請負人の被用者に対して直接間接に元請負人の指揮関係の及んでいることが必要である（最判　昭37・12・14）。

　次に、加害行為が使用者の事業についてなされたことが必要であり、通説判例は事業の執行と加害行為の関連性は、外形的、客観的にみて事業の執行と認められればよいとする。

　本件判決は、これまでの判例の立場で、判示したものであり参考となる。

12－4　下請負人従業員が受けた負傷事故に関し、元請負人に対する損害賠償請求事件

1　事件内容

下請負人の従業員がコンクリート製ヒューム管の埋設工事の作業中、その同僚の行為によって負傷した事故について、元請負人の安全配慮義務、使用者の責任が否定された事例

2　原告、被告等

原告	X1（下請負人従業員） X2（X1の妻）
被告	Y1建設㈱（元請負人） Y2（医師）
裁判所	大阪地裁　昭46（ワ）3985号
判決年月日	昭56・10・16 民3部判決、棄却（控訴）
関係条文	民法415条、623条、644条、709条、715条

3　判決主文

原告らの請求を棄却する。

4　事案概要

原告X1は、S市発注被告Y1建設受注のコンクリート製ヒューム管埋設工事に、昭和42年10月13日下請負人A組の従業員土工として、従事していた。

A組従業員のBが運転する重機（万能掘削機のクラムシェル）の掘削用バケットが、飛び跳ねてX1を直撃し重傷を負わせた。

Y2医師は、病院を経営する外科医であり、事故当日の10月13日X1を治療し、10月21日骨折部を金属ビスで止める手術をした。その後X1は、大腿骨髄炎等になった。

（原告の主張）

　Y1建設と下請のA組従業員であるX1との間には雇用契約類似の使用関係があり、安全管理義務に違背した重機の運転者Bの過失行為による事故により発生した損害について、雇用上の安全配慮義務違反に準じて賠償責任がある。仮に右責任が認められないとしても、Y1建設は、自己の指揮監督する使用者といえるBの過失により発生した損害について民法715条の責任を免れない。

　Y2医師は、X1の負傷に迅速な対処を怠り、10月21日に至り初めて金属プレートをあてて、固定手術をした。手術に払った注意が散漫であったため、骨髄炎にかかった。Y2医師の診療契約上の義務の不完全履行である。

（被告の主張）

　Y1建設とA組従業員であるX1との間には、使用関係はなく、安全配慮義務違反により生じた損害の賠償責任はない。

　Y2医師は、医者として、誠心誠意当代の医学の水準に照らして十分な治療を行ってきた。それにもかかわらず不測の事態が生じたとしても、医師の責任に帰すべき筋合いでない。

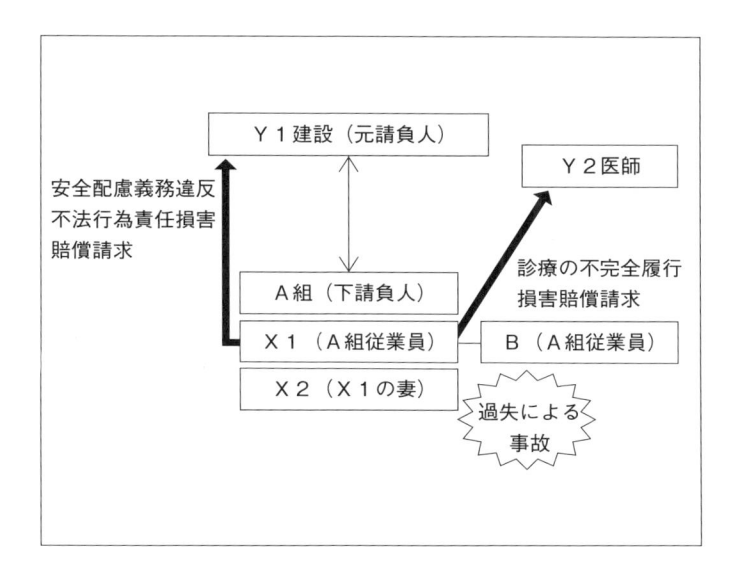

5 裁判所の判断

Y1建設の従業員がA組の従業員であるBやX1に対し、作業方法、本件重機の運転、工事の安全管理等の本件工事全般についても指揮監督していたというX1らの主張事実は、その立証がない。Y1建設とX1との間には指揮監督の関係も雇用関係もあったとは認められないから、X1らの主張は理由がない。

Y2医師の行った治療措置は、全体として当時の医療水準に照らし適切なものであったと推認するのが相当である。Y2医師につき診療契約上の義務の不完全履行があったとするX1らの主張は理由がない。

6 本件判決の意義

本件判決は、下請負人の従業員に対する元請負人の安全配慮義務等を否定した事例であり、下請従業員と元請負人の間には、指揮監督の関係も雇用関係もあったとは認められないから、元請負人に雇用関係上の安

12-4

全管理義務違反に準じた損害賠償義務はなく、民法715条にいう使用者、被用者の関係もないから、元請負人に使用者責任もないとした。元請負人の安全配慮義務等を否定した事例として参考になる。

12　元請下請関係

12−5　下請負人の従業員が受けた負傷事故に関し、下請負人及び元請負人に対する損害賠償請求事件

1　事件内容

下請負人の従業員が建築中の建物の外壁に立て掛けていた鉄製パイプが、倒れて他の従業員を負傷させた事故について、下請負人の責任が認められ元請負人の使用者責任が認められなかった事例

2　原告、被告等

原告	X（下請負人従業員）
被告	Y1（下請負人） Y2建設㈱（元請負人）
裁判所	大阪地裁　昭56（ワ）4378号
判決年月日	昭60・3・1　判決、一部認容一部棄却（確定）
関係条文	民法715条

3　判決主文

被告Y1（下請負人）は、原告に対し、113万円及び利息を支払え。

原告の被告Y1に対するその余の請求並びに被告Y2建設に対する請求は、いずれも棄却する。

4　事案概要

原告Xは、建売住宅建築工事現場においてブロック塀の目地作業に従事中、建物の外壁に立て掛けてあった鉄製角パイプ（長さ2.6m、重量7.6kg）が倒れてきて、Xの後頭部に激突したため、前頭部をブロック

331

塀に強く打ちつけ、頭部打撲などの障害を受け、治癒の見込みのない後遺症を残した。パイプは、下請業者である被告Ｙ１の従業員Ａが外壁に立て掛けていた。

（原告の主張）

Ａは建築請負業を営むＹ１（下請負人）の被用者であり、工事の作業中にパイプを立て掛けたのであるから、Ｙ１は、民法715条により発生した損害の賠償責任を負うこと、被告Ｙ２建設（元請負人）もＹ１を通じてＡに対して実質的な指揮監督権を行使していたというべきであり、使用者として損害賠償義務を負う。

（被告の主張）

現場主任として従業員を派遣していたことは認めるが、現場主任の役割は工事内容の監理であり、工事の進行について具体的方針を立て、工事現場の安全を管理し、職人を指揮・監督するのは、各下請の業者が派遣している現場責任者である。

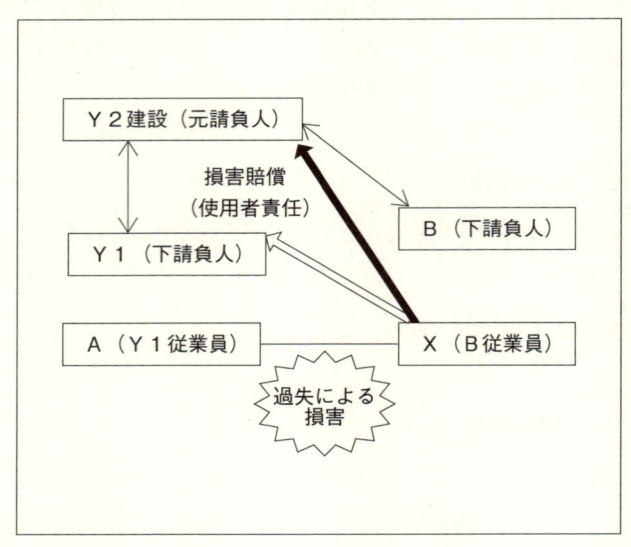

5　裁判所の判断

Aは、近くで原告Xがブロック塀の築造工事に従事していることを容易に認識できた。Aは、パイプが人体に当たって傷害を負わせるような事故が発生することを未然に防止すべき注意義務があった。しかし、Aは適切な措置を講ずることなくパイプを立て掛けのであるから、Aには注意義務違反の過失がある。

Aは、被告Y1の従業員であり、被告Y1の事業の執行につき本件事件を起こしたので、被告Y1はこれによって被った原告Xの損害を賠償する責任がある。被告Y2建設の現場主任は、自ら積極的に工事内容等について指揮し、監督するようなことはなかった。同現場に現地工事事務所のようなものは設置されていなかった。

以上によれば、被告Y2建設と被告Y1の間に使用者と被用者との関係と同視しうる関係があり、かつ被告Y2建設が「現場主任」を通じて、原告Xに対し直接、間接に指揮監督を及ぼしているものとは推認できない。よって、被告Y2建設がAの不法行為について民法715条の責任を負うということはできない。

6　本件判決の意義

元請の使用者責任については、元請負人が下請負人に対し、工事上の指図をし、もしくはその監督の下に工事を施工させ、その関係が使用者と被用者の関係又はこれと同視しうる場合において、直接又は間接に元請負人の指揮監督が及んでいるときになされた下請負人やその被用者の行為のみが、元請負人の事業の執行についてなされたものというべきである（最判　昭37・12・14）とされており、この立場に依り、本件判決は、下請の労災事故について元請の責任が追及される事例が多数ある中で、元請と下請従業員の使用関係を否定した事例である。

12-6 ビル増築工事の下請会社従業員が作業中に墜落死した事故についての元請負人及び下請負人に対する損害賠償請求事件

1 事件内容

下請負人の被傭者が作業中墜落死した事故について、元請負人及び下請負人に安全配慮義務違反による損害賠償責任があるとされた事例

2 原告、被告等

原告	X1・X2・X3・X4（下請負人従業員の妻子）
被告	Y1建設（元請負人）・Y2建設（下請負人）
裁判所	札幌地裁 昭49(ワ)460号
判決年月日	昭53・3・30 第1部判決、一部認容（確定）
関係条文	民法1条、415条、623条、632条、労働安全衛生法21条

3 判決主文

被告らは、各自、原告X1に対し、467万円と年5分の割合による金員、原告X2、X3、X4に対し、各556万円及び年5分の割合による金員を支払え。

4 事案概要

A（X1の夫）は、昭和48年11月20日被告Y2建設（下請負人）に雇傭され、札幌市のM新館増築工事現場において作業中であった。11月29日作業現場主任の指示を受けて、型枠固定パイプ（長さ3.6m、重さ10

kg）を、地下2階の開口部から地下3階に投げ落とす作業に従事中、誤ってベニヤ板合板製型枠用下拵材に足をかけたところこれが折れ、6m下の地下3階に墜落し死亡した。

（原告の主張）

被告Y1建設（元請負人）は、下請負人であるY2建設に対して、直接間接の指揮監督を行い、両者が一体となって工事を進めていたので、実質的には雇傭者と同視しうる。信義則上、Y2建設と同一内容の安全配慮義務を負っていた。

Y1建設らは、作業の方法についてAに対して十分な指導を行い、労働安全衛生法に基づき、開口部に囲い手すりを設けるなどして、危険を防止する義務を負っていた。Y1建設らは、この義務の不履行があった。

Y1建設らは、民法715条に基づき損害を賠償する責任がある。

（被告の主張）

Aの死亡原因は、落下によるものではない。Aが墜落しているのに気がつかないまま、同僚が投げ続けた鉄パイプが当たり、死亡したと推定するのが相当である。

開口部に囲い、手すりを設けなければならない点は、作業の性質上困難なときにはこのかぎりでないとされているので、労働安全衛生法の義務違背はない。高所から低所への物の運搬には、手送り又は階段によることを指示していたが、Aらは、この指示に従わないでパイプを投下していた。Aにも重大な過失がある。

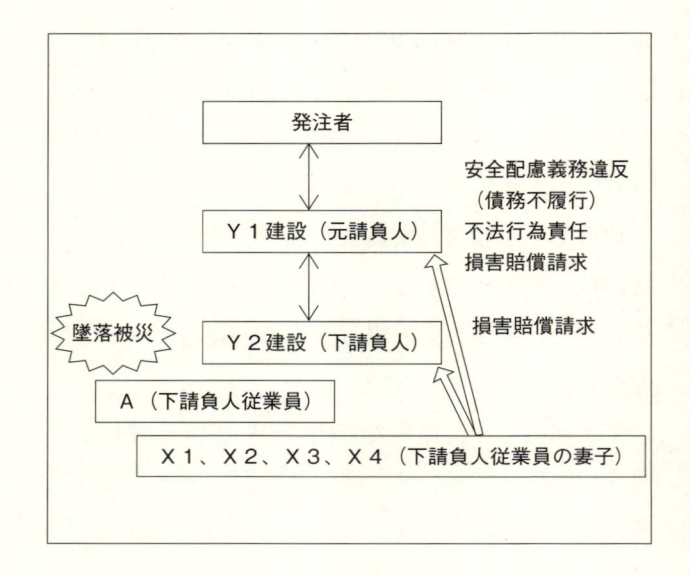

```
┌─────────────────────────────────────────────┐
│              ┌─────────┐                    │
│              │ 発注者  │                    │
│              └─────────┘    安全配慮義務違反│
│                   ↕         （債務不履行）  │
│           ┌──────────────┐  不法行為責任    │
│           │Y1建設（元請負人）│ 損害賠償請求 │
│           └──────────────┘ ↑                │
│                   ↕                         │
│    ╭╮     ┌──────────────┐   損害賠償請求   │
│    │墜落被災│ Y2建設（下請負人）│           │
│    ╰╯     └──────────────┘ ↑                │
│         ┌──────────────┐                    │
│         │ A（下請負人従業員）│              │
│         └──────────────┘                    │
│      ┌─────────────────────────────┐        │
│      │X1、X2、X3、X4（下請負人従業員の妻子）│
│      └─────────────────────────────┘        │
└─────────────────────────────────────────────┘
```

5 裁判所の判断

　Aは、さかさまに墜落して後頭部を強打したため死亡したと推認するのが、相当である。

　Aは、被告Y2建設に雇用されるまで、建築工事現場で働いた経験がまったくなかったにもかかわらず、高所の作業の危険性についての警告や、安全確保のための教育を受けることもなく、命ぜられた作業に従事していた。

　折れた型枠の材料であるベニヤ板は、被告Y2建設の従業員が置いたものと推認される。

　被告Y1建設も、元請負人として、被告Y2建設に対し、工事上の指図をし、その監督の下に工事を施工させていた。Aにも、支配が及んでいたといえるから、その関係は雇主と被傭者の関係と同視でき、同様の安全配慮義務を負っていたというべきである。安全教育を十分にしていなかったこと、作業終了後の資材の点検が不十分であったことは明らか

であり、Aに対する雇用契約上の安全配慮義務を履行しなかったといえる。

6　本件判決の意義

　安全配慮義務は、ある法律関係に基づいて特別な社会的接触の関係に入った当事者間において、当該法律関係の付随義務として当事者の一方又は双方が相手方に対して信義則上負う義務として一般的に認められる（最判 昭50・2・25）とされ、雇用契約における雇い主の義務とされる。本判決は、元請負人と下請負人の被傭者との関係は雇用契約と同視し得るとの判断を示したものであり参考になる。

12-7 水道工事の事故で死亡した下請負人従業員についての発注者（市）、請負人及び下請負人に対する損害賠償請求事件

1 事件内容

水道工事従事中の下請負人従業員が、煉瓦塀の倒壊によって死亡した事故について、工事を企画・設計し、発注した市、元請負人及び下請負人に、民法717条の工作物責任が認められた事例

2 原告、被告等

原告	X1他10名（死亡した下請負人の従業員3名の相続人）
被告	Y1市（発注者） ㈱Y2工業所（元請負人） Y3（下請負人）
裁判所	福岡地裁 昭53(ワ)706号
判決年月日	昭56・9・8 民2部判決、一部認容一部棄却（確定）
関係条文	民法717条

3 判決主文

被告らは、各自、原告X1に456万円、その子供らにそれぞれ831万円、原告X2に417万円、その子供らにそれぞれ710万円、原告X3に対し691万円、その子供らにそれぞれ609万円及び年6分の割合による利息を支払え。

4 事案概要

　被告Ｙ１市は、水道管敷設工事を被告Ｙ２工業所（元請負人）に発注、実施させていた。被告Ｙ３は、Ｙ３工業の名称で水道施設工事、管工事を業とし、本件工事を下請して、実施していた。

　Ａ、Ｂ、Ｃは、Ｙ３に雇用され工事に従事していた。

　Ａらは昭和53年１月17日午前８時50分頃、本件工事に従事中、道路際のＤ方の煉瓦塀（高さ1.7ｍ、長さ約7.1ｍ、重さ約10ｔ）が倒壊し、その下敷きとなり、同日死亡した。

（原告の主張）

　本件事故の原因は、事故現場の地質が砂質土であり、塀から15cmしか離れていない道路部分に併行して、長さ９ｍ、深さ75cm、幅50cmの溝が掘られたことにある。塀から50cm以上離して掘るか、工法を安全設計にする必要があった。事故を回避するための設計上の注意義務、安全な工法を具体的に指導監督する施工上の注意義務があった。

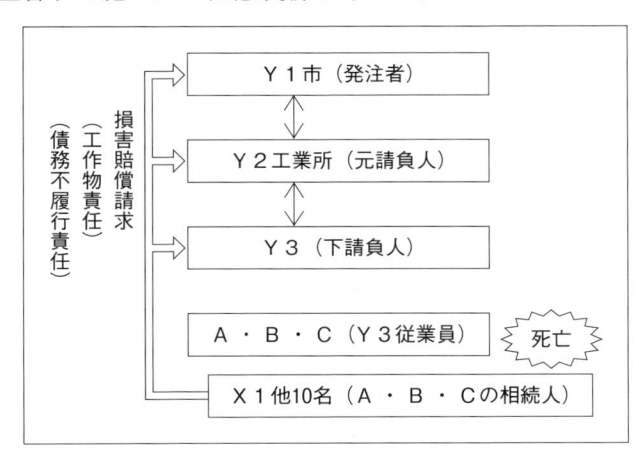

損害賠償請求	
（工作物責任）	Ｙ１市（発注者）
（債務不履行責任）	Ｙ２工業所（元請負人）
	Ｙ３（下請負人）
	Ａ・Ｂ・Ｃ（Ｙ３従業員）　死亡
	Ｘ１他10名（Ａ・Ｂ・Ｃの相続人）

5　裁判所の判断

　民法717条の土地の工作物とは、土地に接着して人工的作業を加えることによって成立した物であって人に危害を及ぼす危険性のある客観的存在であれば足り、事故現場の溝はこれに当たる。本件溝には、事故発生を防止するため必要な人的・物的設備が施されていなかった以上、民法717条の工作物の設置、保存に瑕疵があったというほかない。Ｙ２工業所、Ｙ３は、本件溝を事実上支配しており民法717条１項の占有者にあたる。本件被害者は、溝について単なる占有補助者である。

　被告Ｙ２工業所は、煉瓦塀が倒壊する危険を十分予測できた。注意義務を尽くしたともいえない。よって、被告Ｙ２工業所及びＹ３は、民法717条１項の占有者として、本件溝の設置保存の瑕疵により生じた損害を賠償する責任がある。

　民法717条については、被告Ｙ１市は、工事に対する指揮、監督、検査権限に基づき、被告Ｙ２工業所らと共に本件工事現場を事実上共同占有していたと認めるのが相当である。民法717条の占有者にあたる。よって、本件事故による損害を賠償する責任がある。本件被害者らに過失相殺の対象たる過失を見出すことはできない。

6　本件判決の意義

　民法717条１項の土地の工作物とは、土地に接着して人工的行為を加えることによって成立したものをいい（大審院判　昭3・6・7）、本判決もこれにより、溝を工作物としている。「占有者」とは、工作物を事実上支配し、その瑕疵を修補し得て、損害の発生を防止しうる関係にあるものをいうとされ（東京高判　昭29・9・30）、本件のように、注文者と請負人、下請人がいる場合に誰が真の占有者となるのかについて、本判決は支配可能性を実質的に検討し、全員が共同占有者であるとした。

12-8 製鉄所高炉建設工事作業中における孫請負人従業員の転落事故についての元請負人、下請負人に対する損害賠償請求事件

1 事件内容

製鉄所の高炉建設工事の作業中における孫請負人従業員の転落事故について、元請負人、下請負人の責任が認められた事例

2 原告、被告等

原告	X他2人（孫請会社従業員とその両親）
被告	Y1重工業㈱（元請負人） Y2㈱（下請負人） Y3組（孫請負人）
裁判所	福岡地裁小倉支部 昭51（ワ）147号
判決年月日	昭51・9・14 民2部判決、一部認容（控訴）
関係条文	民法415条、709条、717条

3 判決主文

被告らは、原告Xに対し各自4,654万円及び年5分の割合による利息を支払え。

被告らは、両親に対し各自110万円及び年5分の割合による利息を支払え。

4 事案概要

　被告Y1重工業は、昭和48年5月A金属工業からK製鉄所新第2高炉等の建設工事を請負い、被告Y2は、下請負人として鳶工事、鉄工工事、仕上組立工事、配管工事などを請負い、被告Y3組は、Y2から、孫請負人として、鳶工事を請負っていた。原告Xは、Y3組に雇用され、鳶工として新第2高炉建設工事に従事していた。

　同年48年1月26日午後、熱風環状管設置工事の附帯工事として、足場建設のための仮受梁設置工事の作業中、Xは借受梁の内梁上を歩いていたとき、アンカースタットの先端に足をひっかけ、4.5m下のコンクリートピットに墜落、重傷を負った（両下肢機能全廃等の後遺症により全労働能力喪失）。

（原告の主張）

　元請会社のY1重工業、下請会社のY2とXの間には実質的な使用従属、ないし指揮命令の関係があり、それに付随する信義則上の義務として、孫請負人の被告Y3組は、Xの雇い主であり、雇用契約の内容として、安全配慮義務を負っていたが、義務を履行しなかった。

（被告の主張）

　Y1重工業は、下請業者間の連絡調整を行うことはあっても、下請工事の施工に関し、具体的に指示、命令することはなかった。

　Y2、Y3組は、万全の安全配慮の措置を実施していた。Xは、前夜の飲酒により酒気を帯びていたため午前は別の仕事を命ぜられていたが、午後はY3組現場主任の作業指示を待つことなく独断で現場に行き作業し、命綱をつけず梁上を不注意に歩行したため転落した。

　Y1重工業らに、安全配慮義務の不履行の責任はない。仮に損害賠償責任があるとしても、前記過失が大幅に斟酌されるべきである。

12　元請下請関係

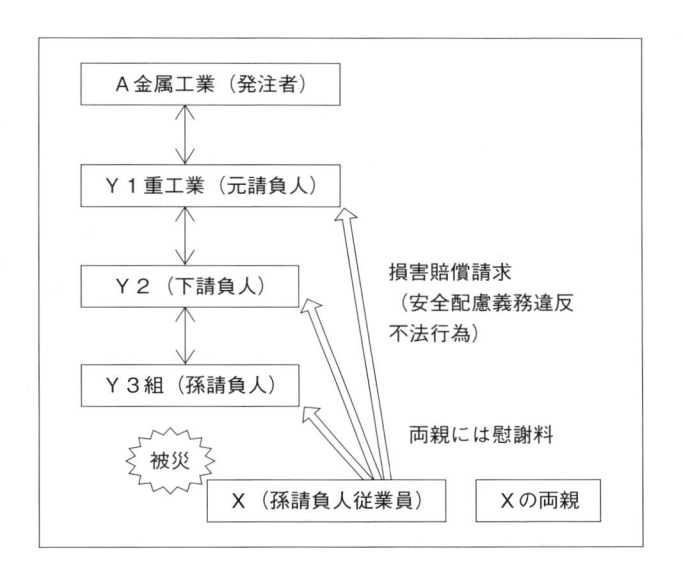

```
          ┌─────────────────────┐
          │  A金属工業（発注者）  │
          └──────────┬──────────┘
                     ↕
          ┌─────────────────────┐
          │ Y1重工業（元請負人） │
          └──────────┬──────────┘       損害賠償請求
                     ↕                  （安全配慮義務違反
          ┌─────────────────────┐        不法行為）
          │   Y2（下請負人）    │
          └──────────┬──────────┘
                     ↕
          ┌─────────────────────┐
          │  Y3組（孫請負人）   │       両親には慰謝料
          └─────────────────────┘
              被災
          ┌─────────────────────┐    ┌──────────┐
          │ X（孫請負人従業員） │    │ Xの両親  │
          └─────────────────────┘    └──────────┘
```

5　裁判所の判断

　Y3組は、直接雇用する者として労働者の安全配慮義務を負担していたことは明らかである。Y1重工業、Y2とXとの間には、事実上雇用関係に類似した指揮監督関係が生じていたと認めるのが相当であり、被告らの責任がないという主張は採用できない。

　Xの損害は、逸失利益、療養雑費、附帯看護費、慰謝料であるとして、それぞれ、金額を判定した。

　宿酔のXは、別の作業終了後上司の指示を受け、行動すべきところ、これを無視して本件事故に逢着した事実を重大な過失として斟酌すべきで、その割合は5割と評価する。

　Xの両親に対する被告らの責任と損害については、安全配慮義務違反の不履行に基づく損害賠償責任の請求は、雇用契約に基づくものであり、慰謝料請求権を取得するとは解しがたい。

　しかし、土地の工作物の設置に関し、転落防止設備を欠落していた点

343

で瑕疵があったので、民法717条第1項により、損害賠償責任を免れない。両親である原告に対する慰謝料は、各自100万円と認められる。

6 本件判決の意義

本判決は、孫請従業員と元請会社、下請会社とは、雇用契約は締結されていないが、実質的に事実上の雇用関係に類似した指揮監督権が生じていたとして、元請会社、下請会社にも安全配慮義務違反の過失があったとして、請求を認めた事例として参考になる。

作業用足場の特設義務、アンカースタットを覆う義務、命綱装着設備の設置義務、安全ネットの張り渡し義務等が、安全配慮義務及び注意義務の内容とされた。

両親である原告からの慰謝料請求については、債務不履行責任である安全配慮義務違反を理由とする慰謝料請求はこれを否定し、不法行為責任については認めた。

判例索引

項目	事件の内容	標題	事件名	裁判所	事件番号 判決年月日	判例時報（号）	頁
1 契約締結前の紛争							
1−1	建物建築の請負人が、建築確認申請をするに当たって、敷地に都市計画道路の制限があることを知りながら、注文者に説明すべき義務を怠ったとして損害賠償責任が認められた事例	都市計画道路の計画がある土地における建築確認申請に関する損害賠償請求事件	損害賠償等請求控訴事件	東京高裁	H13(ネ)3961号 H14.4.24判	1796	2
1−2	注文者が工場建築請負契約の締結を拒否したことにつき正当な理由があるとして損害賠償責任が否定された事例	工場建築請負契約不締結における損害賠償請求事件	損害賠償請求事件	東京地裁	H2(ワ)12884号 H4(ワ)5032号 H6.4.26判	1552	6
1−3	市長が複合施設建設工事請負の仮契約を締結したが、市議会が本契約の締結を否決したため契約しなかったことにつき、違法はないとして市の不法行為が否定された事例	市議会が否決した請負契約に関する損害賠償請求事件	損害賠償請求事件	静岡地裁沼津支部	S59(ワ)334号 H4.3.25判	1458	10
1−4	請負契約締結の準備段階における支店営業部長らの過失を認めて建設会社の使用者責任が肯定された事例	マンション建設契約締結不成就の場合の損害賠償請求事件	損害賠償請求事件	東京地裁	S56(ワ)12239号 S61.4.25判	1224	13
1−5	建築業者が依頼によって請負契約締結に必要な設計図の作成をしたが請負契約が締結されるに至らなかった場合について、建築主の報酬支払義務が肯定された事例	事務所付共同住宅の請負契約不締結の場合の設計図作成等費用に関する損害賠償請求事件	損害賠償請求事件	東京地裁	S44(ワ)10871号 S51.3.3判	839	16
1−6	ゴルフ場の開発行為許可申請及び設計業務を委託する契約が準委任契約、請負契約の集合体であるとし、準委任契約に関する事務処理費用について労務の割合に応じて、報酬請求が認められた事例	ゴルフ場の開発行為許可申請及び設計業務委託契約に関する報酬請求事件	不当利得請求事件	東京地裁	H4(ワ)6077号 H6.11.18判	1545	19
1−7	外壁に特注のカーテンウォールを使うことを計画した大学研究所建物について、下請予定業者が下請契約を締結する前に仕事の準備作業を開始した場合、その支出費用を補填することなく施主が施工計画を中止することが、不法行為に当たるとされた事例	大学研究所建物の準備作業を始めた下請業者からの損害賠償請求事件	損害賠償請求事件	最高裁	H17(受)1016号 H18.9.4②判	1949 1971	22
2 工事中断・契約解除							
2−1	工事請負契約が、請負人の責めに帰すべき事由により中途で終了した場合に、注文者が残工事に要した費用について、賠償請求できる範囲を明らかにした事例	請負契約中途終了の場合の残工事に要した費用についての損害賠償請求事件	請負代金請求本訴、損害賠償請求反訴事件	最高裁	S59(オ)543号 S60.5.17②判	1168	26
2−2	注文者が民法641条によって請負契約を解除した場合において、請負人の逸失利益の賠償責任が肯定された事例	注文者の請負契約解除の場合における損害賠償請求控訴事件	前払返還請求各控訴事件	東京高裁	S58(ネ)833号・893号 S60.5.28判	1158	29

345

判例索引

2－3	自動旋盤機動力電気工事請負契約において、主として注文者の責めに帰すべき事由により仕事の完成が妨げられ、あたかも当事者間に請負契約の合意解除があったと同視しうる事態に立ち至った場合に、注文者の報酬支払義務が肯定された事例	電気工事請負契約解除に伴う約束手形金請求事件	約束手形金請求控訴事件	東京高裁	S55(ネ)3040号 S58.7.19判	1086	33
2－4	プレハブ仮事務所用建物を建築した下請人が元請人からの代金不払を理由に請負契約を解除し建物を解体した場合に、注文者に対する不法行為が肯定された事例	プレハブ仮事務所用建物解体に関する損害賠償請求事件	損害賠償請求事件、同附帯控訴事件	東京高裁	S52(ネ)1845号・2898号 S54.4.19判	934	37
2－5	住宅建築工事未完成の間に請負契約が解除された場合、既施工部分については解除できないとされた事例	工事未完成の間における請負契約中途解除取立金請求事件	取立金請求事件	最高裁	S52(オ)630号 S56.2.17③判	996	41
2－6	注文者の責めに帰すべき事由により工事の完成が不能となった場合において、請負人に報酬請求権が認められ（民法536条2項）、その具体的な報酬の範囲としては、約定の全報酬額から請負人が債務を免れることによって得た利益を控除した額を請求できるとされた事例	注文者の責により完成不能になった冷暖房工事に関する請負代金請求事件	請負代金請求事件	最高裁	S51(オ)611号 S52.2.22③判	845	45
2－7	自動車学校用地整地工事における請負人の履行遅滞による契約の一部解除の認定は妥当でなく、契約全部の解除であると解すべきであるとされた事例	自動車学校用地整地工事中断に関する土地所有権移転登記抹消登記手続請求事件	土地所有権移転登記抹消登記手続請求事件	最高裁	S52(オ)583号 S52.12.23③判	879	49
2－8	看護婦寮新築工事請負契約における「注文者において請負人が工期内に工事を完成する見込みがないと認めたときは契約を解除することが出来る」旨の特約が限定的に解釈された事例	工事中途における契約解除権が認められている場合の契約解除に関する譲受債権請求事件	譲受債権請求控訴事件	東京高裁	S51(ネ)256号 S52.6.7判	861	52
2－9	建物部分改造工事請負契約が工事完成前に合意解除された場合において、完成割合に応じた請負人の報酬額が算定された事例	建物部分改造工事請負契約の工事完成前の解除に伴う請負人の報酬額の算定を巡る請負代金請求事件	請負代金請求事件	東京地裁	S48(ワ)515号 S51.4.9判	833	56
2－10	県道改良工事の下請契約が当事者の合意の上で解除された場合に、元請負人は、工事出来高に応じて下請代金の支払義務があるとされた事例	県道改良工事下請工事の中断の場合の下請工事代金請求事件	工事代金請求控訴事件	東京高裁	S44(ネ)77号 S46.2.25判	624	60
2－11	分譲住宅に関し、第3次下請負人が工事を中止した場合における第2次下請負人の代金支払義務がないとされた事例	分譲住宅の建設に関し第3次下請負人から第2次下請負人に対する賃金請求事件	賃金請求事件	東京地裁	S44(ワ)12853号 S46.12.23判	655	63
2－12	簡単に修理、補完ができる瑕疵が有る場合において、建物の完成が認められた事例	分譲マンション工事に関する請負代金請求事件			昭和57年（仲）第1号事件	－	66

2－13	設計より居室天上高が10cm低く施工されたことによる精神的苦痛が、発注者の損害として認められた事例	会社建物新築工事に関する工事残代金支払請求事件			昭和62年（仲）第1号事件	－	69
2－14	下請業者が元請業者に対して、一方的契約解除による損害賠償を求めたが、すべて棄却された事例	事務所ビル躯体工事等請負契約に関する下請人損害賠償請求事件			平成6年（仲）第3号事件	－	72
2－15	当事者の合意による工事中断後の工事出来高部分を確定し、請負人の残代金請求を認めた事例	ビル新築工事に関する残代金請求事件			平成7年（仲）第2号事件	－	75
2－16	発注者、請負者双方から契約解除、損害賠償請求がなされ、発注者の費用負担部分を控除した額が請負人の支払額（返還額）とされた事例	個人住宅建設請負契約に関する解除、損害賠償請求事件			平成8年（仲）第11号事件・平成7年（仲）第9号併合事件	－	78
3　不完全履行							
3－1	建築請負業者が建物建築請負契約を締結する場合、注文者が意思決定するにあたって重要な意義を持つ事実（団地の隣地からの後退距離に関する建築協定等）について、適切な調査、説明義務を負うとされ、契約解除に伴う損害賠償責任が肯定された事例	住宅団地の建築協定に関する適切な説明義務を怠った請負契約の解除に伴う損害賠償請求事件	損害賠償請求事件	大津地裁	H7(ワ)383号 H8.10.15判	1591	82
3－2	ビル建築の請負業者は、日照等に関する周辺住民との紛争解決について信義則上発注者に協力する義務を負うとして、その不履行等により建築が中止され契約が解除されたことに伴う債務不履行による損害賠償責任が肯定された事例	周辺住民の日照紛争による契約解除に伴う損害賠償請求事件	損害賠償請求事件	東京地裁	S49(ワ)3220号 S60.7.16判	1210	85
3－3	確認建物と契約建物が異なることについて、発注者及び設計監理者は、請負人を含めて意思疎通を図り、関係者に損害が発生しないように配慮する義務があるとされた。また、設計監理者の発注者に対する設計監理契約不完全履行による損害賠償義務が認められた事例	工事残代金支払請求事件、契約不履行損害賠償請求事件			平成元年（仲）第8号・第9号併合事件	－	89
3－4	指示通りに施工されていない工事瑕疵、工事遅延に基づく店舗賃貸利益等の損失に基づく損害賠償請求権等が主張され、工事遅延による損害については請負人の責任によるものではないとされた事例	市街化調整区域内ビル新築工事に関する工事残代金支払請求事件			昭和60年（仲）第2号事件	－	92
3－5	家賃収入が確実に入ること等の被申請人の意見は参考意見であり、契約解除の理由にはならないとされた事例	アパート建築工事請負契約に関する契約解除による契約返還請求事件			平成3年（仲）第7号・平成4年（仲）第2号併合事件	－	95
3－6	請負契約に基づく完成目的物として引渡しが完了し所期の用途に供され始めた場合には、目的物の瑕疵にかかる責任は、瑕疵担保責任に関する規定（民法634条以下）が適用され、これらの規定により、不完全履行の一般法理は排斥	マンション工事に関する建物取壊し及び建て直し工事等請求事件			昭和56年（仲）第12号事件	－	98

判例索引

	されると解すべきであるとされた事例						
3-7	工事遅延による違約金が、簡便な方法により算定された事例	ビル新築工事に関する工事残代金請求事件			平成5年（仲）第2号事件	—	101
4 倒産							
4-1	マンション建設を請け負った建設会社が途中で倒産し、民事再生法による再生手続が開始され、請負契約が解除されたので、注文者は別の業者に工事続行を請負わせた。その場合に、最初の請負人から工事の出来高金額の譲渡を受けた者の注文者に請求できる債権額が、認定された事例	マンション建築工事の途中で倒産した請負会社による工事出来高に対する請負代金請求事件	請負代金請求事件	大阪地裁	H16(ワ)9309号 H17.1.26判	1913	106
4-2	下請負人が倒産したため、労働基準監督官の勧告に従い、元請負人が孫請負人に未払い工賃を立替払いしたが、元請負人は民法474条2項の利害関係ある第三者に当たらないとされた事例	元請負人が孫請負人に未払い工賃を立替払いした場合における請負代金請求事件	請負代金請求事件	東京地裁	S54(ワ)640号 S54.9.19判	953	110
4-3	工事請負関係が、数次の下請関係（重層下請）にある場合において、元請負人又は下請負人が孫請負人の負担すべき費用を支払ったとき、順次立替金を相殺処理することは、各々下位者の承諾（相殺の合意）がなければ許されないとされた事例	下請代金の相殺処理に関する工事代金の支払請求事件	工事代金請求控訴事件	東京高裁	S56(ネ)2478号 S57.9.16判	1058	114
5 所有権の帰属等							
5-1	請負人から注文者に対する請負契約に係る建物の所有権保存登記抹消登記手続等請求訴訟の提起及び同訴訟の係属が、請負代金債権の消滅時効の中断事由に当たらないとされた事例	建物保存登記抹消登記手続等請求訴訟の提起が請負代金債権の時効中断事由になるかどうかが争われた建物保存登記抹消登記手続等請求事件	建物保存登記抹消登記手続等請求事件	最高裁	H8(オ)718号 H11.11.25①判	1696	120
5-2	請負工事に用いられた動産の売主が、請負代金債権に対して動産売買の先取特権に基づく物上代位権を行使することについて、その判断基準が明らかにされた事例	請負代金債権に対する動産売買の先取特権に基づく物上代位権の行使に伴う債権差押命令及び転付命令についての執行抗告棄却決定に対する許可抗告事件	債権差押命令及び転付命令に対する執行抗告棄却決定に対する許可抗告事件	最高裁	H10(許)4号 H10.12.18③決	1663	124
5-3	注文者が主要材料を自ら提供して建物を建築した場合、注文者に所有権が原始的に帰属するとされた事例	注文者が主要材料を自ら提供して建物を建築した場合における仮登記仮処分による保存登記等抹消登記手続及び強制執行異議請求事件	仮登記仮処分による保存登記等抹消登記手続並びに強制執行異議請求事件	大阪地裁	S30(ワ)5038号・同33(ワ)1463号 S49.9.30判	771	127

5－4	下請負人が調達した材料で建築した建物が、元請負人によって注文者に引き渡された場合において、下請負人の所有権確認及び明渡し請求が信義則・権利濫用の法理に照らし許されないとされた事例	下請負人が建築した建物に関する下請工事代金請求控訴事件	下請工事代金請求控訴事件	東京高裁	S55(ネ)3088号 S58・7・28判	1087	130
5－5	下請人の所有する建築建物について注文者名義の所有権保存登記がなされている場合に、下請人からの保存登記抹消請求が権利の濫用であるとして許されないとされた事例	下請負人から注文者に対する建物所有権保存登記抹消登記等請求事件	建物所有権保存登記抹消登記等請求、同反訴請求事件	東京地裁	S58(ワ)10228号 S61・5・27判	1239	134
5－6	建物建築工事請負契約において出来形部分の所有権を注文者に帰属する旨の約定がある場合に、下請負人が自ら材料を提供して築造した出来形部分の所有権は注文者に帰属するとされた事例	所有権は注文者に帰属する旨の約定がある場合における建物明渡等請求事件	建物明渡等請求事件	最高裁	H元(オ)274号 H5・10・19③判	1480	139
6　支払							
6－1	完成建物が賃貸借されたときに工事代金を支払う特約のある請負契約について、その建物の9室中4室について賃貸している等の事情に照らし、請負代金の9分の4について、工事代金の支払時期が到来したと認められた事例	ビル新築工事代金の残金及び追加工事代金等の支払請求事件			昭和57年(仲)第8号事件	－	144
6－2	申請人、被申請人の提出した工事出来高査定書を再査定し、請負人の善管注意義務違反及び経年変化による建物の減価分を差し引いて、発注者の支払うべき残代金額が決定された事例	居宅新築工事の追加工事残代金支払請求事件			昭和57年(仲)第4号事件	－	147
6－3	未収工事代金に比べ瑕疵損害金は僅少であり、瑕疵損害金を相殺控除した未収工事代金の支払義務があるとされた事例	木造住宅建築請負工事に関する工事代金支払請求事件			平成3年(仲)第6号事件	－	150
6－4	契約で出来高に応じた中間支払の約定がなされている以上、契約の目的である宅地造成工事が未完成であっても中間支払がなされない場合に、工事請負人が工事を中止できることが認められた事例	宅地造成工事に関する工事出来高相当分の代金残額請求事件			平成5年(仲)第4号事件	－	152
6－5	第1次から第6次までの下請契約が架空のものかどうかが争われ有効に成立していると判断された事例	床暖房設備工事及び浄化設備工事に関し、第4次下請負人から第3次下請負人への下請代金支払請求事件			平成11年(仲)第5号事件	－	155
7　瑕疵担保責任							
7－1	建築請負工事契約の目的物である建物に重大な瑕疵があるためこれを建て替えざるを得ない場合に、注文者から請負人に対する建物の建て替えに要する費用相当額の損害賠償請求が認められた事例	重大な瑕疵がある建物の建て替えに要する費用相当額の損害賠償請求事件	損害賠償請求事件	最高裁	H14(受)605号 H14.9.24③判	1801	160

349

7-2	請負契約の工事名として「宅地造成工事」と表示されただけの工事の具体的内容について、問題なく分譲ができる程度の土地であることを要するかが争われた事例	「宅地造成工事」の具体的な内容に関する損害賠償請求、工事代金等請求事件	損害賠償請求、工事代金等請求事件	東京地裁	S52(ワ)2854号 H6.9.8判	1540	164
7-3	瑕疵担保責任の規定は、不完全履行の一般理論の適用を排除したものであり、また、請負人の瑕疵担保責任が除斥期間経過によって消滅する場合には、その監理者責任も同時に消滅するとされた事例	瑕疵担保責任の性質に関する損害賠償請求、監理報酬請求反訴事件	損害賠償請求、監理報酬請求反訴事件	東京地裁	S60(ワ)15282号 H4.12.21判	1485	168
7-4	上棟式を経て外壁も備わり建物としての外観も一応整った建築途上の構築物について、契約の解除が認められた事例	工事を続行しても安全かつ快適な通常の住宅を建築することは不可能と認められる場合における建築途上の建物についての契約解除・土地明渡等請求控訴事件	土地明渡等請求控訴事件	東京高裁	H3(ネ)1540号 H3.10.21判	1412	172
7-5	購入した新築建物に構造耐力上の安全性にかかわる重大な瑕疵があり建物自体が社会経済的価値を有しない場合、損害額から居住利益を控除することができないとされた事例	新築建物に重大な瑕疵があるものの買主が当該建物に居住していた場合における損害賠償請求事件	損害賠償請求事件	最高裁	H21(受)1742号 H22.6.17①判	2082	176
7-6	相互に債権額の異なる請負人の注文者に対する報酬債権と注文者の請負人に対する目的物の瑕疵修補に代わる損害賠償債権とを相殺することが認められた事例	報酬債権と瑕疵修補に代わる損害賠償請求との相殺の可否に関する損害賠償請求及び請負代金請求事件	損害賠償及び請負代金請求事件	最高裁	S52(オ)1306号・1307号 S53.9.21①判	907	179
7-7	請負契約の目的物の瑕疵修補に代わる損害賠償請求の損害額算定基準時について損害賠償請求時と判断された事例	瑕疵修補に代わる損害賠償請求の損害賠償算定基準時について争われた請負代金本訴、損害賠償請求反訴事件	請負代金本訴、損害賠償請求反訴事件	最高裁	S53(オ)924号 S54.2.2②判	924	182
7-8	瑕疵修補が可能な場合において修補を請求せずに直接瑕疵修補に代わる損害賠償を請求することが認められ、また対立する債権につき相殺計算をする場合における債権額確定の基準時及び瑕疵修補に代わる損害賠償債権の発生時期が目的物引渡時とされた事例	修補を請求せずに直接瑕疵修補に代わる損害賠償を請求することの可否及び相殺の意思表示の効果発生時について争われた損害賠償請求事件	損害賠償請求事件	最高裁	S53(オ)826号・827号 S54.3.20③判	927	185
7-9	請負人の報酬請求に対し、注文者が瑕疵修補に代わる損害賠償債務を自働債権として相殺の意思表示をした場合、注文者は相殺後の報酬残債務について相殺をした日の翌日から履行遅滞による責任を負うとされた事例	相殺後の報酬残債務の履行遅滞の基準日について争われた請負工事代金請求事件	請負工事代金請求事件	最高裁	H5(オ)2187号・同9(オ)749号 H9.7.15③判	1616	189

判例索引

7-10	46万円の少額の瑕疵の存在を理由にした同時履行の抗弁権により1,300万円の残代金の支払いを拒絶できるか及び工事残代金債権の一部が瑕疵修補に代わる損害賠償債権と相殺された後の工事残代金債権が履行遅滞に陥る時期について争われた事例	少額の瑕疵の存在を理由に同時履行の抗弁権が認められるか否かについて争われた建築工事請負残代金請求控訴事件	建築工事請負残代金請求控訴事件	福岡高裁	H8(ネ)825号 H9.11.28判	1638	193
7-11	請負工事の目的物の瑕疵修補に代わる損害賠償債権と工事代金債権との相殺が許されないとされた事例	報酬債権と瑕疵修補に代わる損害賠償債権との相殺の可否に関する工事代金預託等請求事件	工事代金預託等請求事件	最高裁	S53(オ)765号 S53・11.30①判	914	196
7-12	個人住宅に関し、請負における工事の未完成か、完成後の目的物の瑕疵かが争点となり、その判断基準が明らかにされた事例	完成後の瑕疵か又は未完成の建物かを争点とした請負代金請求事件	請負代金請求事件	東京地裁	S51(ワ)9748号 S57.4.28判	1057	200
7-13	車庫に乗用車の出入が出来ない瑕疵がある住宅に関し、請負契約約款に基づく注文者の契約解除権は適用されないとされた事例	車庫に瑕疵がある住宅に関する建築請負契約の損害賠償請求事件	損害賠償本訴請求、同反訴請求事件	東京地裁	S63(ワ)12731号 H3.6.14判	1413	204
7-14	地下横断歩道のタイル張り工事について、引渡しから約6年後にタイルの剥離等が発生した場合に、孫請会社の施工上の瑕疵につき下請負人の瑕疵担保責任が認められた事例	地下横断歩道のタイル張り工事に関し、孫請会社の工事施工上の瑕疵に関する損害賠償請求事件	損害賠償請求事件	東京地裁	H17(ワ)12018号・同18(ワ)1388号 H20.12.24判	2037	207
7-15	面積又は数量が見積書より少ないものなど、総体として請負契約金額に見合う価値ある建築物を作らなかったという瑕疵の主張に対して、建物の客観的価値を認定の上、その瑕疵の存在が認められた事例	ビル建築工事等に関する工事請負代金残額の支払請求事件			昭和58年(仲)第1号・第6号併合事件	―	211
7-16	請負契約上の瑕疵修補請求期間を徒過しているという請負人の主張が、瑕疵が重大なものであることを理由に退けられた事例	建物の瑕疵に関する補修及び損害賠償金の請求事件			昭和58年(仲)第4号事件	―	214
7-17	請負人の発注者に対する工事残代金支払請求に対して、発注者の瑕疵修補に代わる損害賠償請求の一部を容認し、その賠償額を差し引いた残りの金員の支払が認められた事例	予備校校舎増築工事に関する工事残代金支払請求事件			昭和58年(仲)第8号・第9号併合事件	―	216
7-18	外観上の瑕疵及び構造上の瑕疵を建物価値の減少要因とみなし、請負人の残代金債権と相殺された事例	マンション建設工事に関し、発注者の建物引渡請求及び瑕疵に基づく損害賠償請求、請負人の残代金支払請求事件			昭和57年(仲)第6号・昭和58年(仲)第5号併合事件	―	219

351

7−19	発注者が、請負人に瑕疵修補に要する工事費等の賠償を求めたのに対し、現に引渡しを受け使用していることから、瑕疵修補に代え請負代金減額事由として考慮し、発注者の請求金額が減額された事例	洋品店新築工事に関する瑕疵修補工事費用等の賠償請求事件		昭和58年（仲）第2号事件	−	222
7−20	建物建築に当たり床を地中梁構造とすれば工場建物としても十分その用を果たすものであるとして、工場用地としての目的に適した土地造成工事をしなかったという主張が認められなかった事例	工場敷地造成工事に関する地盤沈下瑕疵の損害賠償請求事件		昭和52年（仲）第12号事件		225
7−21	施工困難な設計・仕様に異議を唱えず施工した請負人は、工事瑕疵についてそのことをもってその責任を免れることはできないとされた事例	総合レジャービル建設工事に関する請負人からの工事残代金請求事件、発注者からの瑕疵についての損害賠償請求事件		昭和53年（仲）第2号事件		228
7−22	発注者の工事の変更等による不当利得返還請求権及び工事瑕疵による損害賠償請求権と工事残代金等との相殺の主張に対し、減額した上で請負残代金支払いが命じられた事例	マンション新築工事に関する破産請負人の工事残代金支払請求事件		昭和62年（仲）第5号事件		231
7−23	工事瑕疵に基づく複数の請求事項の内、補強工事費用の支払が認められ、補強工事の実施、営業補償については請求が認められなかった事例	コンクリート強度不足による補強工事費用請求事件		昭和57年（仲）第9号事件		234
7−24	建物の不具合が、経年劣化によるものか、工事に起因するものかを巡って争われ、請負業者の主張が認められた事例	店舗建築工事に関する請負残代金請求事件		平成7年（仲）第4号・第5号併合事件	−	236
7−25	瑕疵に基づく損害賠償請求と工事残代金請求との相殺が、認められた事例	住宅建設工事請負契約に関する請負工事残代金請求事件		平成8年（仲）第5号事件		238
7−26	建物の基礎に重大な瑕疵があるとして争われ、建物の建て替えをする必要があると認めることはできず、基礎のひび割れの補修工事をするのが相当であるとされた事例	住宅の基礎コンクリートの重大瑕疵に基づく建て替え請求事件		平成9年（仲）第1号事件	−	240
8　ＪＶ関係					
8−1	公営住宅の建設工事請負契約に関し、破産した構成員が負担すべき建設共同企業体の債務につき他の組合員に連帯責任を認めた事例	公営住宅の建設工事請負契約に関しＪＶの構成員に対する売掛代金請求事件	売掛代金請求事件	東京地裁	Ｈ7（ワ）2728号 Ｈ9.2.27判	1648	244
8−2	建設共同企業体が金融機関に請負代金の代理受領権限を与えた後、構成員甲が倒産、乙が建設共同企業体を解散し単独請負契約に変えたことは、当該金融機関の権利を害するが違法とはいえないとされた事例	建設共同企業体が金融機関に対し請負代金の代理受領権限を与えた後解散し、乙社単独の請負契約に変更した場合における工事代金受領債権等請求、供託金還付請求権帰属確認反訴請求事件	代金受領債権等請求、供託金還付請求権帰属確認反訴請求事件	大阪地裁	Ｓ57（ワ）1670号・同58（ワ）7605号 Ｓ59.6.29判	1142	247

352

		請求権帰属確認反訴請求事件					
8-3	建設共同企業体の代表者が締結した下請契約について、注文者は建設共同企業体であるとして、代表者以外の構成員についての連帯支払責任が認められた事例	公務員共済住宅建設に関し、建設共同企業体の下請業者からの請負代金請求事件	請負代金請求事件	函館地裁	H8(ワ)180号 H12.2.24判	1723	251
8-4	建設共同企業体の代表者でない構成員が下請契約を締結した場合において、建設共同企業体にも下請代金の支払義務が認められた事例	物流センター建設工事建設共同企業体に関する下請業者からの請負工事代金請求事件	請負工事代金請求事件	東京地裁	H12(ワ)14336号 H14.2.13判	1793	255
9 契約							
9-1	定額請負における基礎工事費が軟弱地盤のため当初見積より増加したことを理由とするその増加費用の代金支払義務が否定された事例	軟弱地盤に関する基礎工事費の増加に伴う工事代金増額請求事件	工事代金請求控訴事件	東京高裁	S57(ネ)1968号 S59.3.29判	1115	260
9-2	手形の振出・裏書など手形行為をする権限を与えられていなかった営業所長の依頼に基づき、雇用関係はないが所長代理の肩書で営業所に常駐し営業所長の権限に属する業務を行っていた者が、所長印等を冒用してなした偽造の手形裏書行為につき、民法715条1項にいう「事業ノ執行ニ付キ」なされたものと認められた事例	所長印等を冒用してなされた偽造の裏書行為に関する使用者責任に基づく損害賠償請求上告事件	約束手形金、民訴法198条2項の原状回復申立事件	最高裁	S60(オ)364号 S61.11.18③判	1225	264
9-3	請負契約工事代金を実費精算する旨の約定を、特別の関係がある者との間で建築費用を低廉にするため実費(実際にかかる費用に会社の経費を加えた金額)を請負代金とするもので、通常の請負代金よりかなり低額となるべきものであると認定した事例	請負契約工事代金を実費精算する旨の約定がなされた場合における工事代金請求事件	工事代金請求事件	東京地裁	S53(ワ)9647号 S56.6.23判	1028	268
9-4	工事の一部が別途請負契約に基づく追加工事と認定され、その報酬額は工事内容に照応する合理的金額であるとされた事例	工事の一部を追加した場合における工事代金請求控訴事件	工事代金請求控訴事件	東京高裁	S54(ネ)783号 S56.1.29判	995	272
10 残代金請求							
10-1	増築工事請負契約及び仲裁合意が不成立ないし無効であるとの主張に対し、請負契約及び仲裁合意が存在することが認められた事例	医院の増築工事に関し工事着手金に充てた手形が不渡りになったため、請負人が工事を中断し出来高精算を求めた事件			昭和60年(仲)第1号事件	—	276
10-2	工事残代金請求と工事遅延等に基づく損害賠償請求について、発注者に差額の支払が命じられた事例	ビル新築工事に関する工事残代金支払請求事件			平成元年(仲)第5号事件	—	279
10-3	発注者が建物引渡し後死亡した場合において、本件建物の債権債務関係は妻が一切を承継するとの遺産分割調停の決定は第三者には対抗できないとして、法定相続人8人全員が工事残代金を負担する義務があるとされた事例	医院等建築工事に関する工事残代金・追加工事代金請求事件			昭和62年(仲)第6号・第7号併合事件	—	281

353

10-4	建築基準法違反の契約を部分的に無効として当事者双方が請求する債権額が精算された事例	工場・共同住宅（建築基準法違反建築物）の工事残代金請求事件			平成5年（仲）第3号事件	－	284
10-5	契約が被申請人代表者の意思に基づいて押捺されたことは、当事者間で争いが無いことが認定され、請負人の主張が全面的に認められた事例	ゴルフ場改修に関する工事残代金請求事件			平成7年（仲）第3号事件	－	287
10-6	通常起こりうる予想可能な変更は追加工事として認めるべきでないとの主張に対し、1件ごとに追加工事であるかどうかが判断された事例	ビル新築工事請負契約に関する追加工事代金請求事件			平成9年（仲）第6号事件	－	289
11　建設業法関係							
11-1	業務に関し建設業法45条（現47条）1項3号の違反行為をした会社の代表者の処罰に同法48条（現53条・両罰規定）が適用された事例	両罰規定適用に関する建設業法違反被告事件	建設業法違反被告事件	最高裁	H4（あ）129号 H7.7.19②判	1542	292
11-2	注文者と監理技師との間の紛争について建築請負契約上の仲裁約款の適用がないとされた事例	請負契約に仲裁条項がある場合における監理技師に対する損害賠償請求控訴事件	監理技師に対する損害賠償請求控訴事件	大阪高裁	S50（ネ）1362号 S51.3.10判	829	295
11-3	建築請負代金支払のため裏書譲渡された約束手形の手形金請求が、手形の振出人については認められ、裏書人については請負契約に仲裁条項があることを理由に却下された事例	請負契約に仲裁条項がある場合における約束手形金請求事件	約束手形金請求事件	東京地裁	S51（手ワ）3670号 S52.5.18判	867	298
11-4	「紛争について、仲裁をすべき紛争審査会を○○県建設工事紛争審査会とすることに合意する」との記載は、法定管轄に付加して競合的に○○県建設工事紛争審査会とすることとした合意であるとして、法定管轄である中央建設工事紛争審査会で判断がなされた事例	管轄合意がある場合における瑕疵の補修工事費に相当する損害賠償額請求事件			昭和53年（仲）第4号事件	－	302
11-5	追加工事には、仲裁合意は及ばないという主張に対し、仲裁合意は成立するとされた事例	仲裁合意がある場合における追加工事代金支払請求事件			昭和59年（仲）第6号事件	－	305
11-6	被申請人が審理期日に出席せず答弁書及び証拠の提出もしなかったため、申請人提出の証拠等により申請人の主張が認められた事例	ビル内装工事に関する工事残代金請求事件			平成3年（仲）第10号事件	－	308
11-7	マンション建築工事請負契約の無効について争われたが、被申請人（発注者）は、答弁書において契約の無効を主張した後の審理に出席せず、書面及び証拠の提出もしなかったため、請負人の主張が認められた事例	マンション新築工事に関する工事残代金支払請求事件			平成11年（仲）第15号事件	－	310

11-8	談合によって工事を受注した建設共同企業体が、赤字を計上した場合において、建設共同企業体の構成員の損失負担義務が認められた事例	官製談合に係る共同企業体構成員の損失分担金請求事件	損失分担金請求事件	東京地裁	H18(ワ)22476号 H21.1.20判	2035	312
12　元請下請関係								
12-1	共同住宅の工事現場における足場落下による事故に関し、孫請負人従業員の過失につき元請負人に使用者責任等が認められた事例	孫請負人の従業員の過失による事故に関し、元請負人に対する損害賠償請求事件	損害賠償請求事件	東京地裁	S47(ワ)9760号 S50.12.24判	819	316
12-2	下請負人の被用者が起こした自動車事故に関し、元請負人の使用者責任が認められた事例	下請負人従業員が起こした交通事故に関し、元請負人に対する損害賠償請求控訴事件	損害賠償請求控訴事件	東京高裁	S50(ネ)2737号 S53.8.28判	909	319
12-3	下請負人の従業員が自己所有の原動機付き自転車を運転して帰宅途中に起こした交通事故について、元請負人の使用者責任、運行供用者責任が否定された事例	下請負人従業員の起こした自転車事故に関し、元請負人に対する損害賠償請求事件	損害賠償請求事件	大阪地裁	S52(ワ)3710号 S54.6.28判	945	323
12-4	下請負人の従業員がコンクリート製ヒューム管の埋設工事の作業中、その同僚の行為によって負傷した事故について、元請負人の安全配慮義務、使用者の責任が否定された事例	下請負人従業員が受けた負傷事故に関し、元請負人に対する損害賠償請求事件	損害賠償請求事件	大阪地裁	S46(ワ)3985号 S56.10.16判	1050	327
12-5	下請負人の従業員が建築中の建物の外壁に立て掛けていた鉄製パイプが、倒れて他の従業員を負傷させた事故について、下請負人の責任が認められ元請負人の使用者責任が認められなかった事例	下請負人の従業員が受けた負傷事故に関し、下請負人及び元請負人に対する損害賠償請求事件	損害賠償請求事件	大阪地裁	S56(ワ)4378号 S60.3.1判	1162	331
12-6	下請負人の被傭者が作業中墜落した事故について、元請負人及び下請負人に安全配慮義務違反による損害賠償責任があるとされた事例	ビル増築工事の下請会社従業員が作業中に墜落死した事故についての元請負人及び下請負人に対する損害賠償請求事件	損害賠償請求事件	札幌地裁	S49(ワ)460号 S53.3.30判	923	334
12-7	水道工事従事中の下請負人従業員が、煉瓦塀の倒壊によって死亡した事故について、工事を企画・設計し、発注した市、元請負人及び下請負人に、民法717条の工作物責任が認められた事例	水道工事の事故で死亡した下請負人従業員についての発注者(市)、請負人及び下請負人に対する損害賠償請求事件	損害賠償請求事件	福岡地裁	S53(ワ)706号 S56・9・8判	1041	338
12-8	製鉄所の高炉建設工事の作業中における孫請負人従業員の転落事故について、元請負人、下請負人の責任が認められた事例	製鉄所高炉建設工事作業中における孫請負人従業員の転落事故についての元請負人、下請負人に対する損害賠償請求事件	損害賠償請求事件	福岡地裁 小倉支部	S51(ワ)147号 S51.9.14判	1066	341

355

関係法律条文一覧

法　律　名	条　文	該　当　事　件
民　　法	§1	1－7　12－6
	§44（旧）	2－4
	§90	10－4
	§94	8－3
	§110	9－2
	§127	1－3
	§147	5－1
	§149	5－1
	§153	5－1
	§170	5－1
	§246	5－3
	§304	5－2
	§322（旧）	5－2
	§412	7－9　7－10
	§415	1－1　1－2　2－1　3－1　3－2
		7－4　8－2　12－4　12－6　12－8
	§416	2－1　3－2
	§417	3－1
	§466	2－10
	§467	2－10
	§468	2－10
	§474	4－2
	§505	4－3　7－6　7－11
	§506	7－8　7－9　7－10
	§533	7－6　7－9　7－10
	§536	2－6
	§541	2－5　2－7
	§543	7－4
	§556	1－3
	§582	2－2
	§623	12－4　12－6
	§632	1－1　1－2　1－5　1－6　2－1
		2－5　2－6　2－7　2－8　2－9
		2－11　3－2　4－1　5－2　5－3
		5－4　5－5　5－6　7－12　7－13
		9－1　9－3　9－4　12－6

法　律　名	条　文	該　当　事　件
	§633	2－3　2－9　4－1
	§634	3－6　7－2　7－3　7－6　7－7 7－8　7－9　7－10　7－11　7－12 7－14
	§635	7－1　7－4
	§637	7－3　7－14
	§638	7－3　7－14
	§640	7－16
	§641	2－2
	§643	1－1
	§644	1－1　12－4
	§656	1－6　7－3
	§667	8－1　8－3　11－8
	§670	8－4
	§674	11－8
	§675	8－1　8－4
	§695	2－14
	§696	2－14
	§709	1－3　1－4　1－7　2－4　7－5 8－2　9－2　12－1　12－4　12－8
	§710	3－1
	§715	1－4　9－2　12－1　12－2　12－3 12－4　12－5
	§717	12－7　12－8
	§722	12－1
商　　法	§42（旧）	9－2
	§266ノ3（旧）	5－4
	§502	8－1
	§504	8－3
	§511	8－1　8－3　8－4
	§512	1－5
手　形　法	§8	9－2
	§11	11－3
民事訴訟法	§786（旧）	11－2　11－3
	§800（旧）	11－3
民事再生法	§49	4－1
建設業法	§3	11－1
	§19	9－4　11－2
	§22	5－6

357

法　律　名	条　文	該　当　事　件
	§25	11－2　　11－3
	§45（旧）	11－1
	§48（旧）	11－1
建築士法	§2	11－2
	§18	11－2
	§20	11－2
地方自治法	§96	1－3
自動車損害賠償保障法	§3	12－3
労働安全衛生法	§21	12－6

参考文献

1	裁判例情報（最高裁ホームペイジ・判例検索システム）	最高裁判所	
2	日本・大審院・最高裁判所判例集（近代デジタルライブラリー）	国立国会図書館	
3	中央建設工事紛争審査会仲裁判断集（第二集）	建設工事紛争研究会	㈱大成出版社
4	中央建設工事紛争審査会仲裁判断集（ＣＤ－ＲＯＭ版）	建設工事紛争研究会	㈱大成出版社
5	判例時報		㈱判例時報社
6	判例タイムズ		㈱判例タイムズ社
7	建設業法解説	建設業法研究会	㈱大成出版社
8	模範六法（平成24年版）	判例六法編集委員会	㈱三省堂
9	建設業判例30選	（財）建設業適正取引推進機構	㈱大成出版社

事項別索引

該　当　事　件

あ

明渡し請求……………………………………5 － 4　5 － 5
安全管理義務…………………………………12－ 1　12－ 4
安全配慮義務…………………………………12－ 4　12－ 6　12－ 8

い

遺産相続人……………………………………10－ 3
遺産分割協議…………………………………10－ 3
意思表示………………………………………2 － 5　2 － 7　6 － 5
慰謝料…………………………………………3 － 1　6 － 2　7 －13　12－ 1
　　　　　　　　　　　　　　　　　　　　12－ 8
著しい事情の変更……………………………9 － 1
一括下請………………………………………1 － 4　5 － 5　5 － 6
逸失利益………………………………………2 － 2　3 － 2　12－ 1　12－ 8
違約金…………………………………………3 － 7

う

請負代金債権時効……………………………5 － 1
訴えの変更……………………………………5 － 1
得べかりし利益………………………………2 － 2　2 －14
裏書……………………………………………9 － 2　11－ 3
売主の担保責任………………………………7 － 3
運行供用者責任………………………………12－ 3

え

営業補償………………………………………7 －23

お

公の秩序………………………………………4 － 3

か

外形理論………………………………………9 － 2
解除……………………………………………2 － 3～2 － 5　2 － 7～2 －10
　　　　　　　　　　　　　　　　　　　　2 －14　2 －16　3 － 1　3 － 2
　　　　　　　　　　　　　　　　　　　　3 － 5　4 － 1　5 － 3　5 － 6
　　　　　　　　　　　　　　　　　　　　7 － 1　7 － 4　7 －13
開発行為許可…………………………………1 － 6　2 －16
加工の法理（民法§246）……………………5 － 3
瑕疵……………………………………………2 －12　2 －13　3 － 4　3 － 6
　　　　　　　　　　　　　　　　　　　　3 － 7　6 － 3　7 － 1～7 － 3
　　　　　　　　　　　　　　　　　　　　7 － 5　7 － 6　7 － 8

		7－10〜7－18	7－20〜7－26	
		10－2	10－3	11－3
瑕疵修補（補修）…………………	7－6	7－8	7－10〜7－12	
		7－19	10－3	10－4	11－3
瑕疵修補請求期間………………………	7－16			
瑕疵修補に代わる損害賠償（民法§634）……	7－6〜7－11	7－17〜7－19		
瑕疵担保責任……………………………	3－6	4－1	7－1	7－3
		7－12〜7－14		
瑕疵担保責任期間………………………	7－3	7－14	7－21	
仮差押……………………………………	2－5	5－2		
仮登記仮処分……………………………	5－3			
監理者責任………………………………	7－3			
完了検査…………………………………	2－12			

き

休業補償…………………………………	12－1		
供託金還付請求権………………………	5－2	8－2	
居住利益…………………………………	7－5		

け

経年変化による建物の減価……………	6－2			
契約締結上の過失………………………	1－2	1－7		
契約取消…………………………………	2－16			
契約の無効………………………………	11－7			
検査済証…………………………………	2－13	10－4		
建設業許可………………………………	11－1			
建設共同企業体…………………………	8－1〜8－4	11－8		
建設工事標準下請契約約款……………	2－10	2－11	4－2	
建設工事紛争審査会……………………	11－2〜11－4	11－7		
建築確認…………………………………	1－1	1－2	1－5	3－3
		3－4	7－4	9－1
建築基準法………………………………	1－2	2－12	7－13	10－4
建築協定…………………………………	3－1			
建築主事…………………………………	2－13			
権利濫用…………………………………	5－4	5－5		

こ

工事監理者………………………………	7－25			
工事残代金請求…………………………	10－2			
工事代金遅延違約金……………………	7－18			
工事遅延…………………………………	2－1	3－4	3－7	7－2
		10－2		

361

工事の中断………………………………………	2-15	2-16		
公序良俗（民法§90）…………………………	10-4	11-8		
工程一応終了説…………………………………	7-12	7-13		
衡平の原則………………………………………	7-22	10-4		
雇用………………………………………………	12-4	12-6～12-8		

さ

債権譲渡…………………………………………	2-8			
催告………………………………………………	2-4	2-7	5-1	
債務不履行………………………………………	1-1	2-1	2-5	3-1
	3-2	3-5	7-3	7-4
	7-8	7-13	7-14	7-24
	11-2	12-1	12-8	
裁量権の濫用……………………………………	1-3			
差押………………………………………………	2-5			
詐欺………………………………………………	2-12	2-16		
先取特権…………………………………………	5-2			
錯誤………………………………………………	1-1	2-16	6-2	

し

市街化調整区域…………………………………	2-16	3-4		
指揮監督…………………………………………	12-1	12-2	12-4	12-5
	12-8			
時効の中断………………………………………	5-1			
自己の債務を免れたるに因りて得た利益……	2-6			
自己破産…………………………………………	5-6			
下請契約…………………………………………	1-7			
執行官保管等の仮処分…………………………	5-6			
実費精算…………………………………………	9-3			
支払呈示期間……………………………………	11-3			
準委任契約………………………………………	1-6	7-3		
使用者責任（民法§715）………………………	9-2	12-1～12-5		
消防法……………………………………………	1-2			
消滅時効…………………………………………	5-1	7-11		
除斥期間…………………………………………	7-3			
所有権……………………………………………	2-4	5-3～5-5	5-6	
所有権移転請求権保全仮登記…………………	5-3			
所有権移転登記…………………………………	2-7			
所有権確認………………………………………	5-4～5-6			
所有権注文者帰属説……………………………	2-4	5-3		
所有権に基づく妨害排除請求権………………	5-1			
信義誠実の原則…………………………………	9-1	10-4		

362

信義則………………………………………	1 – 2	2 –12	3 – 1	3 – 2
	4 – 1	5 – 4	5 – 5	7 –10
	12 – 6	12 – 8		
信頼関係………………………………………	2 – 3			
審理……………………………………………	2 –15	11 – 6	11 – 7	

せ

精神的苦痛……………………………………	2 –13
積極損害………………………………………	2 – 2
説明義務違反…………………………………	1 – 1
善意取得………………………………………	9 – 2
善管注意義務…………………………………	6 – 2
専任技術者……………………………………	11 – 1
占有権…………………………………………	5 – 4
占有者…………………………………………	12 – 7
占有補助者……………………………………	12 – 7

そ

相殺（適状）…………………………………	3 – 4	4 – 3	7 – 5	
	7 – 8 〜 7 –10	7 –22	7 –24	
	7 –25	10 – 2	11 – 5	
相続……………………………………………	10 – 3			
相当因果関係…………………………………	1 – 1	2 – 2	3 – 2	
訴訟係属………………………………………	5 – 1			
訴訟提起………………………………………	5 – 1			
訴訟物…………………………………………	5 – 1			
損失分担金……………………………………	11 – 8			

た

第三債務者……………………………………	5 – 2
第三者の弁済…………………………………	4 – 2
代理受領契約…………………………………	8 – 2
宅地造成等規制法……………………………	7 – 2

ち

遅延損害金……………………………………	2 – 1	2 –13	6 – 2	7 – 5
	7 –10	10 – 4		
中央建設業審議会……………………………	2 –10	2 –11		
中間支払………………………………………	6 – 4			
仲裁（合意・契約）…………………………	3 – 3	10 – 1	10 – 6	
	11 – 3 〜11 – 5	11 – 7		
注文者の責めに帰すべき事由………………	2 – 6			
賃貸借契約……………………………………	6 – 1			

つ
通謀虚偽表示（民法§94）……………………… 8－3　11－7

て
定額請負……………………………………… 2－9　9－1
停止条件……………………………………… 1－3
抵当権設定登記……………………………… 5－5
出来高………………………………………… 2－5〜2－7　2－10　2－11
　　　　　　　　　　　　　　　　　　　　　2－15　6－4　10－1
テナント保証の約束………………………… 7－24

と
倒産…………………………………………… 2－10　4－1　5－5　8－2
同時履行（の抗弁権）……………………… 7－9〜7－11
独占禁止法…………………………………… 11－8
都市計画……………………………………… 1－1　7－23
取立命令……………………………………… 2－5
土地明渡し…………………………………… 7－4
土地の工作物（民法§717）………………… 12－7
取締役の第三者に対する責任（会社法§429条）……… 5－4

は
破産…………………………………………… 5－2
破産管財人…………………………………… 4－2　7－22
破産宣告……………………………………… 4－2　7－22

ひ
非典型担保…………………………………… 8－2
表見代理（民法§110）……………………… 9－2
表示登記……………………………………… 5－5
引渡し………………………………………… 2－9　2－12　3－6

ふ
風致地区……………………………………… 1－5
不完全履行…………………………………… 3－3　3－6　7－3
附属的商行為………………………………… 8－1　8－4
附帯工事……………………………………… 12－8
物上代位権…………………………………… 5－2
不当利得……………………………………… 1－1　1－6　2－6　7－15
　　　　　　　　　　　　　　　　　　　　　7－22
不法行為……………………………………… 1－1　1－4　1－7　2－4
　　　　　　　　　　　　　　　　　　　　　3－1　7－5　12－8
不渡（手形）………………………………… 2－8　5－4　5－5

へ
返還請求権…………………………………… 2－8

弁済……………………………………… 5－1				

ほ

報酬（支払）請求権……………………… 2－6	2－9	2－11	4－1	
	7－6			
報酬支払義務……………………………… 2－3				
報酬額の定めのない請負契約…………… 9－4				
妨訴抗弁……………………………………11－2				
法定相続人…………………………………10－3				
保証（人）………………………………… 5－3	8－2	11－6		
保証債務履行請求権……………………… 7－22				
保存登記…………………………………… 5－1	5－3	5－5	5－6	

ま

前払………………………………………… 2－7			
抹消登記…………………………………… 5－1	5－3	5－5	
満室保証契約……………………………… 7－22			

み

民間（旧四会）連合協定工事請負契約約款………11－2	11－3	
民間工事標準請負契約約款………………11－2		
民事再生…………………………………… 4－1	8－4	
民事執行法………………………………… 5－2		
民法上の組合……………………………… 8－1	8－3	8－4

や

約束手形（手形）………………………… 1－4	2－3	2－5	9－2	
	10－1	11－3		

ゆ

有償契約…………………………………… 9－4

り

利害関係を有しない第三者……………… 4－2		
履行請求権………………………………… 5－1		
履行責任…………………………………… 7－1		
履行遅滞…………………………………… 2－7	7－9	7－10
履行不能…………………………………… 2－6		
履行補助者………………………………… 5－6		
理由不備乃至理由齟齬の違法…………… 9－2		
両罰規定……………………………………11－1		

れ

連帯債務（商法§511）…………………… 8－1	8－3	8－4	
連帯保証…………………………………… 2－6	3－3	7－2	8－2

ろ

労災事故……………………………………12－5

365

労働基準監督官（署）……………………………… 4 - 2

わ

和解………………………………………………… 2 - 14

建設業の紛争と判例・仲裁判断事例－建設業争訟事例100選－

2012年11月30日　第1版第1刷発行

編集発行　公益財団法人 建設業適正取引推進機構
　　　　　〒107-0052　東京都港区赤坂3-21-20
　　　　　　　　　　　赤坂ロングビーチビル
　　　　　電　　話　03(5570)0521
　　　　　ＦＡＸ　　03(5570)0291
　　　　　ＵＲＬ　　http://www.tekitori.or.jp／
　　　　　Ｅメール　mail@tekitori.or.jp

発売所　　株式会社大成出版社
　　　　　〒156-0042　東京都世田谷区羽根木
　　　　　　　　　　　　　　　　　　1-7-11
　　　　　ＴＥＬ　03(3321)4131（代）
　　　　　ＦＡＸ　03(3325)1888

©2012　（公財)建設業適正取引推進機構　　　　印刷 信教印刷
　　　落丁・乱丁はおとりかえいたします。

ISBN978-4-8028-3060-7